U0202053

虚拟实验的研究及应用

尹念东　何　彬　张　弓　秦　柳　著

西北工业大学出版社

西　安

【内容简介】 虚拟实验是随着虚拟现实、人工智能、数字信息等技术的快速发展而发展起来的，它为人们认知、体验、改造世界提供了一种新的手段，其研究和应用方兴未艾，已经成为科技界和企业界关注的热点。

本书全面地介绍了虚拟实验的概念、系统组成、关键技术、研究现状及应用，内容包括虚拟实验相关的整体设计、图形建模、视景构建、交互控制、立体显示、数据采集、分布网络、模型映射、通信算法、软硬件接口等关键技术及其技术关键。本书反映了虚拟实验领域最前沿的科学技术，具有系统性、先进性和实用性。

本书适合计算机仿真、虚拟实验的研究和开发领域的工程技术人员阅读，也可作为高等学校相关专业的教材或参考书。

图书在版编目(CIP)数据

虚拟实验的研究及应用 / 尹念东等著. — 西安：西北工业大学出版社，2022.12

ISBN 978-7-5612-8559-6

Ⅰ.①虚… Ⅱ.①尹… Ⅲ.①虚拟现实-研究 Ⅳ.①TP391.98

中国版本图书馆 CIP 数据核字(2022)第 231607 号

XUNI SHIYAN DE YANJIU JI YINGYONG

虚拟实验的研究及应用

尹念东　何彬　张弓　秦柳　著

责任编辑：高茸茸　　**策划编辑**：查秀婷
责任校对：陈　瑶　　**装帧设计**：李　飞
出版发行：西北工业大学出版社
通信地址：西安市友谊西路 127 号　　邮编：710072
电　　话：(029)88491757，88493844
网　　址：www.nwpup.com
印 刷 者：陕西向阳印务有限公司
开　　本：787 mm×1 092 mm　1/16
印　　张：14.25
字　　数：374 千字
版　　次：2022 年 12 月第 1 版　2022 年 12 月第 1 次印刷
书　　号：ISBN 978-7-5612-8559-6
定　　价：86.00 元

如有印装问题请与出版社联系调换

序

虚拟实验是随着虚拟现实、人工智能、数字信息等技术的快速发展而发展起来的，它为人们认知、体验、探索、改造世界提供了一种新的方法。

虚拟实验集合了传感器技术、计算机技术、三维图形技术、自动控制技术、人工智能技术、数据通信技术、网络技术、多媒体技术等多种先进技术，具有经济性、开放性、针对性、安全性等特点，可以广泛应用于科学研究、军事战争、医药健康、教育培训等领域。在国家政策、产业发展、技术进步、需求推动的赋能之下，虚拟实验技术的研究和应用方兴未艾，已经成为科技界和企业界关注的热点。

本书的作者及其所在的湖北省高等学校“分布式虚拟实验技术的研究与应用”创新团队，长期以来致力于虚拟实验的研究与应用，主要开展了汽车驾驶与控制、驾驶特性与评价、柔性制造及输送技术成套装备、虚拟实验教学等方面的虚拟实验的研究与应用，在分布式汽车虚拟驾驶实验平台关键技术、大型成套折弯设备的虚拟实验、智能输送技术及装备的虚拟设计/实验、柔性制造及系统的虚拟实验、构建虚拟学院体系下的虚拟实验教学中心等方面进行了探索与实践，获得了自主知识产权，达到了国际先进水平。在此基础上，作者对虚拟实验的概念、系统组成、关键技术及应用案例进行了梳理、提炼、总结，撰写了本书，体现了当前该领域研究的学科前沿和先进技术。

全书具有理论的系统性、技术的先进性、应用的实践性，适合计算机仿真、虚拟实验研究与开发的工程技术人员阅读，也可作为高等学校相关专业的教材或参考书。

签名：

中国工程院院士、安徽理工大学校长、博士生导师

2022 年 7 月

前　言

虚拟实验是随着虚拟现实、人工智能、数字信息等技术的快速发展而出现的研究方法，它为人们认知、体验、改造世界提供了一种新的手段。

虚拟实验是为了科学研究，人为地改变、控制、模拟、虚拟、创造研究对象，而使某一些事物（或过程）发生或再现，从而使人体验、认识、探索其规律。虚拟实验的本质是实验的数字映射，而映射是通过虚拟现实等技术来实现的。虚拟实验可以把科学研究的四类范式即实验科学、理论科学、计算科学、数据探索统一起来，完成现象观察、归纳、计算、探索、体验的科学研究过程，是探索世界的又一种方法。

虚拟实验技术可以构建能够实时操作的虚拟实验场景，让实验者沉浸其中，进行科学实验。虚拟实验具有交互性（Interaction）、沉浸性（Immersion）、想象性（Imagination）、智能性（Intelligence）和集成性（Integration）等特征，是当前的研究热点和前沿技术，具有广泛的应用前景。

笔者及其所在的湖北理工学院湖北省“分布式虚拟实验技术的研究与应用”创新团队，长期以来致力于虚拟实验及其关键技术的研究与应用。近年来，团队承担国家、省级自然科学基金8项，科研经费超过3 000万元，产生经济效益3亿多元，其研究获得了自主知识产权，达到了国际先进水平。其中，“基于分布式虚拟汽车驾驶平台关键技术研究”“基于高效堆垛机的智能物流仓储系统”“高速爬坡自行小车智能柔性输送系统的研发及产业化”“商用制冷压缩机关键技术的创新与应用”“大型客车涂装智能输送系统”等项目获得了湖北省科技进步奖励。

为了形成系统性的研究成果，笔者在已有的工作基础上，对虚拟实验的概念、系统组成、关键技术及应用实例进行了梳理、提炼、总结，撰写了本书，以便与更多的同行交流。笔者撰写本书是为了让年轻学者尽快了解虚拟实验的原理、技术并使他们紧跟本学科前沿。本书共分为8章，具体内容如下：

第1章绪论。本章介绍了虚拟实验的概念、特征与特点，以及国内外研究的现状、应用的领域及发展的前景。

第2章虚拟实验的关键技术。虚拟实验的关键技术由数据层技术、映射层技术和交互层技术组成。这些技术包括三维建模、图形引擎、数据库、网络通信、传感器、大数据、虚拟现实、增强现实、混合现实等。同时，本章还介绍了虚拟实验所需要的视觉显示、感觉感知、交互操作、运动捕捉等设备及相关技术。

第3章虚拟实验平台。虚拟实验平台一般由实验对象、音响系统、交互(操作)系统、视景系统、评价系统、通信系统、计算系统、数据采集(传感)系统等组成。在虚拟实验(仿真)环境体系、软件体系所形成的支撑框架下，虚拟实验平台便能够正常工作。分布式虚拟实验平台、虚拟实验教学平台已被广泛应用。

第4章虚拟实验平台的构建。本章以汽车驾驶的虚拟实验为例，构建驾驶虚拟实验平台及支撑体系，详细介绍了平台的总体设计、视景组织、视景建模、立体显示、多视口显示、模型控制、分布式网络、实时通信及算法等关键技术。

第5章汽车驾驶控制的虚拟实验。本章通过建立“汽车-驾驶员-道路”闭环虚拟实验系统，逼真地再现多车、混合复杂交通环境(场景)，进行了汽车驾驶的虚拟实验，分析了复杂交通环境对汽车驾驶员的影响，建立了汽车节能驾驶实时控制模型，开展了汽车驾驶训练过程的评价。

第6章成套装备虚拟实验。首先，进行了大型折弯成形成套装备的虚拟实验研究，通过三维场景模型建立及设计、生产的数据映射，实现了折弯成套装备的虚拟实验。然后，对于智能输送系统进行了虚拟实验设计，基于 Flexsim 软件完成了汽车涂装智能输送生产线的虚拟设计，基于 Unity3D 软件完成了智能输送系统的设计。最后，研究了智能输送系统的虚拟实验，在完全映射实际生产系统的智能输送实验平台上，可实现产品设计、过程规划、加工制造等实验过程。

第7章教育教学虚拟实验。本章构建了虚拟学院体系下的教学虚拟实验平台(中心)，以虚拟柔性制造系统、虚拟装配为例描述了教学的虚拟实验。本章还介绍了全息虚拟实验教学。

第8章人工智能与虚拟实验。虚拟实验技术与人工智能的结合是未来发展的必然趋势，将产生新一代的虚拟智能实验技术。本章对智能虚拟实验技术与机器人技术的结合，人工智能虚拟生命，6G 时代虚拟实验的发展，智能虚拟实验在教育、医学、军事、工业和游戏等领域的应用进行了描述和展望。

本书第1章、第5章、第7章(7.1和7.2节)由尹念东编写，第2章(2.1和2.2节)、第3章、第6章、第7章(7.3节)由何彬编写，第2章(2.3和2.4节)、第8章由张弓编写，第4章、第7章(7.4节)由秦柳编写，全书由尹念东、何彬负责统稿。

在本书出版之际，感谢安徽理工大学、湖北理工学院机电工程学院及计算机学院、智能制造湖北省优势特色学科群、智能输送技术与装备湖北省重点实验室、机械电子系统湖北省虚拟实验中心、湖北三环锻压设备公司、湖北三峰智能制造公司、合肥中加健康装备制造公司、宁波格林美孚新材料科技有限公司对我们研究工作的支持。感谢中国农业大学余群教授、武汉理工大学陈定方教授等专家长期以来对我们研究工作的指导与鼓励。感谢徐庆华教授、刘志远教授、蔺绍江教授、陶晶教授、徐赐军教授、倪波副教授、冯大鹏副教授、吴小艳副教授等同事的关心、支持和帮助。感谢一起学习与工作过的研究生夏萍、黄祺、杜浩、孙本固、李亚骅、李艳丽、陈志、郭文婷等同学的辛勤劳动和付出。

在本书的编写过程中参阅了大量相关文献，在此谨向其作者表示衷心的感谢。

由于水平有限，书中难免存在不足与疏漏，恳请广大读者批评指正。

著　者

2022 年 7 月 21 日于湖北黄石

目　　录

第1章　绪　　论

人类对探索世界的过去、现在和未来总是充满了渴望与冲动。随着技术的进步,虚拟实验为人类认知、体验、改造世界提供了新的方法。人们基于虚拟现实技术,建立了各种虚拟实验平台,在考古、军事、航空航天、工业、农业、医疗、教育、旅游等领域广泛开展了虚拟实验的研究及应用。那么,什么是虚拟实验?虚拟实验有何特征?虚拟实验又有何特点?虚拟实验在国内外的研究现状及应用前景又如何呢?

1.1　虚拟实验概述

1.虚拟实验的概念

什么叫虚拟实验呢?到目前为止,还没有明确的定义,不同研究和应用领域从不同的角度来界定和理解虚拟实验,以下几种定义比较具有代表性:

(1)虚拟实验是随着计算机技术发展而兴起的一种先进的仿真研究方法,是继理论研究、实验研究之后的又一种科学研究方法。

(2)虚拟实验就是数据(包括理论模型计算和实际实验的数据)在计算机屏幕上的映射。若采用理论模型数据,就叫作虚拟实验,若采用实际实验的数据,则叫作“实验虚拟再现”。

(3)虚拟实验,即借助多媒体技术、网络技术、扩展现实(Extended Reality,XR)技术等将传统实验虚拟仿真化,以计算机作为控制中心形成相关实验器材、教学信息资源,能够模拟实验操作过程和实验现象,实验者可以直接与虚拟实验对象进行交互,从而获得在真实实验环境的各种体验。

(4)虚拟实验是指借助于多媒体、计算机仿真和虚拟现实(Virtual Reality,VR)等技术,创建相关计算机软硬件操作环境,可辅助、部分甚至全部替代传统实验各个环节,实验者可以像在真实环境中一样完成实验项目,并获得等价甚至优于真实实验环境中的效果。

(5)虚拟实验主要用虚拟仪器和设备代替传统的仪器和设备,可以提前预测和评价实验过程中产生的问题以及实验结果的性能,从而缩短实验操作时间和实验设计周期,降低实验成本。这是从实验教学的角度定义的虚拟实验。

随着信息技术、数字技术的不断快速发展,与虚拟实验有关的各种新概念与新技术不断被提出和应用,例如,虚拟制造系统(Virtual Manufacturing System,VMS)、虚拟试验场(Virtual Proving Ground,VPG)、虚拟仿真(Virtual Simulation)、虚拟试验 (Virtual Testing)、虚拟样机、数字孪生等, 这些都为定义虚拟实验的概念提供了新的内涵。

综上所述,我们认为,虚拟实验是为了科学研究,人为地改变、控制、模拟、虚拟、创造研究对象，而使某一些事物（或过程）发生或再现，从而体验、认识、探索自然规律的过程。虚拟实验的本质是实验的数字映射，而映射是通过虚拟现实技术来实现的。

从某种意义上讲，虚拟实验是实验的数字复制品，能抽象表达出真实实验中的装置、场景和过程等各种因素，并以此为基础进行真实条件或模拟条件下的检验、印证和测试。从狭义产品研发上讲，虚拟实验是基于统一模型对设计制造、调试和实验等过程进行整合，将与产品制造相关的各种过程与技术集成在三维动态仿真真实过程实体数字模型之上，其目的是在产品开发早期，通过计算机仿真与建模技术，实时、快速、并行地模拟出产品研究与开发过程，预测、检测、评价产品性能和产品的可制造性等。

虚拟实验提供的平台（特别是分布式虚拟实验平台），可以使位于不同物理位置的多台计算机及其用户不受各自时空的限制，在一个共享虚拟环境中实时交互、协同工作，从而为人们分析问题、解决问题以及协同工作提供崭新的手段。同时，虚拟实验在“体验”实验过程，分析、理解仿真结果，减少实验费用，缩短研究开发时间等方面具有独特的优势，是目前在国际上备受各国的科学界和工程界关注的前沿技术之一。

虚拟实验是利用虚拟现实、增强现实（Augmented Reality，AR）、混合现实（Mixed Reality，MR）等关键技术，构建能够实时操作的虚拟实验场景，让实验者沉浸在仿若真实环境中一样进行实验。相比真实实验，虚拟实验的区别主要体现在实验过程中所涉及的对象与事物是否真实“存在”。虚拟实验的实验器具、实验材料、实验步骤和结果都是对真实实验的模拟和仿真。从远程协作的角度来看，虚拟实验通过通信技术构建一个虚拟平台，实现研究和创新活动的多方协作和远程实验。

虚拟实验与仿真有很大的不同。仿真又称模拟，是利用模型复现实际系统中发生的本质过程，其核心是仿真模型的构建，仿真模型可以是物理的或数学的，静态的或动态的，连续的或离散的，可以单纯地只针对所构建的模型来研究设计中的系统。而虚拟实验是在一个统一模型下实现，除了包含模型仿真，所有与模型相关的要素（如模型存在的真实环境和条件）也须无缝地集成在模型之中。可以说，虚拟实验是一种全方位、动态和接近真实的模拟过程。仿真的主要工具是计算机，而虚拟实验为了达到真实的效果，除计算机外还需借助于视觉、触觉、声音等感官设备或其他交互工具。

另外，虚拟实验与数字孪生也有区别。“未来在虚拟空间将存在一个与物理空间中的物理实体对象完全一样的数字孪生体”，数字孪生体是虚拟模型，与现实世界中的物理实体完全对应和一致，可实时模拟自身在现实环境中的行为和性能。近年来，随着数字孪生技术的发展，虚拟实验技术不仅得到了拓展，还被赋予了更多新的内涵。从本质上讲，虚拟实验技术也反映了物理空间和虚拟空间之间的映射，但是虚拟实验技术不仅是真实实验构件与虚拟实验构件之间的对象映射，更强调真实实验环节与虚拟实验环节之间的过程映射，这种映射不是简单的一对一映射，而是具有层次性、多向性和一致性的特点。数字孪生是虚拟实验的应用之一，虚拟实验中不仅包含了与物理产品等价的虚拟数字化内容，也包含了诸如半实物仿真、伴随仿真等具体现实的内容，虚中有实，实中有虚，是虚实的有机结合。虚拟实验不仅是“数字孪生”，还可以是“数字多生”。

至于虚拟动画、动画仿真等影视作品，虽然具有虚拟、逼真、沉浸的场景，但由于没有实验的数据、实验的模型等实验要素，已经不在科学实验的范畴，应该属于艺术领域。

图灵奖得主吉姆·格雷（Jim Gray）将科学研究分为四类范式，分别为实验归纳、模型推演、仿真模拟和数据密集型科学发现。以记录和描述自然现象为特征的科学研究，称为“实验科学”，是第一范式；以理论研究为主，以演算归纳总结为方法的科学研究，称为“理论科学”，是第二范式；以计算机仿真代替实验，逐步成为常规的科学研究，称为“计算科学”，是第三范式；对已有的大量的已知数据（甚至是虚拟的数据）进行分析总结，通过对复杂现象的仿真模拟，推演出更多复杂现象（如模拟核试验、天气预报）的科学研究，称为“数据探索”，是第四范式。

虚拟实验可以把科学研究的四类范式即实验科学、理论科学、计算科学、数据探索统一起来，完成现象观察、归纳、计算、探索、体验的科学研究过程，所以，我们说，虚拟实验是探索世界的一种新的方法。

虚拟实验具有纯化条件（变革与控制）、强化条件和可重复性等实验的特点，也具有虚拟现实技术能够提供的特性：①可以体验和创造虚拟世界。虚拟世界是所有仿真对象或虚拟环境的全体。虚拟环境是指用计算机生成的有立体和真实感的图形，既可以是对现实环境的虚拟，也可以是纯粹虚构和想象的虚拟世界。②是一种先进的以用户为核心的计算机接口。通过给用户同时提供诸如视、听、触觉等各种直观而又自然的实时感知交互手段，实现用户与环境直接地进行自然交互，从而获得身临其境的感受。③在虚拟实验环境中，参与者可以按照自己的意愿，任选视点，重复地、实时地在其中随意探测、考察和体验。

2. 虚拟实验的五“I”特征

虚拟现实中的英语单词“Virtual”有两个截然不同的解释：一个意思是实质上的、实际上的、事实上的；另一个意思是虚的、虚拟的。通过虚拟现实技术产生的虚拟世界的确是“虚”的，但这种虚拟世界又必须由“实”的技术来实现，虚实统一是虚拟现实技术的本质特征。

虚拟实验主要是通过虚拟现实技术来实现和完成的，所以，虚拟实验既有虚拟现实技术的特征，又有科学研究范式的特征。我们把虚拟实验的特征归纳为交互性（Interaction）、沉浸性（Immersion）、想象性（Imagination）、智能性（Intelligence）和集成性（Integration），即所谓的五“I”特征。

（1）交互性（Interaction）。交互性是指实验人员（用户）在虚拟实验过程中与各种对象相互作用的能力，它反映了人机和谐程度。交互性包含（实验）对象的可操作程度及实验人员（用户）从虚拟环境中反馈的自然程度，它不仅仅局限于鼠标的操作，还包括手势、语音以及其他任何人类习惯的方式。虚拟场景对象按照物理定律运动，以实验人员（用户）的视点变化进行虚拟交换，交互过程实时性是最重要的因素。虚拟对象与实验人员（用户）间是多维和多感知的，作为交互作用的主体，实验人员（用户）既能觉得自己是在虚拟环境中控制对象的主体，亦可感觉到虚拟环境与虚拟对象对自己的反作用，具有交互的特性。

（2）沉浸性（Immersion）。所谓沉浸性，就是虚拟的环境及物体使人产生了类似于对现实的存在意识或幻觉的“沉浸感”。沉浸性能够提供给用户（实验人员）在虚拟实验中沉浸式的体验，将用户的视、听、触、嗅等其他感觉予以封闭，从而让其获得“看得到、听得见、摸得着、闻得出”的真实感受。虚拟实验系统生成的虚拟场景，能够达到以假乱真的地步。实验人员置身其中，与其合一，融为一体，既可行走自由、畅游无限，亦可随机交互、相互作用，丝毫不会觉得自己是局外人或者是旁观者，也完全感受不到虚拟场景与真实世界的差异。沉浸性反映的是虚拟场景的逼真程度，逼真度越高，沉浸感越强。当虚拟场景随着视、听、触、嗅等感觉的变化发生动态的改变时，甚至能获得比真实世界更逼真的效果。

（3）想象性（Imagination）。虚拟实验的过程是激发和形成创造性思维的活动过程。想象性就是用户(实验人员)在虚拟实验环境的体验中获得各种信息和知识,经过大脑的加工,逐步上升到感性或理性的高度,并激发出创新思维,形成新的构想或完成一个规律性的认识。新的构想反馈到实验系统中,系统再将处理后的状态由传感器装置反馈给用户并实时显示,不断形成一个从"学习"到"创造"到"再学习"到"再创造"的过程,体现了哲学辩证法的思维。

(4)智能性(Intelligence)。虚拟实验与人工智能的结合,使得实验具有智能的特点,包括虚拟对象的智能化、交互方的智能化、实验数据处理的智能化以及虚拟环境制作、开发平台的智能化。虚拟实验可以对数据进行因果分析,还可以对数据进行相关性解读,不仅仅能做模拟仿真,还能进行分析总结,得到相关理论。在大数据时代,对大量的已知数据,可以通过虚拟实验获得新的信息、知识和理论,实现虚拟实验与人工智能技术的深度融合。

(5)集成性(Integration)。虚拟实验的集成性体现在:①科学研究范式的集成性。虚拟实验可以把科学研究的几类范式即实验科学、理论科学、计算科学、数据探索统一集成起来,完成现象观察、归纳、计算、探索、体验的科学研究全过程。②可以把"人脑"和"电脑"集成起来。人类总是会思考事物之间的因果联系,而对数据的相关性并不是那么敏感;相反,电脑则几乎无法理解因果,却擅长相关性分析,虚拟实验可以把二者统一起来。③虚拟实验不仅集成了各种前沿技术,也是多学科平台、系统的集成,同样也包括数据、信息和知识的集成,不仅有虚的东西,也有诸如伴随仿真、半实物仿真等体现实际的部分,是虚与实的有机结合,是先进技术、知识、探索的创新集成。

3. 虚拟实验的特点

虚拟实验采用了虚拟现实技术,集合了传感器技术、计算机技术、三维图形技术、自动控制技术、人工智能技术、数据通信技术、网络技术、多媒体技术等多种先进技术,能够生成逼真的虚拟实验场景,可以辅助或者替代传统实验。与传统的真实实验相比,虚拟实验的特点主要体现在以下几个方面:

(1)经济性。虚拟实验可以无限次重复,一次投入,重复使用,方便调整。虚拟实验中的耗材、设备、仪器都可以是数字虚拟的,实验项目的调整、实验过程的修改、实验方案的优化、实验教学的改革不会受到设备、场地以及性能的限制,其重用性能节省大量的人力、物力和财力的投入,降低实验成本,有效解决传统实验平台投入大、建设周期长、空间制约、设备功能缺乏、性能老化、维修调整困难、补给不到位以及不环保等问题。对于能源消耗大、重复次数多的实验实训,例如飞行器、舰船、车辆、能源、化工等领域的实验与培训,效果尤其明显。

(2)开放性。虚拟实验(特别是分布式虚拟实验)提供的平台,可以使位于不同物理位置的多台计算机(终端)及其用户不受各自的时空限制,在一个共享虚拟环境中实时交互、协同工作,从而为人们分析问题、解决问题以及协同工作提供崭新的手段。虚拟实验打破了传统实验模式,实验者可以随时随地进入虚拟实验网站,选择实验,远程完成实验过程,访问各类实践教学资源等,无须受任何时间、空间的制约。

(3)针对性。虚拟实验过程中实验者可以随时控制实验进展,再现和回溯任意实验节点,利用计算机的仿真模拟、动画和渲染效果可以实现实验过程的进度和特效控制,便于实验者理解问题难点和观察实验环节。同样,虚拟实验还可以针对特定学科和领域,聚焦课题研究、工程实验、技术开发、成果转化、产业化等产学研一体化的创新活动,将前沿技术融入教学,实现科研活动与教学活动、科技创新与人才培养的结合。

(4)安全性。一些危险性较高的真实实验对操作、环境等因素要求极高,稍有差错,极易酿成事故，如果此类实验用虚拟实验替代，就不会存在安全隐患，尤其是有毒有害、污染环境、易燃易爆、操作风险高以及破坏性实验，用虚拟实验替代更具安全性。

4. 虚拟实验的应用领域

虚拟实验是探索世界的新方法，几乎涉及所有的科学技术领域，其典型应用可概括为以下几个领域。

(1)探轶过去。时间不可逆，但虚拟实验却能实现时间的"穿越"。虚拟考古就是一种发掘过去的虚拟实验方法，通过虚拟再现古代场景和行为，获取和挖掘潜在的信息，从而协助文物修复，揭开历史疑团。考古学家终于可以利用虚拟实验将他们自己在心里重现的古代情景变为可与他人共享的可见形式，其结果是出现了一个被称为"虚拟考古"的激动人心的新领域，从而给古代世界带来了新的生机。

例如：德国埃尔旺根考古学家 David Finsterwalder 借力虚拟实验展现了考古挖掘数据；胡德学院的考古学家 David R. Hixson 在玛雅古城的考古中，使用虚拟引擎，拟合遗址的三维模型，实现了在虚拟环境中的复原遗址，如图 1.1 所示。又如，2018 年 5 月，秦始皇帝陵博物院与西北大学共建虚拟考古联合实验室，集中开展秦始皇陵遗址的数字化、基于数字化资源的秦始皇陵考古研究、兵马俑虚拟修复以及虚拟现实展示项目等示范应用工作，有效促进了文化遗产保护与传承的可持续发展。由西北大学建成的我国首个沉浸式考古虚拟互动教学实验室，通过多维几何与计算机可视化的 3D 数据采集、数字记录以及交互和沉浸手段对遗迹、建筑和景观进行分析、研究，是考古学理念、方法和教学手段的一次重大创新。图 1.2 是虚拟的古建筑及虚拟博物馆，图 1.3 及图 1.4 分别是虚拟的怪兽和恐龙。

图 1.1 虚拟考古玛雅古城水源再现

图 1.2 虚拟的古建筑、博物馆

图 1.3 虚拟的怪兽

图 1.4 虚拟的恐龙

(2)推演未来。虚拟实验可以对未来未知的场景、气候、行为等进行模拟和测试，从而起到推演未来、预知未来不确定事件的作用。中国科学院大气物理研究所开发的地球系统数值模拟装置——寰(见图 1.5),能快捷、可靠地预知未来天气和气候变化。其软件系统包括地球系统模式数值模拟系统、区域高精度环境模拟系统、超级模拟支撑与管理系统,以及支撑数据库和资料同化及可视化系统,可实现全球高分辨率(大气 25 km,海洋 10 km)数值模拟、全国 1～3 km 区域高精度环境模拟;其硬件系统包括超级计算机硬件系统——硅立方,可提供峰值速度不低于 15 PFlops(1.5 亿亿次/秒)的计算速度,相当于 15 亿人用计算器计算 115 天,并且提供了 80 PB(1 PB=1 024 TB)的存储空间,可以存放海量数据。软、硬件系统组成了"寰"的虚拟实验系统,能提前 9 个月预测 ENSO(EI Nino-Southern Oscillation,厄尔尼诺-南方涛动),预报能力领先于国际水平。同时,"寰"将致力于多圈层碳氮循环机制的研究,为建成国际领先的碳源精准评估方法体系和技术提供虚拟实验平台。

图 1.5 "地球系统数值模拟装置——寰"原型系统模型

(3)探索宇宙。宇宙浩瀚无垠,绝大多数区域人类还无法触及,通过虚拟实验探索遥远的未知星球,揭示宇宙的奥秘,是科学家热衷和必选的手段。美国亚利桑那大学的一个团队通过创建一个"虚拟宇宙机器"(见图 1.6)来发现有关宇宙的新事实。该虚拟宇宙机器模拟了星系随时间发展的方式,完成了 1 200 万个不同星系的计算机模拟,使用超级计算机生成了 800 万种宇宙模型,执行了模拟大块宇宙所需的数万亿次复杂计算。每个宇宙模型都遵循不同的物理理论来确定星系的形成方式,模型显示了关于暗物质在星系演化中所起作用的重要信息。另外,在航空航天和探月工程中,虚拟实验同样起到了不可替代的作用,如俄罗斯开发的 UNIGINE 平台能模拟出舱活动中的泄压、太空行走、太空搬家等高风险、危险系数大的航天活动,帮助宇航员在安全的虚拟现实场景中完成训练,如图 1.7 所示。又如,神舟飞船发射前的路线模拟(见图 1.8)以及虚拟探月(见图 1.9)都是通过虚拟实验的方法来获取相关数据和信息的,它为探索遥远的太空和星球提供了支撑。

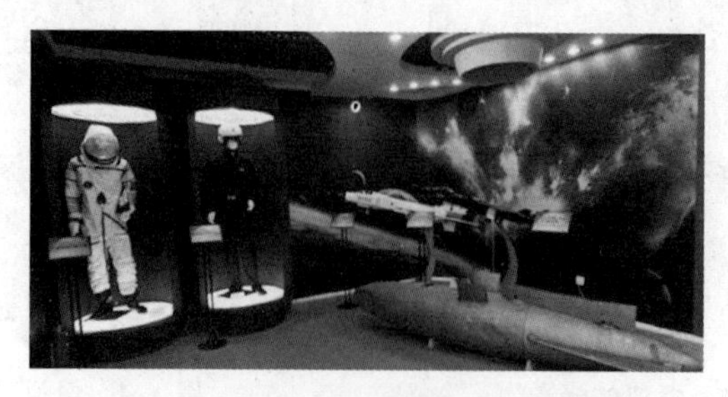

图 1.6 虚拟宇宙机器揭示宇宙奥秘

图 1.7 航空航天虚拟实训

图 1.8 神舟飞船在太空遨游的路线模拟

图 1.9 虚拟探月的演示

(4)军事战争。战争是政治的最高表现形式,而军事战争的破坏性、危险性以及付出的代价是十分巨大的,如果是核战争,甚至可以毁灭地球。随着虚拟时代的到来,虚拟对抗开始先于现实空间展开,它们在重新诠释"虚"与"实","虚拟战争"悄然登场。通过虚拟实验技术,人们可以对战争进行设计、虚拟推演和多样性路径规划,提升危机和战局控制能力,最终可能指向不战而胜,避免残酷的、流血的实际战争,或者减少、降低战争的破坏性。

战争与军事应用一直是推动虚拟实验及其技术发展的动力。美国国防部的高级研究计划署(ARPA)装备 Simnet 是一个联机网络,它将分布在世界各地的200多个模拟装置集中在一个实时的虚拟环境中,可以连接各种各样的飞行器和车辆模拟器(如飞机和坦克),而且即使两地分隔数千里,驾驶员也可以进行实时的交互,形成强大的打击力。图1.10和图1.11分别是虚拟战争指挥部及虚拟战斗机。

图 1.10 虚拟战争指挥部

图 1.11 虚拟战斗机

现代战争具有信息化特点，军事装备日趋智能化和自动化，信息化战争最典型的军事装备便是无人机。通过虚拟现实模拟无人机飞行、射击、侦察等工作场景，在虚拟场景下操控无人机，执行侦察、打击等战斗任务，可以增强训练效果，减小实际战争中的人员伤亡。无人机拍摄到的场景通过虚拟现实技术能实现立体化，从而降低操控难度，提高侦察效率。图 1.12 是察-打一体化无人机及驾驶员的虚拟再现。

图 1.12　察-打一体化无人机及驾驶员的培训

(5)教育培训。虚拟实验已被广泛地应用在教育培训之中，利用虚拟实验，可以帮助学生打造生动、逼真的学习环境，使学生通过真实感受来增强记忆，这种方式更容易激发学生的学习兴趣，更容易让学生接受。例如，在医学领域，利用计算机虚拟出人体组织和器官，让学生对虚拟对象进行模拟操作，操作中手术刀切入人体肌肉、触碰到骨骼的感觉，可以加快学生对手术操作要领的掌握。另外，在手术前，建立病人身体的虚拟模型，针对虚拟模型提前进行手术预演，可以大大提高手术的成功率，保障手术过程的安全。图 1.13 是虚拟医疗手术训练。

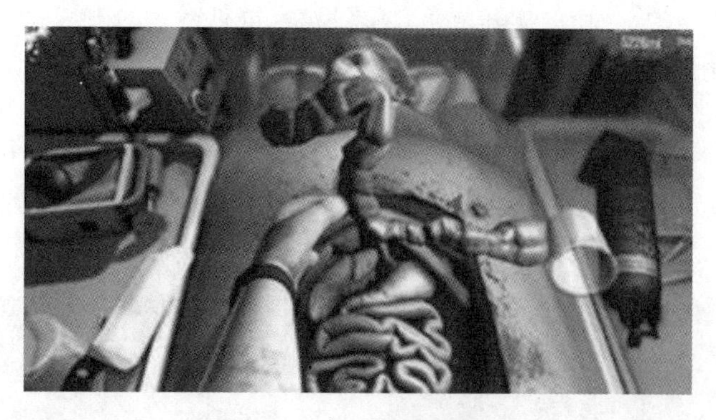

图 1.13　虚拟的手术训练

在航空航天领域，虚拟实验技术作用明显。航空航天耗资大、工程复杂，利用虚拟实验技术和计算机数据模拟，可以虚拟航天飞机，重现现实中的飞行环境，使航天员在虚拟场景中进行飞行训练，并完成各种操作，节省了实验成本，减小了实验的危险系数，提升了飞行训练的效果,图1.14是虚拟的环境飞行驾驶训练。

图1.14　虚拟的环境飞行驾驶训练

(6)虚拟制造。对于花费巨大的实验,在实际实验之前,虚拟实验往往是最好的选择。

虚拟制造系统的本质是制造系统在虚拟环境下的映射。虚拟制造系统由虚拟信息系统(Virtual Information System,VIS)和虚拟物理系统(Virtual Physical System,VPS)组成。虚拟信息系统用来模拟现实信息系统,包括制造生产过程中设计、控制、管理、计划调度和评估等上游信息的处理;而虚拟物理系统则主要用于模拟现实物理系统,涉及实际的加工单元、加工车间以及工厂等制造元素,通过计算机建模,基于模型进行制造加工的仿真。例如,一些难于加工的工件,可以通过计算机虚拟出最终符合要求的工件模型,按模型控制刀具轨迹和进给量,便可顺利制造出最终产品。新产品开发过程中,传统方法是先做样机、试制,然后反复调试、修改直至正式投入生产。运用虚拟实验方法,可以提前进行虚拟设计、虚拟原型、加工仿真、虚拟装配等环节,虚拟装配过程中还能进行干涉检测,任何阶段都可以随时进行虚拟测试,便于发现问题,从而可以及时修改。通过虚拟实验方法,可以大大减少设计更改、加工失误、装配不当等带来的人力和物力的浪费,降低新产品的开发成本,提高开发效率。

美国通用汽车公司,汽车设计师在虚拟制造系统中,利用虚拟现实原型技术进行测试,工作人员可以驾驶虚拟汽车在虚拟公路上行驶,随时测试汽车的性能,或坐在驾驶室中检查视野,等等。"虚拟原型"代替"真实产品","虚拟制造"代替"现实制造",提高了可靠性,节省了原材料。

(7) 规避风险。应用虚拟实验替代危险系数较高的真实实验,已经在越来越多的学科和领域得到了实现,如NOBOOK虚拟实验室所开发的水沸腾、海波熔化、试电笔使用(见图1.15)、化学粉尘爆炸等中学物理、化学课程虚拟实验,可以避免因操作不当而带来的安全隐患。

(8)简化复杂。从几何非线性、材料非线性、边界非线性的力学求解到多学科多物理场解耦,很多复杂的科学问题无法用精确的数学或几何模型进行描述,虚拟实验在简化复杂问题方面起到了不可替代的作用。以航空发动机为例,它是工业界最为复杂的组成结构之一,具有高温、高压、高速的工作特点和极高的可靠性要求，且发动机中流体、燃烧、热、电磁、机械、噪声等多物理现象和物理场耦合，使得发动机研发和制造难度极大。LMS国际公司推出了全新的“航空发动机虚拟试验平台”，通过多领域仿真系统 Imagine. Lab AMESim 以及三维多学科仿真系统 Virtual. Lab，可以开展发动机系统性能、燃油调节系统性能、润滑系统性能、发动机振动与噪声特性、结构疲劳耐久性等多种虚拟实验，可有效地将复杂系统的求解和解耦问题简化，从而为发动机设计制造提供支撑。发动机启动系统虚拟实验如图 1.16 所示。

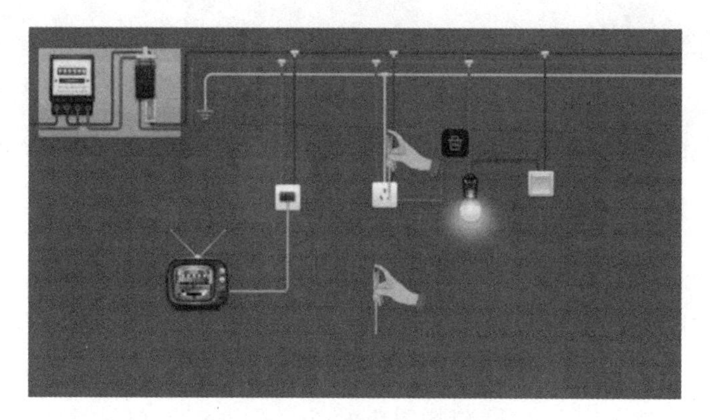

图 1.15　试电笔使用虚拟实验

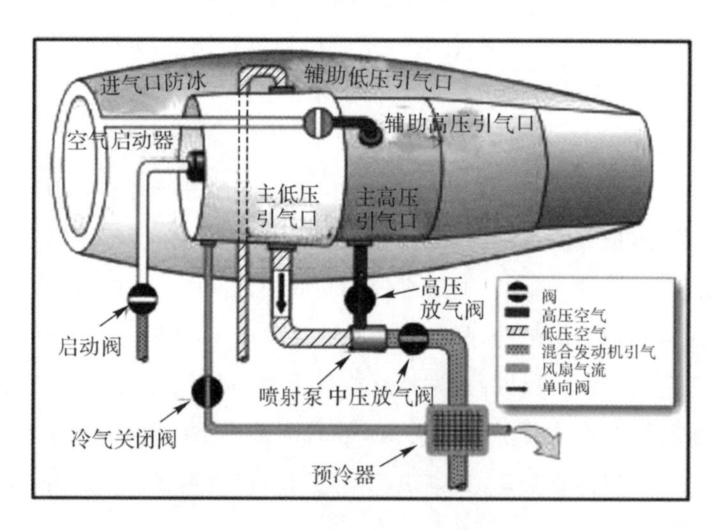

图 1.16　发动机启动系统虚拟实验

(9)辅助医疗。在 5G 技术的基础上，融合 AI、VR、AR、MR 等技术，构建辅助医疗虚拟实验平台，可以充分利用现有的医疗设备及人力资源，在病患监护、疾病诊断和疾病治疗等领域提供移动化、信息化和远程化的医疗服务，如图 1.17 所示的手术导航平台。湖北理工学院智能输送技术与装备湖北省重点实验室与中加健康工程研究院(合肥)有限公司合作，正在开发一种术中模型校准与可视化引导系统，医生可以根据实时传输过来的数据和 AR 影像，结合术中导航 AR 等虚拟实验技术，在手术画面中进行引导、标记和提示，远程指导手术进行。

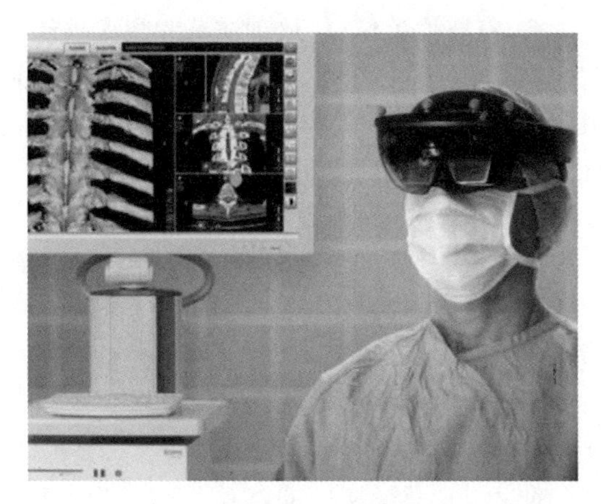

图1.17 手术导航平台虚拟实验

1.2 虚拟实验的研究现状与发展前景

1.2.1 虚拟实验在国内外的研究现状

1. 虚拟实验在国外的研究现状

美国是最早研究虚拟实验的国家。早在1981年，美国国家航空航天局（NASA）就成立了NASA Ames实验室，并开发出了一个虚拟界面工作站，主要研究虚拟视觉。该实验室被称为虚拟实验的发源地。美国麻省理工学院很早就开展了对机器人、人工智能和计算机图形学等领域的研究，20世纪80年代末，成立了媒体实验室，开始对虚拟环境进行研究，并建立了测试系统，主要用于图形仿真技术的实验。这些都可视为早期虚拟实验的雏形。

1989年，美国的William Wolf教授率先提出了虚拟实验的相关概念，他将虚拟实验描述为多种仪器工具和技术并存、信息化、网络化的虚拟集成环境。在计算机的虚拟实验环境中，可以拖动和组合各种虚拟仪器，并根据具体实验要求，把虚拟仪器连成一个完整的实验系统，操作和运行整个实验，并得出和分析实验结果，从而获得接近或等同于实际环境的实验操作和运行效果。

20世纪90年代开始，基于虚拟现实的虚拟制造与虚拟实验技术逐步得到了系统的研究和应用。美国华盛顿州立大学在PTC（美国参数技术公司）的Pro/ENGINEER等CAD/CAM系统基础上，开发了设计制造虚拟环境VEDAM系统。该系统包括虚拟设计环境、虚拟制造环境、设备建模环境和虚拟装配环境。美国纽约州立大学机械与航空工程系虚拟现实技术实验室开发的VPAVE（Virtual Prototype Assembly Validation Environment）系统和美国爱荷华州立大学虚拟现实技术应用中心开发的VEGAS（Virtual Environment for General Assembly System）系统等，都是典型的虚拟制造和装配实验平台。福特汽车公司在汽车设计工程中运用虚拟现实技术构建虚拟场景，该公司的先进车辆技术组大量应用虚拟成型和装配仿真等虚拟制造技术，以提升表面建模、人机工程学和空气动力学的效果。21世纪，美国在军事领域大量运用虚拟现实技术,模拟战争场景、培训演练和战术操练等。

日本大阪大学工学部岩田一明教授等人,从 1991 年开始,自主开发 Virtual Works 和 Open Virtual Works 虚拟制造系统。东京大学成功将虚拟现实技术应用于动态图像的提取和三维结构的判定等方面,实现了三维空间中的图形虚拟。

德国亚琛工业大学针对高炉炼钢过程开发的虚拟实验室“Iron making”,能够将涉及冶金、机械、液压、物理、化学等多学科、多种现象及反应共存的复杂高炉炼钢过程和工艺流程直观化和简单化,从而便于学生体会和理解。“Iron making”包含了一套用 Java 实现的可视化仿真模型软件,提供了一个方便交互的软件界面,能管理和监控学习活动、回答问题,并可对结果进行分析,以及处理输入的参数,输出相应操作和学习结果等。

虚拟实验技术在教育教学领域的研究和应用也层出不穷,美国印第安纳州立大学将虚拟实验用于新生的课程学习。通过虚拟化学实验器材和化学实验过程,运用计算机采集和分析虚拟实验过程中的各类数据,学生可自主完成虚拟化学实验,避免了化学实验中的安全隐患。

美国华盛顿州立大学研发了一套完整模拟化学反应、具有高仿真度的虚拟实验系统,学生仅需要头戴特制的头盔,就可以置身于逼真的化学反应场景,并利用操纵杆来控制微观状态下水的形成与分解过程。

美国犹他州立大学开发出了 PCR(Polymerase Chain Reaction,聚合酶链反应)虚拟实验室,用鼠标替代操纵杆,DNA 的提取、复制等实验过程可以通过鼠标操控,同时,系统随时可以给学生提供各类指导、服务和帮助。在实验过程中,实验者不用担心操作失误,一旦出现不当操作,系统会及时提示,如将遗传物质倒入试管的操作中,试管口与试剂瓶口没有倾斜时,系统就会报错。

美国芝加哥一所大学中的数字化有机实验室不仅可以方便教师对学生在网络上获得实验仪器、实验耗材等环节进行指导,还可以帮助教师整理保存相关实验数据和完成教务管理,是一个集虚拟实验与管理于一体的高效平台。

美国麻省理工学院的 TEAL(Technology Enabled Active Learning,技术强化主动学习)项目开发完成的 TEAL sim,对难以分辨和观察的磁场线进行了可视化,可以加深学生对电磁现象系统和深入的理解。例如:“线圈下落模拟”,通过改变磁偶极矩强度和线圈的电阻,揭示了这些参数对线圈动力特征的影响,完整展示了具有传导性的非磁性线圈沿着一个固定磁铁的轴线下落的现象;“两个点电荷模拟”揭示了由两个正负点电荷所产生的电场特征,虚拟实验过程中,可以实时修改每个粒子的电荷量和位置;“生成平面波辐射模拟”展示了振荡电荷产生的电磁辐射。

英国牛津大学设计开发了 LiveChem 虚拟化学实验室,运用 Flash 技术,实现化学实验的演示和操作过程。在虚拟实验过程中,实验者可以根据要求和需要选择虚拟化学药品,然后按照实际要求,完成不同的实验。

德国波鸿鲁尔大学搭建了一个控制工程教学系统和互联网虚拟实验室,综合运用虚拟实验装置的不同仿真特质和虚拟场景的三维图像化效果,完成对虚拟实验的交互性行为。

2. 虚拟实验在国内的研究现状

在我国,虚拟实验技术属于新兴技术,起步相对较晚,但在政府与高校的大力支持下,也取得了许多研究成果。

20 世纪末,中国农业大学开展了汽车的操纵稳定性虚拟试验的探索,提出了汽车操纵稳定性虚拟试验的概念，开发了虚拟试验平台，首次把虚拟现实技术用于汽车操纵稳定性的研究。在虚拟实验中，交互地改变诸如车辆参数、驾驶员控制机理和道路条件等实验的条件和参数，模拟真实试验，建立和研究了模糊汽车模型、模糊神经驾驶员控制模型，建成了国家级的虚拟实验教学中心，取得了一系列的学术研究成果。中国农业大学还综合运用虚拟现实、三维建模和遥感技术，开发了基于 GPS 和 GIS 的虚拟土壤-作物系统实验室平台，实现虚拟化农田，并开展了农田土壤中影响农作物生长的相关数据的定量化研究。该平台的虚拟实验，为作物估产、田地浇灌、农药喷洒、土壤施肥等环节提供了科学的依据，可以取代实际场景中难于实施以及成本比较高的真实实验。

单美贤主编的《虚拟实验原理与教学应用》一书中，以"温度传感器特性"虚拟实验为例，从知识层次发展、知识深度、教学模式维度、创造性思维激发、协作精神培养五个维度，阐述了大学物理实验教学与虚拟实验的五个结合点，论证了虚拟实验对促进教学改革与发展的有效性，并对虚拟实验进行了描述与界定。

北京大学计算机系利用 Java 技术研究开发了一种支持大计算量、具有交互性的网上虚拟实验系统——3WNVLAB 虚拟实验室。学生通过虚拟实验系统中的主界面，选择实验项目，按照实验要求，完成实验过程，并将实验完成请求发送至服务器，服务器与客户端建立起连接，收到请求，做出响应，输出实验结果，并返回给学生，学生即可查看相应的实验结果。

清华大学研发的辅助康复治疗系统，通过虚拟现实技术构建了多个康复环境和场景，借助虚拟手套、虚拟头盔等硬件设备，可以进行多种日常康复活动。该系统曾帮助许多中风患者和脑损伤患者进行康复治疗，治疗效果显著，解决了传统康复治疗设备缺乏和场地限制等问题，在很大程度上节省了康复治疗的人力、物力成本。清华大学自动化系统虚拟仿真实验教学中心开发的安全可靠以及真实实验难以完成的虚拟实验，可模拟复杂先进自动化与控制系统的分析计算验证和预测过程，从而探索复杂系统的形成机理，解决深层次的科学问题，以适应自动化、智能化、虚拟化融合训练和创新训练的教学需要，让学生通过"理论授课—虚拟实验—实物实验"相融合的学习，深刻理解和体会先进自动化与控制技术的核心内容，达到深入且优质的教学效果。

北京航空航天大学虚拟现实技术与系统国家重点实验室依托北京航空航天大学机械工程、控制科学与工程和计算机科学与技术三个学科，通过不同学科方向的交叉融合，开展虚拟现实应用基础及关键技术方面的原始创新和集成创新，支持虚拟现实系统研究与平台工具的开发、虚拟现实实验装置以及特定领域的虚拟现实应用技术与系统等领域研究。北京航空航天大学的虚拟现实技术与系统国家重点实验室建立了我国第一个基于广域专用计算机网络的支撑环境 DVENET，可支持异地分布式虚拟现实应用，并主持研制了具有自主知识产权的分布交互仿真应用程序运行平台 BH RTI、实时三维图形平台 BH_GRAPH 等十余种开发工具。北京航空航天大学还与浙江省病理质控中心合作开设了"虚拟免疫组化实验室"，通过图像分析系统，界定了免疫组化染色，实现了免疫染色肉眼视觉上的强度量化，增加了可重复性，找出了定义免疫染色物质质量的最佳参数。

2014 年，中国科学技术大学的核聚变实验装置可视化小组，建立了基于 VRML(Virtual Reality Modeling Language，虚拟现实建模语言)和 Java 3D 的虚拟实验 EAST(Experimental Advanced Superconducting Tokamak，全超导托卡马克)系统。2017 年，对原系统进行优化升级，利用 WebGL 技术和 Three.js 框架，开发了基于 WebGL 的 EAST 可视化综合平台，同时还借助网络虚拟现实技术，实现了沉浸式体验。中国科学技术大学生命科学国家级实验教学中心在原有的教学内容基础上，开展了生理学虚拟仿真实验、分子水平上的虚拟仿真实验、细胞和组织水平的虚拟仿真实验、大型仪器的虚拟仿真操作以及生物实验安全防护虚拟仿真实验等多个方面的探索和虚拟仿真实验系统平台建设，并在以上实验教学项目的基础上，建立了生命科学虚拟仿真实验教学中心。该中心现已完成11项自主知识产权的虚拟仿真实验教学项目开发，并应用于教学实践，扩展和补充了原实验教学内容，实现了生物学实验教学的虚实互补和虚实结合，达到了提升教学质量的目标。同时，该中心专门建立了虚拟仿真实验教学系统，以实现基于现有课程体系的虚拟仿真实验教学和资源开放共享，为方便校内师生课程教学和面向兄弟院校共建共享创造了较好条件。

吉林大学运用OpenGL技术开发了四自由度机器人虚拟实验系统，实现了虚拟实验过程的远程遥控。利用虚拟现实技术并结合多传感器信息技术，在遥操作机器人领域，为操作者提供了实时逼真的虚拟触觉和力觉、虚拟视觉、虚拟听觉等，便于操作者分析判断现场作业情况，提高了系统的作业精度和可操作性。根据现场机器人的构建信息能力、虚拟机器人的运动及反馈算法，无须很多信息量，即可解决主从两端的信息交互问题，实时性较好。吉林大学建设的汽车动态模拟国家重点实验室开发了汽车室内动态仿真器。该仿真器的主要功能模块包括汽车动力学计算机、视景计算机及投影部件、驾驶模拟舱、声响发生部件、液压运动装置及主控制台等。汽车动态仿真器具有汽车场地性能实验无法比拟的优越性，可以在任何条件下对人-车闭环系统进行全工况仿真，不存在任何风险，解决了难以准确建立数学模型描述驾驶员行为特性的问题，且重用性好，实验结果对比度可信度高，是国内外具有代表性的虚拟实验平台。

上海有机化学研究所是中国科学院大学下属研究所，它在许多科学研究领域(包括物质自动命名、物质结构检索、结构分析和波谱模拟等)大量运用了虚拟实验技术，并且创建了虚拟化学实验室ChemLab，发布了很多与有机化学相关的虚拟实验系统。这些虚拟实验系统的开发主要基于化学知识进行建模，可以分析预测合成分子或蛋白质的性质等，为科学研究提供了有效的辅助工具和手段，提高了科研效率。

华中科技大学机械学院开发了工程测试网上虚拟实验室，运用Java与虚拟仪器技术，实现了测试技术课程网上仿真实验，通过联网计算机终端，即可完成实验过程。

武汉大学测绘地理信息虚拟仿真实验教学中心以培养学生实践和创新能力为出发点，依托虚拟现实、人机交互、多媒体、网络通信和数据库等技术，本着“虚实结合、相互补充、能实不虚”的建设方案，建设了测绘与导航、地球物理、地理信息、资源环境、遥感信息、地理国情监测等8个虚拟仿真实验教学平台，全面培养学生在大数据、“互联网+”条件下的综合能力。

湖北理工学院(湖北省“分布式虚拟实验技术的研究与应用”创新团队)和武汉理工大学(智能制造与控制研究所)，长期以来致力于虚拟实验的研究，结合虚拟仿真技术、多媒体技术、Web技术和数据库技术构建了开放式、网络化的综合性虚拟实验教学平台，实现了现有各教学实验室的信息化、网络化和虚拟化。湖北理工学院机械电子系统虚拟仿真实验教学中心自2003年开始，先后建成了柔性制造、车辆交通、自动控制、信息技术和虚拟现实等8个虚拟仿真实验室(设备总价值超过1 500万元)。同时，针对汽车虚拟驾驶模拟、大型数控锻压成形装备等开展了危险性高、资源消耗大的大型综合虚拟实验，并以此为基础自主研发了汽车驾驶模拟器和1 000 t大型数控折弯机模拟设计系统。他们针对构建分布式汽车驾驶仿真平台、汽车驾驶专家系统、“汽车-驾驶员-道路”仿真、建立汽车驾驶控制模型和大型成套折弯设备等方面的虚拟实验开展了深入的研究工作，建立了分布交互式汽车驾驶训练虚拟系统。该系统由几十台单独的虚拟驾驶模拟器组成分布式网络，运用先进的计算机视景系统、真实车辆的操纵控制系统实现交互式驾驶模拟（包括驾驶员与驾驶模拟器视觉、听觉、触觉的交互等），驾驶员在同一驾驶场景中可与其他驾驶员及智能物体交互。它既可以用于驾驶员的训练，也可以对微观交通进行仿真，还可以对驾驶员的控制特性进行研究，开展虚拟实验。图 1.18 为虚拟的高速公路三维驾驶场景，图 1.19 为 CCTV－10《科技之光》栏目在湖北理工学院汽车交通实验室拍摄“汽车虚拟驾驶”专题节目场景。2020 年，湖北理工学院建立了虚拟学院，提出了虚拟学院的体系构架，对学校数字化、虚拟化教学提出了更高的要求，并于 2021 年开设了虚拟现实技术本科专业并招收了首届学生。

图 1.18 虚拟高速公路三维驾驶场景

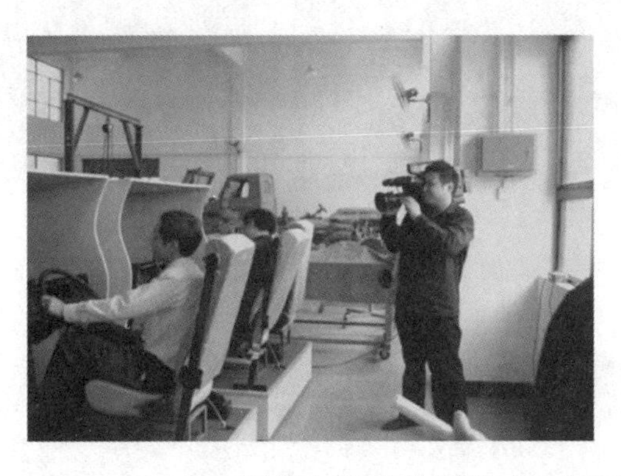

图 1.19 CCTV－10 《科技之光》在拍摄“汽车虚拟驾驶”

在虚拟实验技术用于医学数字成像系统方面，湖北理工学院智能输送技术与装备湖北省重点实验室与中加健康工程研究院（the Sino Canada Health Institute，SCHI）（合肥）有限公司合作研发了世界首套高磁无液氦地面行走术中磁共振成像（Intraoperative Magnetic Resonance Imaging，IMRI）系统。图 1.20 是采用虚拟实验技术设计的高磁无液氦地面行走术中磁共振成像系统数字模型。

图 1.21 是研制的磁共振成像系统，图 1.21(a)是安装在磁体移动器上的无液氦磁体（上方的电缆承载导轨以及相关的电子柜和计算机工作站来控制运动和成像），图 1.21(b)是磁体的侧视图（手术床已停靠到位，塑料外壳是本地射频屏蔽罩）。图 1.22 是通过猪脑进行的离体实验测试，用以验证系统的有效性。实验显示，与术后 X 光成像相比，在猪脑植入深脑刺激电极后，术中核磁成像清晰度更高。

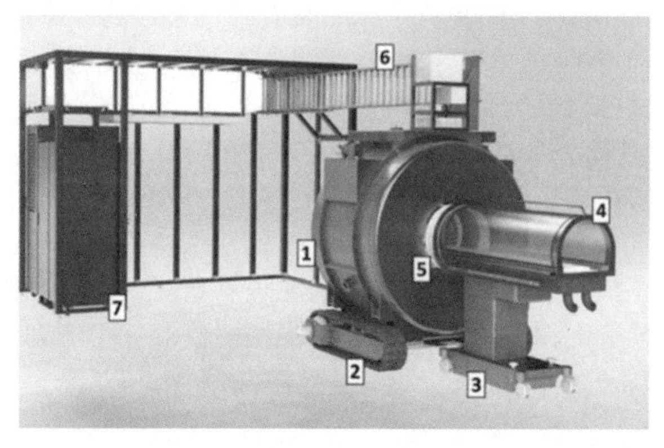

图 1.20　SCHI 高磁无液氦地面行走术中磁共振成像系统数字模型

1—1 T(特斯拉)无液氦磁体;2—无轨磁体移动器;3—手术床;
4—患者局部射频屏蔽罩;5—防撞系统;6—电缆托架;7—电子模块

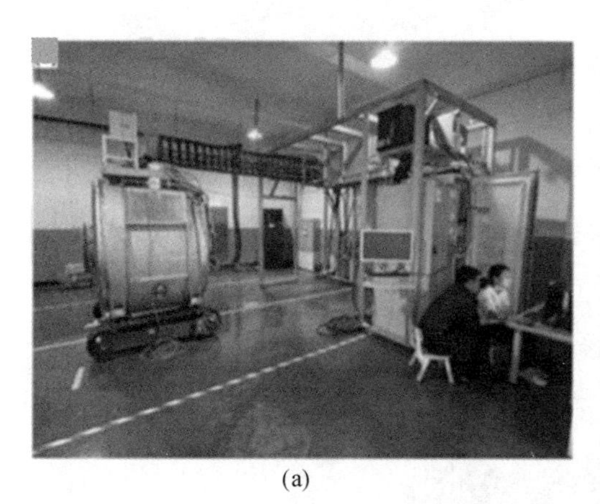

(a)

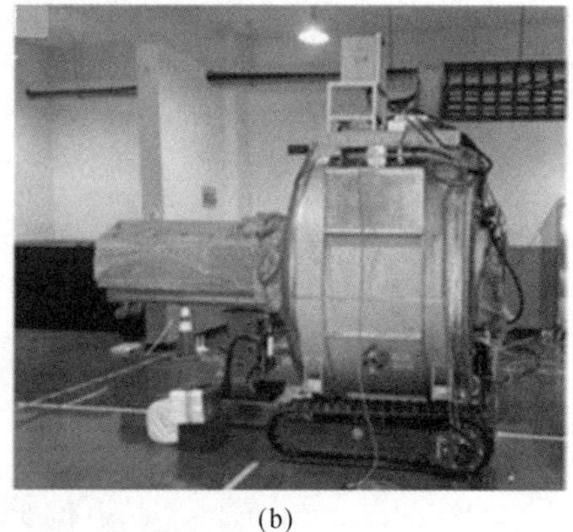

(b)

图 1.21　SCHI 磁共振成像系统

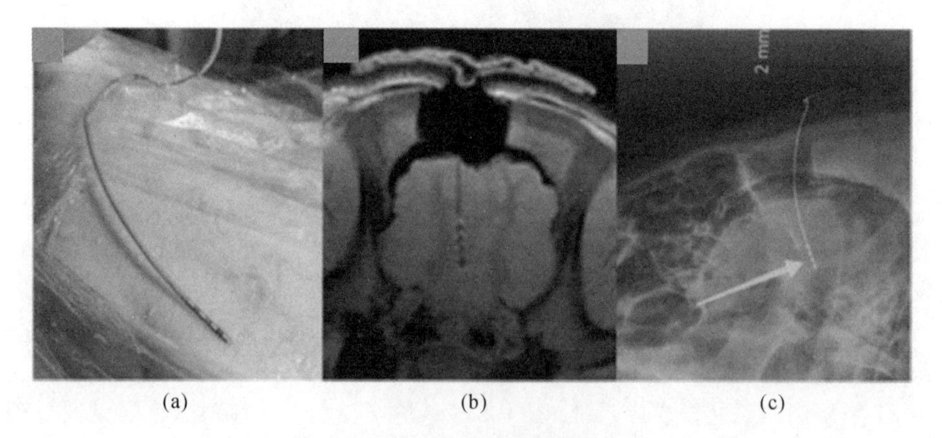

(a)　(b)　(c)

图 1.22　植入前后的深脑刺激电极

(a)植入猪脑前的深脑刺激电极 ;(b)电极植入猪脑中的术中核磁成像 ;
(c)术后猪脑 X 光成像与植入猪脑中的深脑刺激电极成像对比

地面行走术中磁共振成像系统的研发融合了虚拟实验、人工智能和数字成像等技术，能够帮助外科医生更好地确定手术边界，显著改善脑瘤切除的效果，从而有助于减小损伤大脑关键区域的风险。该系统将在医院环境中安装，是基于地面、高场、移动 IMRI 系统的一个重要里程碑，对于整个脑部医学影像行业来说，具有重要意义。

1.2.2　虚拟实验的发展前景

由于虚拟实验的特征和独特的优势，在"技术需求"和"社会需求"的双重推动下，虚拟实验的研究和应用方兴未艾，成为人们关注的热点。

1. 产业对虚拟实验及技术发展的赋能

从虚拟现实技术产业布局来看，世界科技巨头均早已参与。2014 年 4 月，谷歌就推出了增强现实眼镜；2015 年，手游《Pokemon Go》的出现，将 VR 概念正式带入大众视野；随后脸书、索尼、苹果等厂商也纷纷推出了自己的 VR 产品。

国内方面，百度、腾讯、阿里巴巴等科技巨头均有涉及 AR 概念，就在 2019 年 8 月，华为正式发布了基于空间计算而衍生的虚拟融合场景服务集，包括高精度地图测绘、AR 步行导航等有关数字现实、测绘、视觉交互等方面的应用。

虚拟现实国内市场规模增速非常快。数据显示，2015 年以来中国虚拟现实市场规模三年间从 15.8 亿元增长至 52.8 亿元。在国内虚拟现实行业软、硬件收入构成方面，2017 年虚拟现实硬件收入达到 4.7 亿元，软件收入为 1.7 亿元，2019 年中国虚拟现实行业软、硬件收入总额已经突破 10 亿元。根据预测，近些年，中国虚拟现实市场规模将突破 200 亿元。但总体而言，中国虚拟现实行业仍处于初级阶段，市场规模仍然处在起步发展的水平。

另外，虚拟现实资本市场持续火热，产品逐步进入大众消费市场，应用领域不断扩张，虚拟现实设备体验不断提升，内容逐渐丰富，用户规模持续攀升。数据显示，用户规模从 2015 年的 52 万人增长至 2017 年的近 500 万人，三年间增长了近 448 万人。2019 年，中国虚拟现实消费者规模已突破 1 000 万人。2021 世界 VR 产业大会云峰会上发布的《虚拟现实产业发展白皮书(2021 年)》显示，虚拟现实产业 2021 年 1 月—9 月投融资金额约为 407 亿元人民币，从全球 VR/AR 头显设备出货量数据看，2021 年出货量保持迅猛增长态势，2021 年全年出货量达到 1 123 万台，多项数据预示虚拟现实产业步入增长轨道；当前，各种核心技术不断更新，近眼显示、影像捕捉、人机交互等关键技术发展迅速，虚拟现实与 5G、人工智能、超高清视频等技术融合创新。产品供给推陈出新，多样化的增强现实、混合现实、扩展现实设备(如头戴式、一体机、移动端等)已经纷纷上市。

随着虚拟现实核心技术产品日臻成熟，非接触式经济需求高涨，双轮驱动虚拟产业高速发展，全球虚拟现实产业进入新的爆发期。以虚拟现实技术为核心的"Metaverse(元宇宙)"概念十分火爆，腾讯、字节跳动、华为、微软、脸书、英伟达、高通等国内外巨头持续加大虚拟现实产业投入。目前，我国虚拟现实产业初步形成了全产业链生态体系。国家第十四个五年规划和 2035 年远景目标纲要将"虚拟现实和增强现实"列入数字经济重点产业，提出以数字化转型整体驱动生产方式、生活方式和治理方式变革。2022 年，工业和信息化部联合多部门发布《虚拟现实与行业应用融合发展行动计划(2022—2026 年)》，面向工业制造、文化娱乐、教育培训等重点领域挖潜创新应用，培育各具特色的优势产业集群。随着人工智能的快速发展，虚拟现实设备、机器人等智能产品层出不穷,不断融入人们的生活。科技和产业生态的持续发展,推动着虚拟现实概念的不断演进,信息消费扩大升级,行业应用也在逐步融合创新。

虚拟现实等相关产业的驱动为虚拟实验及技术的发展提供了不竭动力。

2. 虚拟实验及技术赋能新冠疫情防控

2020 年伊始,新冠疫情席卷全球,对高校教育事业产生了极大的冲击,为了抗击新冠疫情,各地、各校广泛开展线上教学,虚拟教学院、虚拟教研室迅速建立,虚拟实验及技术广泛采用,为抗击新冠疫情,取得疫情防控重大胜利提供了有力的保障,同时,虚拟实验技术也得到了快速的发展。

2020—2022 年疫情期间,为了保证高校正常的教学秩序,国家虚拟仿真实验教学项目共享平台免费提供 2 000 余门虚拟仿真实验课程资源,国内外高校也纷纷推出具有特色的虚拟实验项目,供学生和教师在线使用。例如,清华大学电机系加强并提升国家虚拟仿真实验教学项目"基于云仿真的光储微电网运行控制虚拟实验"在线服务能力,通过云仿真和云实验方式传递知识,让在线教学形式更丰富、训练更充分、使用更便捷。学生访问该电机系创立的云仿真平台,即可开展虚拟仿真试验。虚拟实验平台支持学生对重要步骤和关键参数的自由构建和自主设计,引导学生开展独立仿真操作实践和建模分析,以提高学生对微电网相关知识的理解和掌握水平。天津大学化工学院向全国免费开放"化工原理"系列虚拟仿真实验教学资源。学生登录平台,可以在线完成该课程的全部实验,还可以体验在实际实验室中很难实现的操作,比如参与对有毒、有害、易燃易爆等物质的处置。江苏省教育厅要求省内各高校推动本校实验教学与信息技术的深度融合,推进实验教学改革,促进线上实验课程和线上线下混合式实验课程的建设。线上实验课程以虚拟仿真实验教学项目为主,辅助以相应的网络支持进行建设。医学是以实验为主的学科,实验教学占有重要地位,疫情期间如何开展线上实验教学并且保证教学效果,对医学专业教学提出了更高的要求。面对严峻的疫情,石河子大学医学院利用学院自主研发的 4A 数字化医学形态学教学平台、"医学魔课"虚拟仿真实验平台开展线上实验教学。虚拟仿真实训教学,打破空间条件限制,解决线上实验教学的难题,确保课堂教学"理实一体不打折,技能训练不断线",实现了全国教育"学生不停学、教师不停教"。

疫情期间,由于虚拟实验及技术的大规模应用,虚拟实验教育教学中的一些问题和不足也充分地暴露出来了,对虚拟实验及技术也提出了目标要求与解决方案:

(1)实时渲染画质与大数据量承载双保障:在大规模场景数据承载方面,虚拟现实引擎 VR-Platform 在 VRP(Virtual Reality Platform,虚拟现实平台)制定了三维场景数据建模规范流程,以综合控制单体模型数据、总体模型个数与场景纹理贴图总量的平衡,结合平台自身具备的大场景动态加载技术,实现大规模场景数据的流畅显示与优化。

(2)二次开发扩展能力:通过接口可以实现用户应用系统对窗口中三维场景的控制,可定制开发各种仿真硬件设备的驱动接口和应用程序接口(如模拟器、力反馈器、数据手套、光学动作捕捉设备、3D 手持控制设备等),使用户可以通过硬件设备对三维虚拟场景中的对象进行仿真操作,实现逼真的训练模拟。

(3)模型数据格式支持与优化显示数据共享:各学校虚拟实验覆盖多种专业,基础模型数据来源较多,需要解决模型数据的格式转换、数据共享导入导出,大规模装备模型数据的优化显示等技术。

(4)多人协同操作训练同步管理技术实现多学员教学:在线虚拟仿真实验在实际教学使用

中，经常涉及多个学员在虚拟场景中协同操作的情况，需要解决场景在多人协作的环境下进行虚拟实验的状态同步，即多学员操作过程的同步与管理。

新冠疫情推动和促进了虚拟实验技术水平的快速发展。

3. 新时代高等教育对虚拟实验及技术的需求

据统计，我国高等教育毛入学率从 2012 年的 30%提高至 2021 年的 57.8%，高等教育在校总人数达 4 430 万人，我国已经进入高等教育普及化的阶段。为了适应新时代的要求，教育部门推行先进的 OBE（Outcome Based Education，成果导向教育）理念，以学生为中心，以培养学生的能力为导向，充分运用信息技术，探索突破时空限制、高效便捷、形式多样、“线上＋线下”结合的教师教研模式，形成基层教学组织建设管理的新思路、新方法、新范式。推进现代信息技术融入实验教学项目、拓展实验教学内容广度和深度、延伸实验教学时间和空间、提升实验教学质量和水平。通过虚拟实验教学，可以提供准确适宜的实验教学内容，突出对学生实验应用能力的培养。通过虚拟实验教学，可以实现创新多样的教学方式方法、先进可靠的实验研发技术、稳定安全的开放运行模式。通过虚拟实验教学，可以培养敬业、专业的实验教学队伍，形成持续改进的实验评价体系和示范显著的实验教学效果，持续提高实践教学质量，促进高等教育内涵式发展。教育部十分重视虚拟实验在高等学校的应用，2015 年，批准了清华大学数字化制造系统虚拟仿真实验教学中心等 100 个国家级虚拟仿真实验教学中心；2018 年，教育部公布了首批 105 项国家虚拟仿真实验教学项目（教高函〔2018〕6 号）；2021 年，教育部又发出了关于开展虚拟教研室试点建设工作的通知，首批拟推荐约 400 个虚拟教研室进行试点建设，探索“智能＋”时代新型基层教学组织，教育部还将建设 3 000 门的精品网络课程，推行教育教学改革。教育部持续加大虚拟实验中心、虚拟项目、虚拟教研室和虚拟精品网络课程的建设，也凸显了虚拟实验及技术的良好应用前景。虚拟实验及技术的不断发展，促进了虚拟实验室在我国科学教育领域，特别是在高等教育领域的建设与发展，同时，虚拟实验及技术的广泛应用，又极大推动了我国教育信息化改革进程，从而带来了新的高等教育模式改革创新，使大学教育步入一个崭新的时代。

综上所述，在国家政策、产业基础、技术进步、需求推动的赋能之下，虚拟实验及技术的发展具有十分广阔的前景。

参考文献

[1] 周雪松，丰美丽，马幼捷，等. 虚拟实验技术的研究现状及发展趋势[J]. 自动化仪表，2008，29(4)：1－4.

[2] 尹念东，王树凤，余群. 汽车操纵稳定性的虚拟实验[J]. 汽车工程，2001，23(4)：233－236.

[3] 尹念东，陈定方，李安定. 基于 OpenGVS 的分布式虚拟汽车驾驶视景系统设计与实现[J]. 武汉理工大学学报(交通科学与工程版)，2006，30(6)：984－987.

[4] YIN N D，XIA P，JING T. Construction of virtual experiment platform for research about vehicle driving control at energy-saving[C]// IEEE. Proceeding of the 2010 14th international conference on computer supported cooperative work in design. Washington DC：

IEEE,2010:427-431.

[5] 尹念东. 分布式汽车驾驶仿真系统的研究与开发[R]. 武汉:武汉理工大学,2007.

[6] 尹念东,余群. 汽车操纵稳定性的虚拟实验系统[J]. 中国农业大学学报,2001,6(2):109-111.

[7] 陈定方,李勋祥,李文锋,等. 基于分布式虚拟现实技术的汽车驾驶模拟器的研究[J]. 系统仿真学报,2005, 17(2):347-350.

[8] 尹念东. 汽车-驾驶员-环境闭环系统操纵稳定性虚拟试验技术的研究[D]. 北京:中国农业大学,2001.

[9] WEILER M, MCDONNELL J. Virtual experiments: a new approach for improving process conceptualization in hillslope hydrology[J]. Journal of Hydrology,2004, 285(1): 3-18.

[10] 百度. 虚拟实验[EB/OL]. (2020-06-20)[2021-10-23]. https://baike.so.com/doc/1154826-1221600.html.

[11] 王济军,魏雪峰. 虚拟实验的"热"现状与"冷"思考[J]. 中国电化教育,2011(4):126-129.

[12] 李凌云,王佳,王海军. 我国虚拟实验研究现状的实证分析[J]. 现代教育技术,2009,19(12):111-114.

[13] 倾听. 德国埃尔旺根考古学家借力虚拟现实展现考古挖掘数据进行虚拟现实试验[EB/OL]. (2016-03-19)[2022-07-15]. http://www.anqu.com/VR/181886.shtml.

[14] 世界考古大发现. 虚拟考古学时代来临,人类可以通过全新方式体验古代世界[EB/OL]. (2019-05-02)[2022-07-15]. https://baijiahao.baidu.com/s?id=1632348663232620174.

[15] 秦始皇帝陵博物院. 秦始皇帝陵博物院与西北大学共建虚拟考古联合实验室[EB/OL]. (2018-05-24)[2022-07-15]. https://www.sohu.com/a/232762219_199807.

[16] 中科院之声. 气候,我"寰"你前世今生未来! | 地球模拟实验室[EB/OL]. (2021-06-06)[2022-07-15]. https://www.163.com/dy/article/GBQ4MELU051191KO.html.

[17] INeng 财经. 虚拟宇宙机模拟星系来了解暗物质[EB/OL]. (2021-04-20)[2022-07-15]. http://www.ineng.org/keji/202104/67528.html.

[18] 风月心. UNIGINE:航天航空虚拟仿真一站式解决方案[EB/OL]. (2020-12-15)[2022-07-15]. https://www.sohu.com/a/438417979_120773383.

[19] 韦加兰,王丽琼. NOBOOK 虚拟实验在高中化学的应用[J]. 云南化工,2021,48(6):179-181.

[20] 金锄头文库. LMS 航空发动机虚拟试验解决方案[EB/OL]. (2020-12-20)[2022-07-15]. https://wenku.so.com/d/d8d196ae0d3ea9c2159f05eddd1337a5.

[21] 杨蕾. 基于虚拟实验学生科学探究与创新意识的培养[D]. 哈尔滨:哈尔滨师范大学,2017.

[22] 吴涛. 机械液压虚拟实验仿真平台的设计与实现[D]. 重庆:重庆大学,2016.

[23] GROOVER M P. Fundamentals of modern manufacturing: materials, processes, and systems[M]. New York: John Wiley and Sons,2010.

[24] SOUZA M C F, SACCO M, PORTO A J V. Virtual manufacturing as a way for the

factory of the future [J]. Journal of Intelligent Manufacturing, 2006, 17(6): 725-735.

[25] 张银艳. 虚拟实验在初中化学教学中的应用研究[D]. 武汉:华中师范大学,2016.

[26] 马飞. 六自由度机器人虚拟实验室系统关键技术的研究[D]. 北京:中国矿业大学(北京),2018.

[27] 陈小红. 虚拟实验室的研究现状及其发展趋势[J]. 中国现代教育装备,2010(17): 107-109.

[28] 徐小婷. 基于Java3D的机械液压虚拟实验平台的设计与实现[D]. 重庆:重庆大学,2017.

[29] 单美贤,李艺. 虚拟实验原理与教学应用[M]. 北京:教育科学出版社,2005.

[30] 王亨,王然,卓子寒,等. 虚拟现实技术概述及其用于辅助康复治疗的研究进展[J]. 生命科学仪器,2013, 11(4):3-9.

[31] 陈志. 虚拟智能输送实验系统的设计与实现[D]. 武汉: 湖北工业大学,2018.

[32] LI D, XIAO B J, XIA J Y, et al. Real-time virtual EAST physical experiment system [J]. Fusion Engineering and Design, 2014, 89(5):736-740.

[33] 夏金瑶. 基于WebGL的EAST可视化系统[D]. 合肥:中国科学技术大学,2017.

[34] 刘建秀,郑民欣,宁向可. 基于虚拟仪器的机电实验平台开发[J]. 电子测试,2008(11): 30-32.

[35] 尹念东,胡国珍,余钢. 对地方高校虚拟学院建设的思考[J]. 湖北理工学院学报(人文社会科学版),2020,37(3):71-76.

[36] 中商情报网. 2019中国虚拟现实(VR)市场现状及发展前景预测[EB/OL]. (2019-07-01)[2022-07-15]. http://www.fly-tech.com.cn/a/xinwenzixun/xingyezixun/2551.html.

[37] 中国教育在线. 清华大学电机系推出"云"实验,线上一样做实验[EB/OL]. (2020-02-27)[2022-07-15]. https://news.eol.cn/dongtai/202002/t20200227_1713901.shtml.

[38] 中国青年报. 虚拟仿真技术让工科生在家照样"做实验"[EB/OL]. (2020-04-13)[2022-07-15]. http://www.dzwww.com/xinwen/shehuixinwen/202004/t20200413_5543308.htm.

[39] 深圳市中视典数字科技有限公司. 抗击疫情中视典在线虚拟仿真实验教学技术优势凸显[EB/OL]. (2020-02-26)[2022-07-15]. https://www.caigou.com.cn/news/202002266.shtml.

[40] 孙本固. 虚拟装配中控制与交互的关键技术研究[D]. 武汉:湖北工业大学,2016.

第2章　虚拟实验的关键技术

无论何种类型、何种范式的科学实验，它们都有三个组成部分：一是实验对象，二是实验手段，三是实验者。

实验对象可以是自然界的物体及其现象，也可以是人们生产，甚至想象出来的物体及其现象，它既是实验者进行改变和控制的对象，又是实验者的认识对象；实验手段既表现实验对象的特性，又把实验对象在经受改变与控制后呈现的状态传递给实验者，使实验者能够获得关于实验对象的有关认识；实验者是科学实验的主体，实验要求和目的的明确，实验流程和步骤的规划和制定、实验方案的设计和论证、实验过程的运行和操作、实验结果的处理和解释等，实验者都要参与其中。

通过虚拟实验技术，我们要建立起虚拟的、现实的实验对象(数据)，提供实验的手段(映射对象特征)，让实验者沉浸其中，进行科学实验。我们把虚拟实验技术大致分为数据层、映射层和交互层的技术。

2.1　虚拟实验的关键技术构成

虚拟实验数据层、映射层、交互层的关键技术架构如图2.1所示。

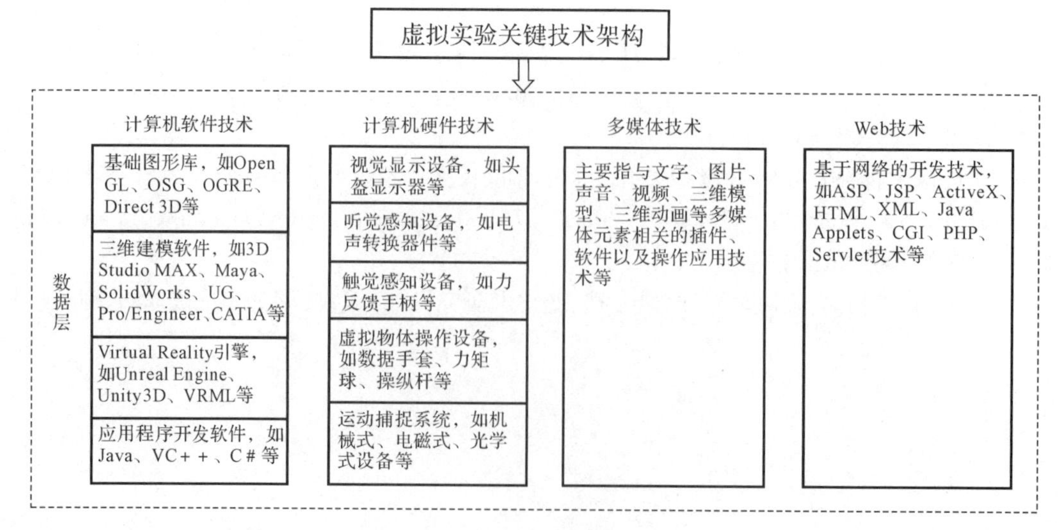

图2.1　虚拟实验关键技术架构

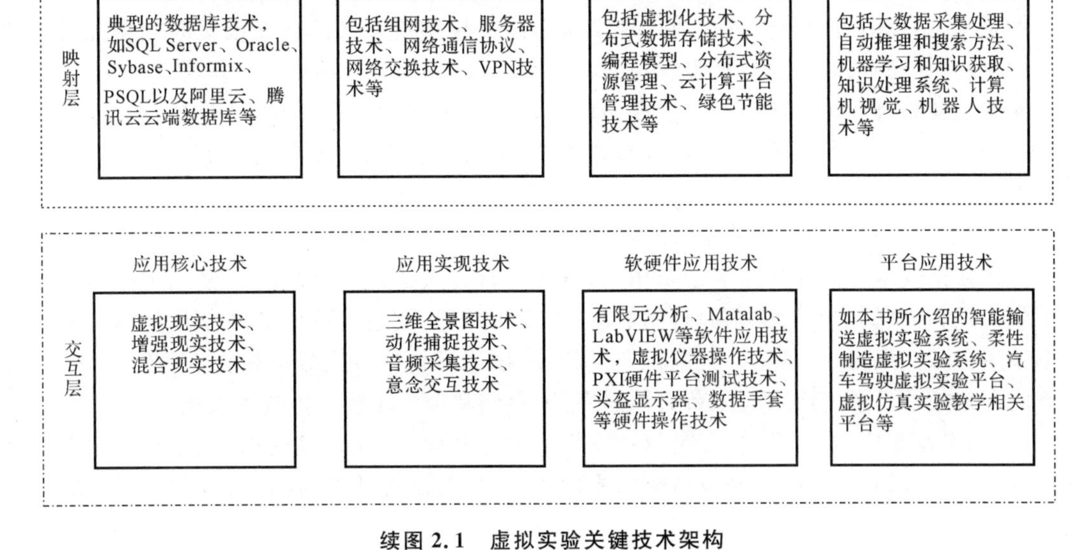

续图 2.1　虚拟实验关键技术架构

1. 数据层技术

数据层技术主要用于建立实验的对象，产生实验的数据，包括虚拟实验对象、实验环境、系统、平台或应用程序开发所需的计算机软硬件技术等，主要包括：

(1)计算机软件技术。计算机软件技术又分为：基础图形库，如 OpenGL、OSG、OGRE、Direct3D 等；三维建模软件，如 3D Studio MAX、Maya、SolidWorks、UG、Pro/Engineer、CATIA 等；Virtual Reality 引擎，如 Unreal Engine、Unity3D、VRML 等；应用程序开发软件，如 Java、VC＋＋、C♯等。

(2)计算机硬件技术。计算机硬件技术主要适用于获取实验对象特征数据的交互或显示的接口设备开发技术，包括视觉显示设备、听觉感知设备、触觉反馈设备、虚拟物体操作设备、运动捕捉设备以及各种传感器等。

(3)多媒体技术。采用文本、图片、声音、视频、三维模型、动画等多媒体元素来展示媒介，让实验者从视觉和听觉等方面有逼真生动的体验。

(4)Web 技术。采用基于 Web 的开发技术，支持虚拟实验的在线访问、远程操作和运行，如 ASP、ActiveX、HTML、XML 技术等。

2. 映射层技术

映射层技术主要涉及实验对象特性的映射，把实验对象在经受操控与改变后的状态传递给实验者，包括虚拟实验的各类资源、信息、数据的清理、挖掘、存储、交换、计算、推演、探索等相关技术。

(1)数据库技术。数据库技术主要用于实验平台数据的存储，包括用户信息数据、实验内容数据、结果评定数据和在线论坛数据等，典型的数据库技术有 SQL Server、Oracle 等。

(2)网络通信技术。网络通信技术是指通过计算机和网络设备提供虚拟实验系统运行所需的各种服务接口，访问、传输、采集和共享相关资料和过程所涉及的技术，如组网技术、服务器技术、网络通信协议、网络交换技术、VPN 虚拟专用网络技术等。

(3)云计算技术。云计算技术通过网格将海量的计算处理程序自动进行分拆,经过庞大的服务器系统搜寻和计算分析后,再将处理结果传给目标用户。云计算在极短时间内能处理数亿计信息,可提高资源利用率,加强虚拟实验过程的服务能力,节约虚拟实验管理和建设成本,减轻实验设备管理和维护的负担等。典型的云计算技术包括虚拟化技术、分布式数据存储技术、编程模型、大规模数据管理技术、分布式资源管理、信息安全、云计算平台管理技术、绿色节能技术等。

(4)大数据技术。所谓大数据,是指规模巨大、形式多样、价值密度高、增长速度快的数据集合。大数据技术与云计算技术密切相关,是通过对超大数量、来源分散、格式多样的数据进行采集处理和关联分析,从中挖掘有用信息、发现新知识、创造新价值的新一代信息技术。大数据采用分布式架构,对海量数据进行列存储、内存计算和分布式数据挖掘,因此必须依托云计算的分布式处理、并行计算、分布式数据库、云存储和虚拟化技术等技术关键。

(5)人工智能技术。人工智能是以计算机科学为基础,研究开发模拟、延伸和扩展人的思维过程和智能行为的学科,主要包括智能原理实现、智能设备开发与制造,智力扩展应用等研究领域。

人工智能与大数据的结合是虚拟实验数据层的有效技术手段。采用人工智能技术进行实验数据的智能收集、分析和处理,以支持虚拟实验的智能化。结合机器学习与深度学习方法,从搜集的实验大数据中挖掘新知识,用于指导实验的设计和改进,创新实验内容和方法,实现实验的智能设计、智能辅助和智能评价等。典型大数据与人工智能技术包括大数据采集处理技术、自动推理和搜索方法、机器学习和知识获取、知识处理系统、计算机视觉、机器人技术等。

3. 交互层技术

交互层技术主要作用是实现虚拟实验的交互,是指能提供给实验者沉浸其中的实验场景,使实验者在实验交互过程中体验、改变、控制及认识实验对象,能够完成实验中的操作和反馈所需的相关技术,主要包括:

(1)应用核心技术。应用核心技术包括虚拟现实、增强现实和混合现实技术。其中混合现实技术包括增强现实和增强虚拟等技术,可将现实和虚拟世界整合成新的、物理和数字对象共存的可视化场景。虚拟现实、增强现实和混合现实技术在结合人机交互技术后,可支持比较复杂和随机性强的实验项目。

(2)应用实现技术。应用实现技术是实现核心技术的关键技术,如三维全景图技术、动作捕捉技术、音频采集技术、意念交互技术等,能使虚拟现实、增强现实、混合现实等变得更加逼真和智能,增强虚拟实验效果。

(3)软硬件应用技术。软硬件应用技术即完成虚拟实验过程所涉及的软、硬件应用(如有限元分析、Matalab 等应用软件,头盔显示器、数据手套等硬件技术),以及虚拟仪器技术,利用计算机和信息采集设备并借助仿真模拟软件代替实体实验室仪器,完成实体仪器的各种功能,包括和虚拟仪器相关的操作技术、PXI(PCI Extensions for Instrumentation,PCI 面向仪器的扩展)硬件平台测试技术、LabVIEW 应用技术等。

(4)平台应用技术。平台应用技术即针对具体虚拟实验平台应用所涉及的相关技术,如本书中所介绍的汽车驾驶控制虚拟实验平台、智能输送虚拟实验系统、柔性制造虚拟实验平台、虚拟仿真实验教学平台以及后续第 3 章所介绍的各类虚拟实验平台及应用技术。

2.2 数据层软、硬件技术

2.2.1 基础图形库

三维图形涉及许多计算机图形学算法和专业知识，在计算机上制作和开发三维图形需要使用基础图形库。目前学术界和产业界主流的基础图形库有 OpenGL、OSG、Direct3D、OGRE 等，其中 OpenGL、OSG 和 OGRE 属于开源基础图形库，Direct3D 是微软公司开发的一款图形库。

(1)OpenGL(Open Graphics Library，开放式图形库)。OpenGL 最初是 SGI 公司为其图形工作站开发的可以独立于窗口系统、操作系统和硬件环境的图形开发环境。OpenGL 是使用专用图形处理硬件、渲染矢量图形的软件接口。这个接口由几百个不同的函数组成，可以绘制复杂的三维图形。OpenGL 常用于虚拟现实、电子游戏、CAD 和可视化程序的开发。

(2)OSG(Open Scene Graph，开放式场景库)。OSG 采用标准 C++和 OpenGL 编写而成，是一个开源、跨平台图形开发包，被广泛地应用在可视化仿真、游戏、虚拟现实、科学计算、三维重建、地理信息、太空探索、石油矿产等领域。OSG 提供了一个封装了 OpenGL 底层的面向对象框架，能够与 OpenGL 引擎无缝结合，可在所有的 Windows 平台和操作系统运行，支持大规模场景分页、多线程、多显示渲染、粒子系统阴影等各种文件格式。

(3)OGRE(Object-Oriented Graphics Rendering Engine，面向对象的图形渲染引擎)。OGRE 是一个面向对象的、高效的、抽象化了不同 API 和平台的三维(3D)图形渲染引擎。OGRE 以场景为对象来使用物体，在 OpenGL 和 Direct3D 的基础上封装，支持多种场景，已经成功地被应用于诸多三维仿真领域，包括网络游戏和三维仿真项目。

(4)Direct3D。Direct3D 是微软公司 DirectX SDK 集成开发包中的重要部分，适合多媒体、娱乐、即时 3D(三维)动画等广泛和实用的 3D 图形计算。Direct3D 是基于 Microsoft 的通用对象模式的、以 COM 接口提供的 3D 图形 API，其语法函数定义调用都包含在微软提供的程序开发组件的程序包中。Direct3D 的核心是 3D 渲染引擎。Direct3D 以其良好的硬件兼容性和友好的编程方式迅速获得了广泛的认可，现在几乎所有具有 3D 图形加速功能的主流显卡都对 Direct3D 提供了良好的支持。但它也有缺点，它的缺点是比较复杂、稳定性差，且只能在 Windows 平台上使用。

2.2.2 三维建模软件

(1)3D Studio MAX。3D Studio MAX 是由美国的 Autodesk 公司生产的一款软件，它有着强大的三维建模、逼真的渲染功能和人机交互能力，深受广大设计师的青睐，目前已成为最为流行的效果图制作软件，主要用于工业设计、建筑装潢设计、影视广告片头、电影特效、游戏开发，网页设计制作等领域。

(2)Maya。Maya 是 Autodesk 公司出品的顶级三维计算机动画、建模、仿真和渲染软件，其功能强大、体系完善、渲染制作效果好，集成了 Alias 和 WaveFront 最先进的数字动画效果技术。Maya 运用高效开源的 AMD Bullet 物理引擎，能在同一个系统中模拟刚体和柔体，创建真实的动态曲线效果，还具有新的材质编辑器，提供了一个供用户创建、编辑和调整节点网络的新环境。Maya 可以在 Linux、Mac 和 Windows 平台通用，具有跨平台的特点。其主要应用领域有平面设计、电影特效、游戏角色设计、虚拟现实场景设计等。

(3)SolidWorks。SolidWorks 是美国 SolidWorks 公司基于 Windows 开发的三维 CAD 系统，具有功能强大、易学易用和技术创新三大特点。SolidWorks 软件界面简洁，使用方便，能够提供不同的设计方案、减少设计过程中的错误以及提高产品质量，可实现 3D 建模、虚拟装配、运动仿真、有限元分析、工程模拟、数控加工及制造工艺，真正实现产品的数字化设计和制造，大大提高产品的设计效率和质量。

(4)UG。UG 是 UGS 公司的主导产品，是集 CAD/CAE/CAM 于一体的三维参数化高端软件，集合了工程设计、概念设计、分析和加工制造等功能，具有高度集成、建模灵活、参数驱动、修改方便等特点，可实现绘图、设计、优化、虚拟装配、虚拟制造、仿真等过程，已广泛应用于机械、汽车、电气、航空航天、化工、家电等领域。

(5)Pro/ Engineer。Pro/ Engineer 是美国 PTC 公司开发的一款专业可视化三维模型设计软件，集 CAD/CAM/CAE 于一体，具有参数化设计、基于特征建模、单一数据库等特点。较新的 Pro/ Engineer 版本还利用 AR 技术构造了一个物理与数学相结合的环境，另外，它还针对拓扑优化、增材与减材制造、计算流体动力学和 CAM 等领域推出了多种关键功能，广泛应用于设计、制造、加工、仿真等领域。

(6)CATIA。CATIA 是法国达索公司的产品开发的一款交互式 CAD/CAE/CAM 系统旗舰解决方案。CATIA 软件具有新颖的体系结构、支持不同应用层次的可扩充性、与 NT 和 UNIX 硬件平台的独立性、专用知识的捕捉和重复使用等特点，适用范围广，功能强大，不仅提供切实可行的设计解决方案，而且还可以提供精确的 2D、3D、参数化混合建模及数据管理手段，在汽车、航空航天、造船、工厂设计、建筑、电力和电子、消费品和通用机械制造等领域得到广泛应用。

2.2.3 Virtual Reality 引擎

(1)Unreal Engine(虚幻引擎，UE)。虚幻引擎基于物理的渲染技术、高级动态阴影选项、屏幕空间反射以及光照通道等强大功能，可以灵活而高效地呈现出电影级别效果。历经 20 多年的发展，虚幻引擎的多人框架已通过众多平台以及不同游戏类型的考验，制作过众多业内顶尖的多人游戏。虚幻引擎推出的客户端/服务器端结构不但具有扩展性，而且性能稳定，能够使任何项目的多人组件“即用即现”。UE 引擎的主要功能模块包括：

1)VFX 与粒子系统。Visual Effects 为“视觉效果”，简称“视效”，英文缩写为 VFX。粒子系统代表 3D 计算机图形学中的一些特定模拟模糊现象的技术，是其他传统渲染技术难以实现的、能反映逼真物理运动规律的技术。经常使用粒子系统的模拟包括视觉效果，如爆炸、烟雾、水、火、花、落叶、云、雾、雪、灰尘、流星轨迹或发光轨迹。内置的级联粒子视觉效果编辑器采用大量不同类型的模块，完全自定义粒子系统。利用粒子光照点亮场景，使用向量场构建复杂的粒子运动，模拟现实情境，并制作出专业级的完美成品。

2)电影级后期处理效果。虚幻引擎的后期处理能让人轻松地调整场景的外观和感觉,动动指尖就能获得电影级的效果,包括立方环境体贴图、环境光遮蔽、溢出光、颜色分级、景深、眼睛适应、镜头光晕、光束、随机采样抗锯齿和色调映射等众多实用功能。

3)灵活的材质编辑器。虚幻引擎的材质编辑器使用基本的物理着色技术,可对角色对象的外观和感觉进行超前的控制。使用基于节点的直观工作流程,可快速创建经得起检查的各种表面。像素级别的图层材质和可微调的值能创作出任何风格。

4)包罗万象的动画套件。通过虚幻的网格体以及动画编辑工具,可以完全地定义角色。工具中强大的功能包括状态机、混合空间、逆向运动学和由动作驱动的物理特性。还可以使用动画蓝图高效工作,通过即时预览动作,制作出真正的动态角色以及真实可信的动作。

5)地形与植被。可以使用地形系统创建巨大的、开放的世界环境。得益于地貌系统强劲的 LOD 系统和高效的内存使用,可以创建比过去大出几个数量级的地形。使用 Landscape Grass 功能用不同类型的花草覆盖庞大的户外环境,并使用植被工具能快速地绘制摆放树木、灌木、岩石及其他装饰物。

6)先进的人工智能。通过虚幻引擎的游戏框架及人工智能系统(见图 2.2),可以让人工智能控制的角色对周围世界有更好的空间感知,同时使他们能够更智能地行动。随着对象不断移动,动态导航网格物体会实时更新,以获得最佳路径。

图 2.2　虚幻引擎的游戏框架及人工智能系统

(2)Unity3D。Unity3D 是丹麦公司 Unity 推出的一款游戏开发工具。作为一个跨平台的游戏开发工具,Unity3D 从一开始就被设计为简单、易用、实用的产品,支持 IOS、Android、PC、Web、PS3、Xbox 等平台。Unity3D 具体的特性包含整合的编辑器、跨平台发布、地形编辑、着色器,脚本,网络,物理,版本控制等。由于具有强大的可视化、三维实时动画和交互的图形化开发环境等方面能力,Unity3D 也经常用于人工智能、智能交通、智能物流、虚拟现实等领域。其主要优势在于:

1)统一的编辑器。Unity3D 的一个编辑器几乎就可以支持所有平台,甚至支持 IOS、

Android、PC、Web、PS3、Xbox 等多个平台的发布，通过统一的编辑器打造一个完全集成的专业级应用，给使用者带来了较大的便利。

2)强大的渲染显示技术。Unity3D 包含先进的延迟照明和可编辑衰减曲线的音频等系统，能提供延迟渲染、顶级的光照贴图、即时动态光影互动效果、无缝的调整光线、高品质景深和内部镜头反射的镜头特效以及控制性能良好的声音环境等技术，为 Unity3D 打造了强大的渲染显示功能。

3)实用的人工智能技术。Unity3D 引擎支持 C#、Boo 和 JavaScript 脚本编程，其所含人工智能(AI)模块，能实现智能寻路、避免障碍物、自定义路径、干涉检测，以及使用不同的转向行为控制单元状态等技术，且具有强大的机器学习功能。

2.2.4 三维游戏引擎

游戏引擎类似于发动机，能够带来最直观的感受就是游戏的画面和细节表现，从光影声效到场景细节，从画面触感到各种细腻体验，再到人物表情的捕捉、花草树木的美感等，游戏引擎起到了决定性作用。3D 游戏引擎展现了最新的图形技术，根据引擎的功能，3D 引擎系统可以分为系统、底层渲染、控制台、数据存储、游戏接口等 5 个功能模块。

(1)系统模块。系统模块是三维引擎与机器本身通信的组成模块。系统模块在三维引擎平台移植中只需要进行代码扩展。一个系统模块分为图形、输入、声音、定时器、配置等多个子系统模块。主系统模块负责初始化、更新和关闭子系统。

(2)底层渲染模块。三维游戏逼真、虚幻的场景、角色和特殊效果(如灯光和烟花爆炸效果等)，需要高效的渲染器才能实现。底层渲染模块是三维游戏引擎最重要的组成之一，通常由 Direct3D 或 OpenGL 库实现。

根据不同的功能和任务，底层渲染模块可以分为可视裁剪、光照、阴影、碰撞检测与反馈、相机、静动态几何、粒子系统、公告板、灯光、雾等，每一部分在引擎中都提供一个专门接口来更改设置、位置、方向和其他属性。

(3)控制台模块。控制台模块可以在运行时无须重启，即可更改游戏或引擎设置，也用于调试引擎系统。更改时只需使用命令行变量和函数即可，可以在开发过程中节省大量时间测试变量值，加快完成调试信息输出。如果引擎在运行时发现错误，可以在运行状态下，从控制台上进行简单操作并打印出错误消息。在测试结束时，可以轻松禁用它。

(4)数据存储模块。数据存储模块定义了游戏中使用数据的格式以及组织方式。在游戏中，会有很多类库的数据结构，它们之间必然存在数据存储传递，设计这部分模块必须考虑如何处理这些数据之间的关系，如在内存中，一般使用链表和指针，但这也使得游戏程序调试更加困难。

(5)游戏接口模块。游戏接口模块是三维游戏引擎和游戏开发者之间的接口，一些游戏关卡编辑器常包含此模块(如搜狐畅游公司开发的 Genesis3D 游戏引擎等)。游戏开发者可以通过它使用三维引擎的其他部分。引擎的每一部分都有一个动态属性，游戏接口模块提供了一个修改动态属性的接口，包括相机、模型属性、光影、粒子系统、声音播放和对象模型映射显示，游戏接口模块也为游戏开发者提供图形接口和对象。

2.2.5　硬件技术

虚拟实验必须要有相应的设备支持人机深度交互。目前，虚拟实验交互设备根据功能的不同，可以分为视觉感知设备、听觉感知设备、虚拟物体操作设备、运动捕捉设备等。

1. 视觉感知设备

人从外界获取的信息有 80%以上来自于视觉，视觉感知设备是最常见的，也是最成熟的，如图 2.3 所示的头盔显示器(Head-Mounted Display，HMD)。

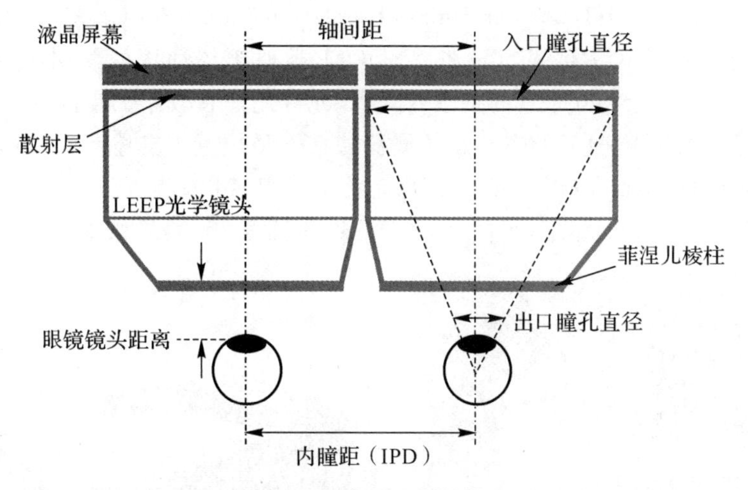

图 2.3　头盔显示器结构图

在头盔中，LEEP 光学系统实现立体视觉的基本原理有：①单眼视觉的原理。图 2.3 中可见虚像比屏幕离眼睛更远。②立体视觉的原理。立体视觉借鉴了人类双眼的“视差”原理，即左右眼对于真实世界中某一物体存在着差异，如图 2.4 所示，A、B 两点，如仅有左边相机(成像平面 P_r，光心 O_r)，其成像为同一点，即 $A=B$；现增加右边相机(光心 O_t)，则 AB 在目标面 T 上分别有各自成像点 A_1 和 B_1，$A_1 \neq B_1$ 从而形成立体视觉。

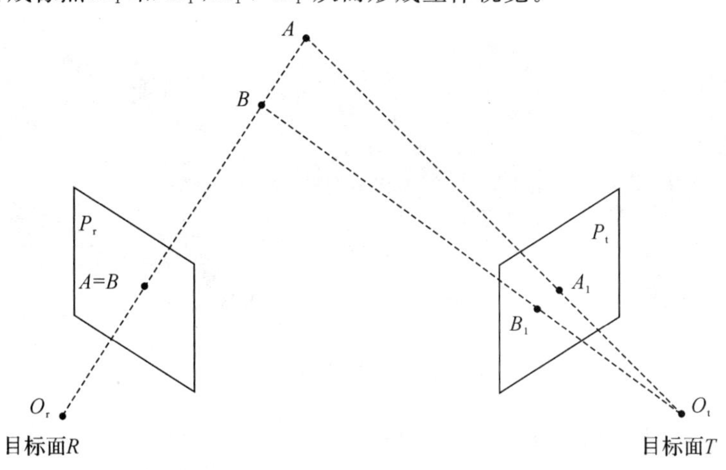

图 2.4　立体视觉

视觉感知设备种类主要有：

(1)LCD 头盔显示器(Liquid Crystal Display monitor)。LCD 是在两片平行的玻璃基板当中放置液晶盒，下基板玻璃上设置 TFT(薄膜晶体管)，上基板玻璃上设置彩色滤光片，通过 TFT 上的信号与电压改变来控制液晶分子的转动方向，从而达到控制每个像素点偏振光出射与否而达到显示目的。早在 20 世纪 90 年代就出现了有源矩阵液晶显示器(AM-LCDs)，但这种显示器的分辨率比较有限。当前主流显示技术主要有有源矩阵液晶显示、液晶硅板(LCOS panels)、自发光的有机发光二极管(OLED)。其中 LCOS 亮度较高，寿命也较长 ，而 OLED 更利于提供紧凑的光学结构。

(2)双目全方位显示器(Binocular Omni-Orientation Monitor，BOOM)。双目全方位显示器是一种特殊的可移动式头部显示设备。BOOM 类似于望远镜的使用，它将两个独立的 CRT 显示器绑定，由两个相互垂直的机械臂支撑，允许用户在较小的空间内不受平台运动的影响随意操纵显示器位置，还可将其平衡始终保持在水平位置。支撑臂上的每个节点都有位置头盔显示器跟踪器，因此 BOOM 和 HMD 都能实时观察和交互。

(3)基于 CRT 的头盔显示器(见图 2.5)。头盔显示器显示效果如图 2.6 所示。

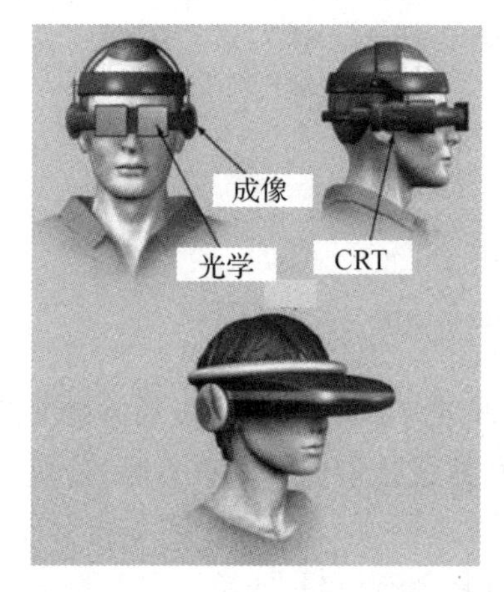

图 2.5　CRT 头盔显示器

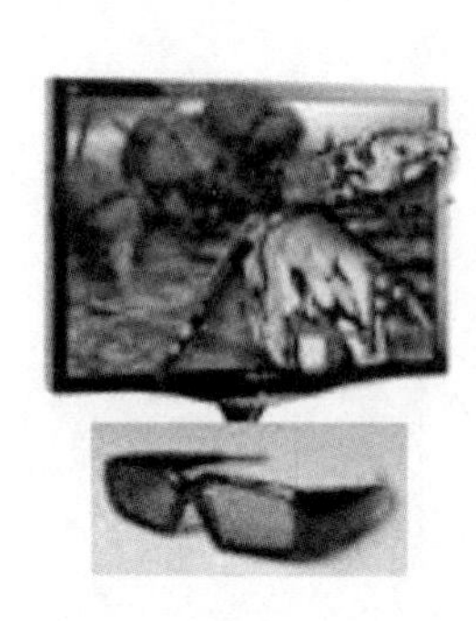

图 2.6　显示效果

(4)大屏幕投影-液晶光闸眼镜。大屏幕投影-液晶光闸眼镜立体视觉系统如图 2.7 所示，其原理与 CRT 相同，显示方式改成了大屏幕。用于投影的 CRT 或数字投影仪要求极高的亮度和分辨率，适用于大型室内投影图像的应用。洞穴 VR 系统是一种基于投影的环幕洞穴式自动虚拟环境（Cave Automatic Virtual Environment，CAVE）。

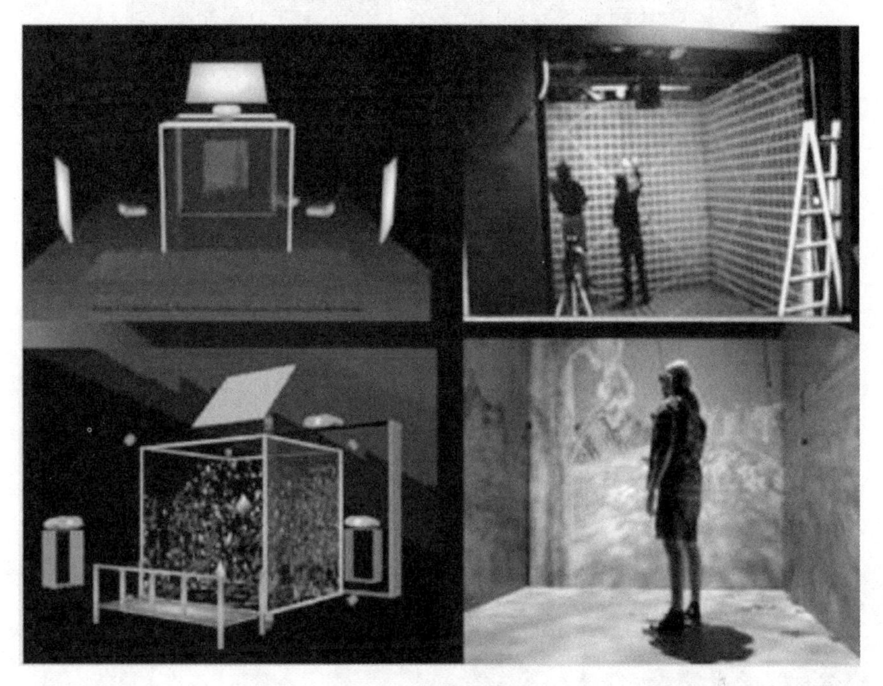

图 2.7　大屏幕投影

2. 听觉感知设备

听觉感知设备主要有耳机和扬声器两种。扬声器又称“喇叭”，是一种十分常用的电声转换器件。它是一种位置固定的听觉感知设备，多数情况下能用于给一组人提供声音，但也可以在基于头部的视觉显示设备中使用扬声器，如图 2.8 所示。

图 2.8　扬声器

另外，还有将视觉效果和听觉高度融合的沉浸式感知设备，如图 2.9 所示的湖北理工学院机电系统虚拟仿真实验教学中心使用的环幕投影及其配套设备。

3. 虚拟物体操作设备

(1)数据手套。数据手套是一种多模式的虚拟现实硬件，通过软件编程，可进行虚拟场景中物体的抓取、移动、旋转等动作，也可以利用它的多模式性，用作一种控制场景漫游的工具，如图 2.10 所示。

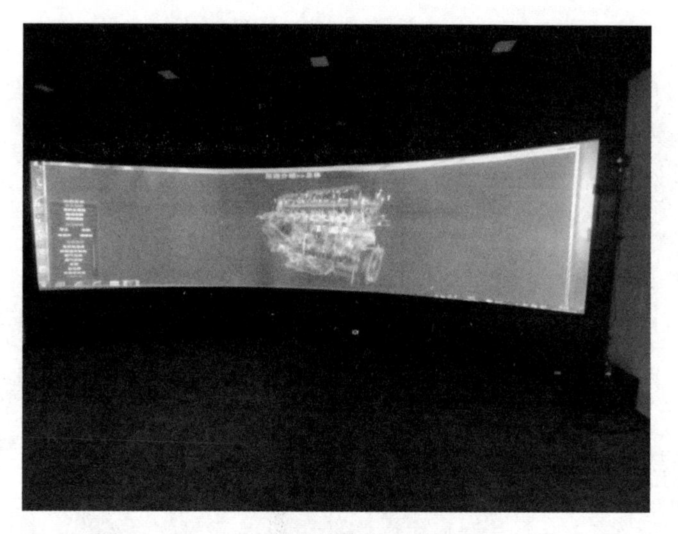

图 2.9　环幕投影及其配套设备

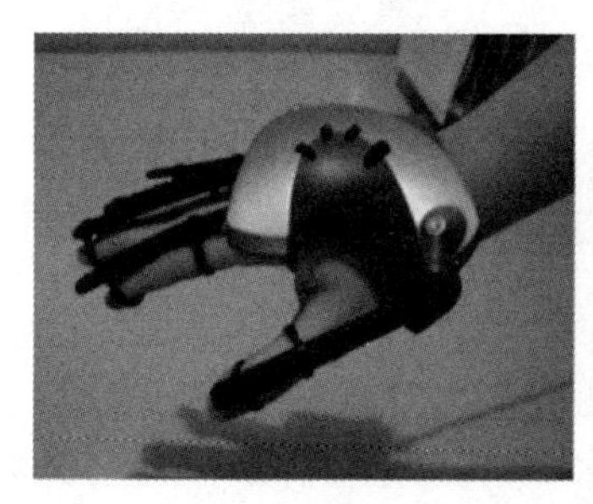

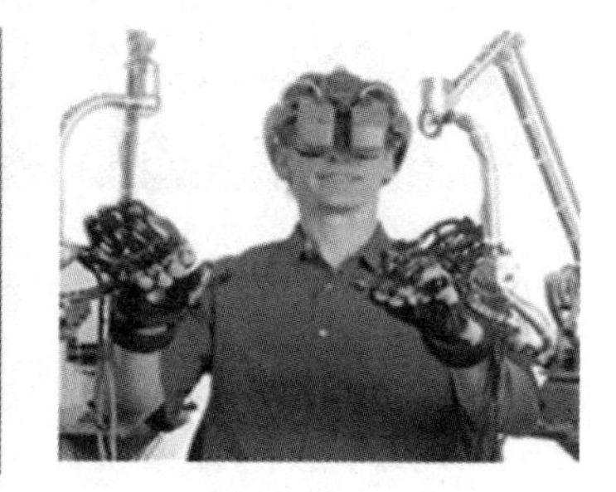

图 2.10　数据手套

(2)力矩球。力矩球即空间球(Space Ball),是一种可提供 6 自由度的外部输入设备,6 自由度是指宽度、高度、深度、俯仰角、转动角和偏转角,可以扭转、拉伸以及来回摇摆,用来控制虚拟场景自由漫游,或者控制场景中虚拟物体的空间位置机器方向,如图 2.11 所示。

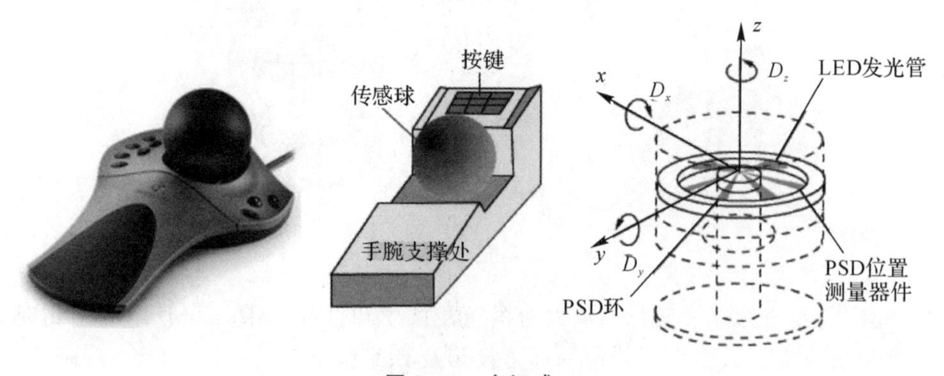

图 2.11　力矩球

(3)操纵杆。操纵杆是一种可以提供前、后、左、右、上、下 6 个自由度及手指按钮的外部输入设备(见图 2.12),适合对虚拟飞行等进行操作。由于操纵杆采用全数字化设计,精度非常高，无论操作速度多快，都能快速做出响应。

图 2.12　操纵杆

4. 触觉反馈设备

触觉反馈设备常见的有数据手套、力反馈手柄和力反馈手套，如图 2.13 和图 2.14 所示。充气式触觉反馈设备的工作原理是在数据手套中配置一些微小的气泡，每一个气泡都有两条很细的进气和出气管道，所有气泡的进出气管汇总在一起与控制器中的微型压缩泵相连接。根据需要用压缩泵对气泡进行充气和排气。力反馈手柄是较简单的力反馈设备，只有三个自由度，功能有限。

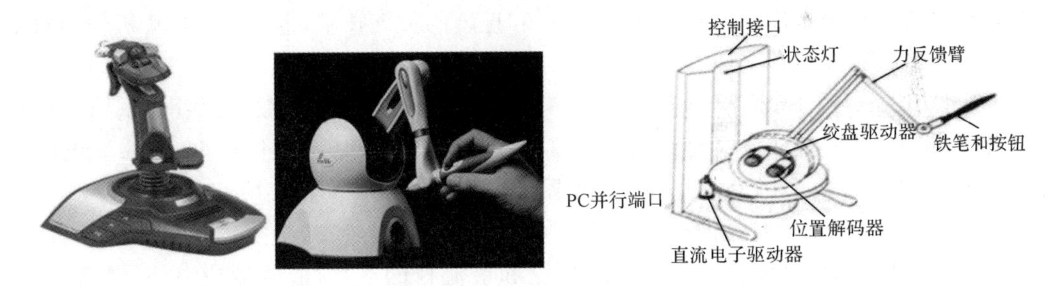

图 2.13　力反馈手柄

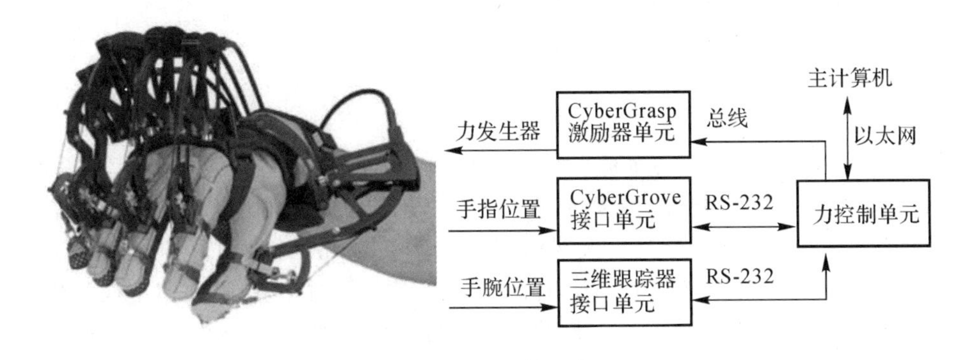

图 2.14　力反馈手套

5. 运动捕捉设备

运动捕捉技术的工作原理是把真实人的动作完全附加到一个三维模型或者角色动画上。

借助该技术，动画师们模拟真实感较强的动画角色，并与实拍中的大小比例相匹配，然后来捕捉表演中演员的每一细微动作和表情变化，并真实地还原在角色动画上。典型的捕捉设备由跟踪、处理、捕捉三部分组成：①接收传感器负责跟踪，与运动物体特定部位绑定，为系统提供移动物体的位置信息，传感器的数量一般由捕捉的精细程度决定。②处理单元是负责处理系统捕捉到的原始信号，计算传感器的运动轨迹，对数据进行修正、处理并与三维角色模型相结合。处理单元既可以是软件也可以是硬件，借助计算机对数据高速的运算能力来完成数据的处理，使三维模型真正、自然地运动起来。③信号捕捉设备负责捕捉，识别传感器的信号，并将运动数据从信号捕捉设备快速准确地传送到计算机系统。设备取决于系统类型，对于机械系统而言是捕捉电信号的线路板，对于光学系统则是高分红外摄像机。

2.3 映射层关键技术

2.3.1 数据库技术

数据库技术作为虚拟实验系统映射层的核心技术之一，主要研究数据存储组织、数据有效获取和处理，包括数据库的格式结构、存储、设计管理和应用的基本理论和实现方法以及利用这些理论来实现对数据库中数据的处理、分析和理解的关键技术，也是一种计算机辅助数据管理方法。典型数据库包括：

(1)SQL Server。SQL Server 是 Microsoft 公司推出的关系型数据库管理系统。具有使用方便、可扩展性好、集成度高等优点，可跨越从运行 Microsoft Windows 98 的微型电脑到运行 Microsoft Windows 2012 的大型多处理器的服务器等多种平台使用。

(2) Oracle。Oracle 数据库系统是美国 Oracle 公司(甲骨文)提供的一组软件产品，以分布式数据库为核心，是目前世界上使用最广泛和最流行的客户/服务器或 B/S(浏览器/服务器)架构的数据库。它既是通用数据库，也是关系数据库，还是分布式数据库，具有全面的数据管理功能，能提供完整的关系产品，可实现分布式处理。

2.3.2 网络通信技术

网络通信技术通过网络将各个孤立的设备进行连接，通过信息交换实现人与人、人与计算机、计算机与计算机之间的通信。主要包括：

(1)组网技术。组网技术分为以太网组网技术和 ATM 局域网组网技术。ATM 是结合了电路和分组交换优点的网络技术，工作环境不受速度和介质影响，可使用不同的传输技术，适用于广域网和局域网，用一种单一的网络技术即可在局域网/广域网中进行集成。以太网灵活简单，可运用不同拓扑的物理介质和网络。ATM 在国内外已成为网络技术的主流。

(2)服务器技术。常用的服务器技术包括 Web 服务器技术、应用服务器技术和服务器集群。Web 服务器是离客户端最近的服务器，核心功能和主要作用包括监听、处理和响应。应用服务器比 Web 服务器更靠后端，其目的并非监听或处理 HTTP 请求，而是处理复杂的业务逻辑和数据库访问等。服务器集群就是指将很多服务器连接起来进行同一服务，在客户端看来就像是只有一个服务器。集群可以利用多个计算机进行并行计算，从而获得很高的计算速度(即 Load Balance，负载均衡)，也可以用多个计算机做备份，使得任何一个机器坏了，整个系统还能正常运行(即 Fail Over，故障转移)。

(3)网络通信协议。网络通信协议是一种通用的网络语言，它为不同操作系统和不同硬件架构的网络连接提供通信支持。网络通信协议由语义、句法和时序组成。常见的网络通信协议有 TCP/IP、IPX/SPX、NetBEUI 等。

(4)计算机网络交换技术(Computer Network Switching Technology)。计算机网络交换技术指的是对数据交换进行实施的技术，它包含线路交换技术、报文交换技术、分组交换技术。通常将数据在通信子网中各节点间的数据传输过程称为数据交换。网络中常用的数据交换技术可分为两大类：线路交换和存储转发交换，其中存储转发交换技术又可分为报文交换和分组交换。

(5)VPN(Virtual Private Network，虚拟专用网)技术。VPN 利用 Internet 等公共网络的基础设施，通过隧道技术，为用户提供与专用网络具有相同通信功能的安全数据通道。虚拟专用网络是基于公共数据网络的服务，让用户有直接连接到专用 LAN 的体验，可保证传输内容的完整性和机密性。VPN 大大降低了用户成本，且相比传统方法更安全和可靠。

2.3.3　云计算技术

2006 年 8 月，谷歌首席执行官埃里克·施密特首次在搜索引擎大会上提出“云计算”概念。2009 年，美国国家标准与技术研究院(NIST)进一步丰富和完善了云计算的定义和内涵。NIST 认为，云计算是一种基于互联网的，只需最少管理和与服务提供商的交互，就能够便捷、按需地访问共享资源(包括网络、服务器、存储、应用和服务等)的计算模式。典型云计算技术包括虚拟化技术、分布式数据存储技术、大规模数据管理技术、云计算平台管理技术、绿色节能技术等。

(1)虚拟化技术。虚拟化技术是一种资源管理技术，虚拟化技术跨越了实体结构不可分割的壁垒，将计算机的各种物理资源(如服务器、网络、内存和存储等)进行抽象、改造后呈现。这些资源的新虚拟部分不受现有资源的构建方式、地理位置或物理配置的影响，便于用户使用。虚拟化资源一般包括计算能力和数据存储。

(2)分布式数据存储技术。分布式存储是一种数据存储技术。每台机器上的磁盘空间通过网络使用，数据分散在网络中，形成了一个虚拟存储设备，这就是分布式存储的含义。分布式网络存储系统采用可扩展的体系结构，使用多台存储服务器和位置服务器分别分担存储负载和定位存储信息。它不仅提高了系统的可靠性、可用性和访问效率，而且易于扩展。

(3)大规模数据管理技术。大规模数据管理是云计算的核心技术之一。大规模数据管理技术必须能高效地管理大量数据。云计算的关键问题就是如何对海量数据进行检索和分析。云计算本质上是一个多用户、多任务、并发、简单、快捷的处理系统。确保低成本和良好的用户体验的同时，如何通过网络将服务器计算资源高效快速地分发给最终用户，选择编程模式是重要的途径。大规模数据管理技术中将广泛采用分布式并行编程模型。Google 的 BT(Big-Table)数据管理技术和 Hadoop 团队开发的开源数据管理模块 HBase 是业界比较典型的大规模数据管理技术。

(4)云计算平台管理技术。云计算资源巨大,大量服务器分布在不同位置,同步运行的应用程序众多。云计算系统的平台管理技术需要高效地分配大量服务器资源,使它们更好地协同工作。其中,新服务开通、系统故障的快速发现和恢复、大规模系统自动化和智能化可靠运行是云计算平台管理的关键技术。许多厂商,包括谷歌、IBM、微软、甲骨文、Sun 等,都推出了云计算平台管理解决方案。这些解决方案可以整合资源,统一管理、配置、部署、监控和备份软硬件数据,打破应用软件的资源垄断,充分发挥企业云计算平台的价值。

(5)绿色节能技术。云计算平台的高能耗及其引起的环境问题引起了广泛的关注。绿色节能技术已经成为云计算必不可少的技术,未来越来越多的节能技术还会被引入云计算中来。云计算绿色节能技术首先要体现在云计算基础设施的建设应与云服务、云应用提供能力和需求程度相匹配,避免无序发展和重复建设。其次,通过构建低能耗、高能效、可持续的、基于大规模数据中心的云计算环境、模型和算法,实现合理的资源整合和高效的任务调度,保证整个系统全局服务的高效性和可靠性,达到节能、环保的目的,如绿色云计算模型。

2.3.4 大数据与人工智能技术

(1)大数据采集处理技术。大数据环境下,数据来源丰富且类型多样,存储、分析和挖掘的数据量庞大,对数据展现的要求较高,大数据采集处理技术就是对数据进行 ETL(Extract-Transform-Load,提取-转换-加载)操作,通过对数据进行提取、转换、加载,最终挖掘数据的潜在价值。然后给用户提供解决方案或者决策参考。目前主要流行以下大数据采集分析技术:开源数据仓库技术、数据转换技术、数据加载技术等。

(2)自动推理和搜索方法。自动推理和搜索方法多用于人工智能中的问题求解。自动推理是知识的使用过程,根据知识的表达方法不同,分为演绎推理和非演绎推理,谓词逻辑是演绎推理的基础,非演绎推理方法包括连接机制推理、类比推理、基于示例的推理、反绎推理和受限推理等。搜索分为无信息导引的盲目搜索和利用经验导引的启发式搜索,搜索策略决定着问题求解的一个推理步骤中知识被使用的优先关系,近几年搜索方法开始转向了具有百万节点的超大规模搜索问题。

(3)机器学习和知识获取。机器学习是一门研究机器获取新知识和新技能,并识别现有知识的学问。机器学习的核心是机器学习算法,是一类从数据中自动分析获得规律,并利用规律对未知数据进行预测的算法。因为学习算法中涉及了大量的统计学理论,机器学习与统计推断学联系尤为密切,也被称为统计学习理论。机器学习所采用的策略大体上可分为机械学习、通过传授学习、类比学习和通过事例学习等几种。深度学习是机器学习研究中的一个新的领域,其动机在于建立、模拟人脑进行分析学习的神经网络,它模仿人脑的机制来解释数据,例如图像、声音和文本。深度学习是无监督学习的一种,在大数据集上的表现优于其他机器学习方法。

(4)计算机视觉。计算机视觉是指用摄影机和电脑代替人眼对目标进行识别、跟踪和测量等,并进一步做图形处理,用电脑处理成为更适合人眼观察或传送给仪器检测的图像。计算机视觉就是用各种成像系统代替视觉器官作为输入敏感手段,由计算机来代替大脑完成处理和解释。计算机视觉研究相关的理论和技术,试图建立能够从图像或者多维数据中获取“信息”

的人工智能系统。计算机视觉的最终研究目标就是使计算机能像人那样通过视觉观察和理解世界，具有自主适应环境的能力。

(5)机器人技术。机器人可定义为一种可编程和多功能的操作机，或是为了执行不同的任务而具有可用电脑改变和可编程动作的专门系统。机器人技术主要涉及编程语言与编程技术、传感器技术、智能控制技术、路径规划技术、导航和蔽障技术、人机接口技术等。虚拟实验在机器人方面的应用可以推进现代信息技术与实验教学项目深度融合，拓展实验项目的广度和深度，提升实验教学质量和水平。

2.4　交互层核心技术

2.4.1　虚拟现实技术

虚拟现实最早是由美国 VPL 公司创始人拉尼尔(Jaron Lanier)在 20 世纪 80 年代提出的，他认为研究 VR 技术的目的是提供一种比传统计算机模拟更好的方法。但迄今为止，虚拟现实技术还没有一个确切的定义，不同的人有不同的理解，比较有代表性的有如下几种：

(1)虚拟现实技术是一种可以创造和体验虚拟世界(Virtual World)的计算机系统，这里所说的虚拟世界是全体虚拟环境(Virtual Environment)或给定仿真对象的全体。而“虚拟环境”一般是指用计算机生成的有立体感的图形，它可以是一特定现实环境的表现，也可以是纯构想的虚拟世界。

(2)虚拟现实技术是一种先进的计算机接口，以用户为核心，通过给用户同时提供诸如视、听、触觉等各种直观而又自然的实时感知交互手段，实现用户与环境直接自然交互，从而达到身临其境的感觉。这里所谓的环境就是由计算机生成的虚拟世界。

(3)虚拟现实技术有助于减少人和计算机的隔阂，使人的认知空间与计算机处理问题时的处理空间趋向一致。

(4)虚拟现实技术是使人可以通过计算机看见、操作极端复杂的数据并与之交互的一种方式。

(5)虚拟现实技术是一种媒介，它具有三维合成环境，人们可以按自己的意愿，任选视点实时地在其中连续而自由地探测、考察和体验。

总而言之，虚拟现实技术集合了计算机图形、计算机仿真、传感器、自动控制、网络通信、图形显示、大数据、人工智能等多种先进学技术，能够创建和体验虚拟世界，具有沉浸性、交互性、想象性，能够使用户沉浸于虚拟世界之中，与场景完美交互，完全满足虚拟实验的要求，是虚拟实验交互的核心技术。

1. 虚拟现实的分类

虚拟现实系统有不同的类型，满足不同类型虚拟实验的要求，VR 的分类有不同的方式：

(1)按虚拟环境的信息来源和生成途径分类。按虚拟环境的信息来源和生成途径分为：

1)真实世界的“遥现”(Tele-presence)，用户不在真实世界中的某个现场，但感觉恰如身临其境，并可据此对现场事件进行遥操作，例如太空机器人、水下探险机器人等。

2)真实世界的计算机实时仿真,而且仿真物体的活动符合自然规律,用户可以通过感觉交互取得如同熟知事物一样的体验。

3)上述1)和2)的混合。

4)纯由计算机生成的超现实景物,而且并不一定符合自然规律。例如把抽象的数学模型可视化,利用VR技术研究分子结构,虚拟的太虚幻境等。

(2)按视觉环境的构造方式分类。按视觉环境的构造方式分为:

1)固定LED形式。LED屏幕放于桌面,可供多人共享,用户约束感小,易于实现交互,但视角小。一般要求用户佩戴光闸眼镜,并配以视线跟踪装置。

2)HMD形式。一般用两个LCD屏开成立体对,头盔结构中安装广角光路,同时附有视线运动检测装置,用户走动自由,但约束感较强,分辨率较低。

3)BOOM形式。类似于HMD,显示装置悬挂于机械臂,质量得到平衡,位置与姿态可以测量,用户用手操纵,约束感适中,可配以高分辨率的CRT对。

4)CAVE形式。视角大、分辨率高、环绕视觉感强,用户只需佩戴轻质光闸眼镜,约束感小,也可供多人共享,但需要较大的空间和复杂的投影系统。

5)Videl Place形式。用户无须佩戴任何硬件装置,毫无约束感,但对人体的位置与姿态检测较难,缺乏触觉、力觉交互手段。

(3)按VR系统沉浸的程度分类。按VR系统沉浸的程度分为:

1)桌面VR系统。桌面VR系统使用PC和低级工作站实现仿真,计算机的屏幕作为参与者观察虚拟环境的一个窗口,各种外部设备一般用来驾驭该虚拟环境,并且用于操纵在虚拟场景中的各种物体。图2.15是桌面VR系统的基本组成。

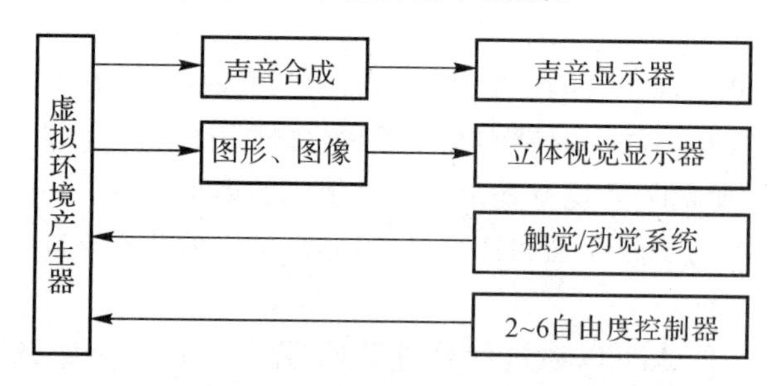

图2.15　桌面VR系统的基本组成

桌面VR系统虽然缺乏头盔式显示器的那种完全沉浸功能,但依然比较普及,因为它的成本相对来说比较低。桌面VR系统要求参与者使用位置跟踪器或手拿输入设备,如3(6)自由度鼠标器、游戏操纵杆或力矩球。参与者虽然坐在显示器前面,但可以通过计算机屏幕观察360°范围内的虚拟环境,不过参与者并没有完全沉浸,因为会受到周围环境的干扰。

在桌面VR系统中,立体视觉效果可以增强沉浸的感觉。一些廉价的三维眼镜和安装在计算机上方的立体观察器、液晶显示光闸眼镜等都会产生一种三维空间的幻觉。同时,桌面VR采用标准的显示器和立体(Stereoscopic)图像显示技术,分辨率高,价格较为便宜,因此易普及应用,在各专业应用中具有生命力,特别是在工程、建筑和科学等领域。

桌面VR和沉浸式VR之间的主要差别在于参与者身临其境的程度,这也是它们在系统结构、应用领域和成本上都大不相同的原因。桌面VR系统以常规的显示器和三维立体眼镜来增加身临其境的感觉。

2)沉浸式 VR 系统。沉浸式 VR 系统利用头盔式显示器和数据手套等交互设备把用户的视觉、听觉和其他感觉封闭起来,使参与者暂时与真实环境隔离,而真正成为 VR 系统内部的一个参与者,并可以利用各种交互设备操作和驾驭虚拟环境,其系统基本组成如图 2.16 所示。

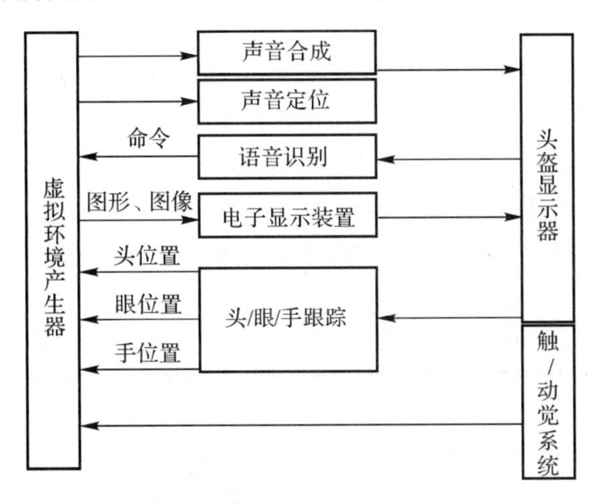

图 2.16　沉浸式 VR 系统的基本结构

沉浸式 VR 系统为了提供"真实"的体验,总是尽可能采用最先进的软件技术和软件工具,因此,虚拟现实系统中往往集成了许多大型、复杂的软件,尽可能利用最先进的硬件设备,这要求沉浸式 VR 系统能方便地改进硬件设备及软件设备。

常见的沉浸式 VR 系统有:①洞穴自动虚拟环境(CAVE),它是一种完全沉浸式 VR 系统。②座舱式 VR 系统,置身在一个座舱内,它有一个向外可以看到虚拟空间的屏幕。这种系统常常用于各种驾驶模拟训练器,如飞机驾驶模拟训练。③投影式 VR 系统,投影式 VR 也属于沉浸式 VR,但又是另一种类型的虚拟现实体验。参与者可以实时地观看到自己在虚拟环境中的形象并与虚拟环境交互。投影式 VR 系统非常适合应用于一些公众场合,例如艺术馆和娱乐中心,因为参与者不须任何专用硬件,而且还允许多人同时体验一种虚拟现实的经历。图 2.17 为湖北理工学院机电系统虚拟仿真实验教学中心使用的投影式 VR 系统。

图 2.17　投影式 VR 系统

3)分布式 VR 系统。前面所述的 VR 技术可以创建动态逼真的虚拟环境,但并未解决资源共享的问题,分布式 VR 系统能够对资源进行分享,在沉浸式 VR 系统的基础上将不同的用户(参与者)联结在一起,共享一个虚拟空间,使用户协同工作达到一个更高的境界。分布式 VR 的基础是分布交互模拟 (Distributed Interactivity Simulation, DIS),许多 VR 应用要求若干人能参与同一个虚拟环境,即协同工作的 VR(Cooperative VR)。

在分布式 VR 系统中,人们无论身处何地,皆可通过运行在网络系统上的软件联系在一起。应用软件与渲染工具、音频工具及其他快速存取工具,可以分别在各自独立的系统上运行。各个独立的系统通过共享存储器联系起来,在系统中传送有关物体的状态信息。状态信息和数据结构以包的形式发送到网络其他系统中,以保证各个系统具有一致的虚拟场景。分布式 VR 系统最重要的特性是对于多用户协作模拟的适应能力,图 2.18 是一种网络协同工作的分布式虚拟现实系统。

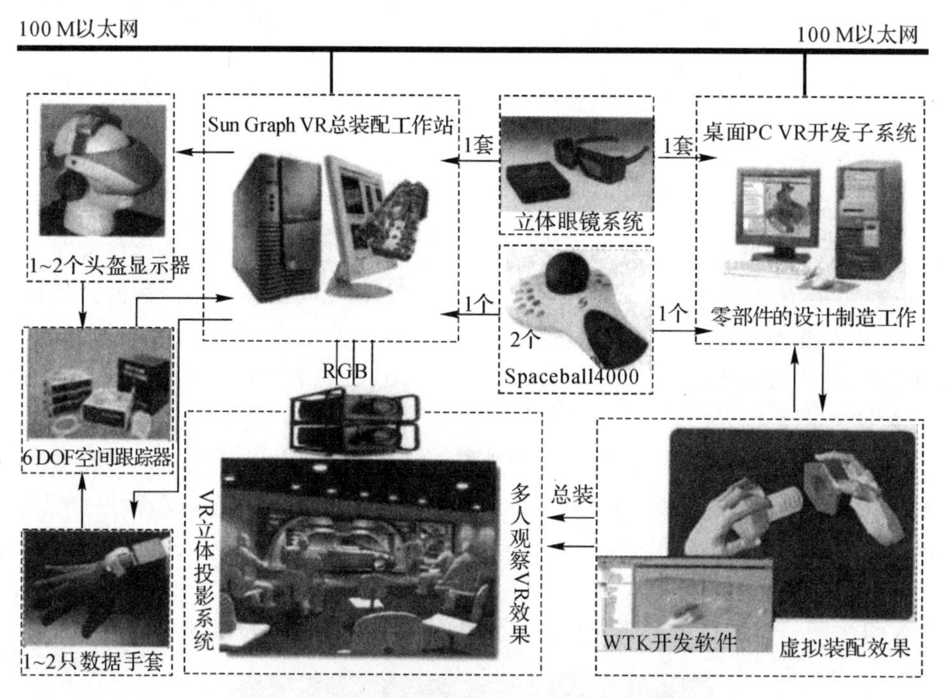

图 2.18　网络协同工作的分布式虚拟现实系统

2. 虚拟现实技术与计算机图形系统的区别

一个具有代表性的说法是,虚拟现实技术有三个最突出的特征:交互性(Interaction)、沉浸性(Immersion)和想象性(Imagination),即所谓的三"I"特征。

产生沉浸感是 VR 系统的核心,使用户投入到 VR 系统生成的虚拟场景中去,用户成为系统中的一部分, 沉入其中,产生"沉浸感"的原因是用户对 VR 环境的虚拟物体产生了类似于对现实的存在意识或幻觉。为此,必须具备三种基本的要素即图像、交互和行为,如图 2.19 所示。

虚拟现实技术的要素通过以下形式来实现:

1)实时图形。虚拟现实要求的图形图像都应该是三维实时的,相比较而言,利用计算机模型产生图形图像并不是太难的事情。如果有足够准确的模型，又有足够的时间，我们就可以生成不同光照条件下各种物体的精确图像，但是这里的关键是实时产生。例如在飞行模拟系统中，图像的刷新相当重要，同时对图像质量的要求也很高，再加上非常复杂的虚拟环境，问题就变得相当困难。

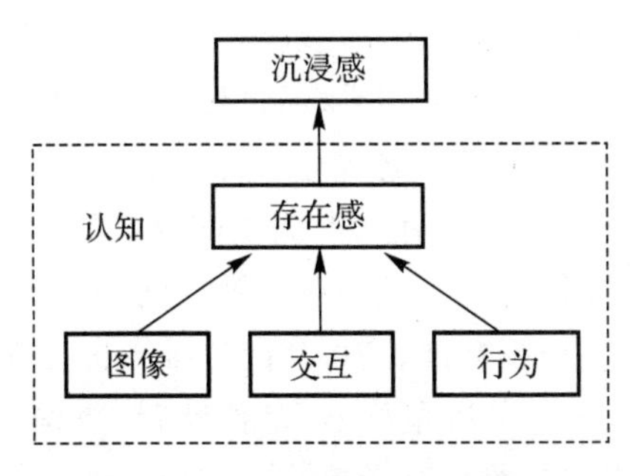

图2.19　虚拟现实技术的要素

2)立体显示。双目立体视觉在VR系统中占有重要地位。用户两只眼睛看到的不同图像分别产生并显示，有些系统使用单显示器，但当用户戴上特殊眼镜时，两只眼睛分别只能看到奇数帧和偶数帧，奇数帧和偶数帧之间的差异(称为视差)会产生立体感。

3)声音感知。人可以很好地确定声源的方向。声音到达每只耳朵的距离和时间不同，在水平方向上，可通过相位和强度差来判别声音的方向，立体声效果也是源自两只耳朵位置和声音差异。在现实生活中，当转头时，听到的声音的方向会发生变化，但在VR系统中，声音的方向与用户的头部运动无关。

4)受力反馈。例如，在VR系统中，当出现一个虚拟杯子时，可以试着去抓它，但手并没有真正感觉到与杯子接触，而且还有可能穿透杯子，解决这个问题的一个常见方法是增加触觉模拟，可在手套内侧安装振动触点。

5)语音交互。在VR系统中，虚拟环境如何理解人类语言并与人进行实时交互是一个难点，由于人类语言对于计算机来说非常难以理解，只能通过匹配对比而非智能的方法来实现，因此，必须要解决语音输入和输出的效率和准确性的问题。

人对外部客观世界的认识和感知的信息80%来自视觉，在VR系统中，用户的“交互感”和“沉浸感”主要通过视景系统获得，所以，我们以上述及的各种类型VR系统，哪怕是最简单的桌面VR系统，都必须要有立体的视觉的图形系统，这是产生沉浸感的关键要素。

计算机实时三维图形学是VR技术最重要的技术基础之一，但虚拟现实系统不仅仅是计算机系统，任何复杂的虚拟环境的创建，都离不开三维造型以及对造型的实时处理，然而，VR系统与传统的计算机图形系统还是有区别的。

虚拟现实技术与计算机图形系统的区别，主要表现在：

(1)三维实时动态显示的功能不同。在人的感觉中，视觉最敏感，摄取的信息量最大，因而虚拟环境的实时动态显示是虚拟现实技术中的首要问题。VR系统要求实时动态逼真地模拟环境。虚拟环境通过左、右眼为视点分别生成图像，眼睛的转动要随之生成新画面，以达到动态实时响应。为了实时运行三维模型，其建模与以造型为主的建模方法区别很大。VR系统大都采用模型分割、纹理映射等技术，而不是以增加几何造型复杂度的方法来提高逼真度。

在三维图形显示效果的处理方面，传统的计算机图形生成是以透视投影、隐藏面消除以及光线和阴影来达到三维显示视觉效果的，没有景深，与 VR 相比，如同立体电影与普通电影的差异。

(2)人机交互能力和交互设备不同。人机交互方式是当前计算机系统研究的关键。VR 系统与传统计算机图形系统的人机界面相比，也存在着差别。VR 界面不是用键盘、鼠标及监视器，而是允许用户更直接地交互。例如用手(通过传感器或数据手套)或其他三维工具来操作数据，那么用户就可以更自然地观察数据并与之交互。

在通信方式上，VR 技术本质上是采用人与人之间通信的方式(而不是以人去适应设备的方式)实现人与设备的交流。虚拟现实技术是在三维空间中与人交互的技术，为了能及时、准确地获取人的动作信息，需要各种高精度、高可靠的三维人机交互设备和传感设备。目前实现这些交互技术的设备主要有：三(六)维鼠标器、定位装置、数据手套、数据衣服、跟踪设备等。而传统的计算机图形系统只需要二维交互设备。

(3)用户(人)的因素作用不同。真实世界是人类生活的世界，而 VR 生成的世界是真实世界的仿真，即虚拟世界。虚拟世界的一切，看上去、听起来和动起来都像真的，这些都是通过人的感知获得，所以 VR 技术与用户(人)的关系极为重要。在虚拟现实技术中，人可以与虚拟世界对话，人能够体验虚拟世界，并具有“沉浸感”。VR 技术以“这是我所想象的世界”的形式来表现人类的内心世界，以写真的方式或抽象的方式提供迄今所不能创建的事物。而计算机图形系统还达不到这样的要求。

正是 VR 技术的这些特点，使得虚拟现实技术在系统建模、模型确认、输出分析、实验设计、信息沟通与表达等方面具有独特的功能，能够生动感知场景，获得新的知识，提高感性和理性认识，激发新的构想，增进对结果的理解，降低对用户的操作要求，为科学研究、教育培训、战争军事、先进制造等领域提供了一种新的方法。

但是如何将虚拟的信息应用到真实世界，达到超越现实的感官体验，虚拟现实并不具备优势，由此产生了增强现实技术。

2.4.2 增强现实技术

1. 基本概念和原理

增强现实是一种实时地计算摄影机影像的位置及角度并加上相应图像的技术。AR 是一种新技术，它将现实世界中的原始信息在一定的时间和空间内结合起来，把难以体验的真实物理信息通过计算机视觉等科学技术应用到现实世界中，并为人类感官所感知，实现超越现实的感官体验。通过 AR 技术，将真实环境和虚拟环境叠加在同一个屏幕或空间上。这种技术最早于 1990 年提出，随着电子产品运算能力的提升，增强现实的用途越来越广。

(1)工作原理简介。移动增强现实系统的早期原型可实时向现实世界环境添加声音、图像和其他感官增强功能，类似于网络电视，但网络电视只提供显示的静止图像，无法随着相机位置调整。增强现实比任何电视转播技术都要先进，增强现实出现在电视游戏和足球比赛中的早期版本，尽管只能从一个角度显示图像，但下一代增强现实系统将实现全方位角度的显示。

在高校和高新技术企业中，增强现实仍处于研发初期。不久，增强现实系统将会逐步大众化和市场化。增强现实不仅力求将图像实时添加到真实环境中,而且还能调整图像以适应头部和眼睛运动,从而使图像保持在人的视角范围内。

(2)基本特征。AR 系统具有三个突出的特点:①真实世界和虚拟世界的信息集成;②具有实时交互性;③可在三维尺度空间中增添定位虚拟物体。

2. 增强现实技术的组成形式

增强现实是由紧密联结、实时工作的软硬件系统协同实现的,主要有如下三种组成形式。

(1)Monitor-Based。计算机显示的 AR 方案中,将拍摄的真实图像输入计算机,再与计算机生成的虚拟图像合成,输出到屏幕显示。用户在屏幕上看到最终增强的场景图像,简单但无法带来身临其境的感受。

(2)光学透视式。头盔显示器(Head-mounted displays)可增强用户的视觉沉浸感,应用广泛。根据具体的实现原理,可以分为两大类,即基于光学原理的穿透式和视频合成技术的穿透式。光学透视增强现实系统简单、分辨率高、无视觉偏差,但定位精度要求高、时延匹配困难、视野狭窄、价格昂贵。

(3)视频透视式。视频透视式增强现实系统采用的是基于视频合成技术的穿透式 HMD(Video See-through HMD)。

3. 增强现实技术的应用领域

AR 技术由于具有能够对真实环境进行增强显示输出的特性,在医疗研究与解剖训练、精密仪器制造和维修、军用飞机导航、工程设计和远程机器人控制等领域,具有比 VR 技术更加明显的优势,因此,相比 VR 技术,AR 应用范围更广。目前,AR 技术已经广泛应用在医疗、军事、古迹复原和数字化文化遗产保护、工业维修、网络视频通信、电视转播、娱乐、游戏、旅游、展览、市政建设等多个领域。

2.4.3 混合现实技术

“混合现实”(Mixed Reality, MR)是一组技术组合。在 20 世纪 70—80 年代,多伦多大学史蒂夫曼教授设计了可穿戴智能硬件,以增强自我的简单视觉效果,让眼睛在任何情况下都能“看到”周围的环境,这被认为是 MR 技术的雏形。根据史蒂夫曼的理论,智能硬件最终会从 AR 走向 MR。VR 是纯虚拟数字图片,AR 是虚拟数字图片加真实场景,MR 是数字现实加虚拟数字图片。在概念上,MR 和 AR 比较相似,都是半真实半虚拟的图像。但是,传统的 AR 技术是通过棱镜光学对真实图像进行折射,视角低于 VR,其清晰度也会打折扣。MR 技术结合了 VR 和 AR 的优势,更能体现 AR 技术。MR 和 AR 的区别在于,MR 使用摄像头让人看到肉眼看不到的现实,AR 只是叠加虚拟环境而不是现实本身。

1. 混合现实技术工作原理介绍

混合现实比虚拟现实更先进,综合运用了多种前沿技术,包括传感器、先进的光学和下一代的计算能力。所有这些技术集成在一个设备中,为用户提供将增强的全息数字内容叠加到实时空间中的能力,从而创造出令人难以置信的逼真和令人兴奋的场景。虚拟现实和混合现实的产业链有大量的重叠部分,技术也是如此。

(1)感知系统。要把现实整合进虚拟,就需要3D建模,而且还需要运动感知,所以感知系统很重要。

首先,把现实的东西虚拟化,也就是先得用摄像头捕捉画面,但摄像头捕捉的画面都是二维和扁平的,没有立体感,所以还得把二维的图像通过计算机形成三维的虚拟图像,即3D建模,只有虚拟化之后,才能更好地融合进虚拟的3D世界里面。

然后,要实现同步位置和映射(Simultaneous Localization And Mapping,SLAM),SLAM是一套用于定位一个人并同时映射环境的技术,SLAM是混合现实应用的关键。为了在新的、未知的或不断变化的环境中发挥作用,需要不断创建环境地图,然后定位和跟踪其中的运动,采用图像识别和深度传感器数据的SLAM算法来计算用户在物理世界中的位置。

除了HTC的Vive追踪器,感知系统里面比较出名的有Intel的解决方案RealSense、微软的Kinect体感装置和Leap公司的体感系统Leap Motion等,未来这些体感的硬件都会有很大的市场空间。当然除了硬件,还有很多公司基于硬件检测到的数据研究算法的分析,能够实现对运动的实时跟踪。

(2)开发工具。苹果公司推出了开发增强现实平台的一套系统ARKit,并且向所有的第三方开放。同时,对另一个开发工具公司Unity是完全兼容的,Unity公司应该在未来有很大的成长空间。Unity公司也被很多中国公司投资,包括华山资本、掌趣科技等,也是中国在游戏产业上进行全球性布局的一个范例。

(3)显示设备。不管是增强现实,还是虚拟现实,都需要在头上戴头盔和显示器。但苹果公司展现了一个很好的示范,因为手机本身就可以是一个显示器,iPad同样也是,因此苹果公司决定用iPad来实现所有的移动计算能力,使它未来成为移动笔记本电脑的替代品。当然,不管是手机还是iPad,手持总是不够方便。所以,类似"第六感"(现实和虚拟融为一体的产品)可穿戴、手势可跟踪设备还会出现。比如,正在作业的维修工人,维修时的每一个动作都可以通过此类设备传到他的师傅那里,他的师傅就很容易判断其维修方式是否正确,进而作出正确的指导。因此,在混合现实的潮流当中,还会涌现出大量的可穿戴设备,逐渐实现产品化,尤其是一些行业专用的可穿戴系统将会层出不穷。

(4)底层技术。高通推出的骁龙835芯片,基本上已经能够解决虚拟现实、扩展现实的计算需求了。虽然混合现实和虚拟现实产业链不大相同,但重叠度基本上还是很高的。

2. 混合现实的应用

(1)实体培训的虚拟化。例如在传统的解决方案中,学习组装机器人,学校就要采购各种各样的机器人零件设备,造价高,实施起来困难重重。而有了混合现实系统,学校就可以开展大量的虚拟实验,戴上混合现实眼镜,用混合现实里提供的工具就可以组装。同样,学生学习火箭原理,可以到操场上,戴上混合现实眼镜,大家一起组装火箭,组装成功了,还可以飞上天空,组装不成功,会看到爆炸,但很安全。类似的应用还有医学上的手术教学等。

(2)远程指导。例如市政、电力水管系统维护,需要很多人深入一线,工作又脏、又累、又辛苦,如果找足够多技术水平很高的人去做,肯定很难,而初级新手去做,又缺乏足够技能,此时,用远程指导系统就能解决这个问题。

(3)远程协同。以前的协同,大多是物理地聚集在一起,因为远距离协作比较难;或者流水线式,你做完我做,效率跟不上。利用混合现实远程协同平台,大家都在同一个系统上协同操作，会大大提升效率。

人类的进化，就是协同能力不断提升的过程，混合现实技术未来展现出巨大的机会，会大大提升人类的复杂协同能力。混合现实将会比虚拟现实更快、更成熟，因为虚拟现实还是以游戏需求为主导，需要更加清晰的显示，也要消耗掉更大的带宽，对建模和技术能力要求更高。而混合现实以解决现实问题为主，只要能够解决现实问题，清晰度是可以适当妥协的。

虚拟现实技术、增强现实技术和混合现实技术须同应用实现技术紧密结合，才能使得虚拟实验获得与真实实验同等的效果。

2.4.4　应用实现技术

1.三维全景图技术

3D 全景视图采用图像分割插值技术，是基于实际图片素材建立的具有真实效果的虚拟场景，通过网络技术将全景场景加载到用户体验中，广泛应用于在线楼盘、产品展示以及虚拟旅游等领域。3D 全景影像拍摄技术要求高，拍摄者应该清楚相机节点，并确保在拍摄过程中不移动镜头节点。对于全景拍摄来说，拍摄点的选择至关重要，是 3D 全景照片最终效果的决定因素。3D 全景拍摄主要有两种方法：手持式三维(3D)全景图片拍摄法和全景云台节点调整拍摄法。

(1)手持式三维(3D)全景图片拍摄法原理。手持式方法只需要一台相机即可捕捉全景图像。拍摄过程把摄影师当成“全景节点”，须明确相机节点的位置。经过经验积累，保证节点位置不移动是核心原理和技术难点。节点是镜头的光学中心，相机旋转中心一般选取底座螺丝孔。当相机旋转位置在镜头节点时，以光学中心旋转镜头，前后物体的视角不变，从而保证拼接的准确性。只要节点固定，相机水平、垂直甚至任意方向旋转，就可以保证图片中对象的关系是一致的。

(2)全景云台节点调整拍摄法原理。相机在三脚架上旋转构图时，全景节点云台能够保证相机运动轴心位于节点上，大大提高后期拼图的精度。需要精确的计算和不断的调整，才能正确调整全景云台，使相机的旋转位置位于镜头节点处，主要按两步调整：①对准镜头轴与三脚架旋转轴。②在镜头轴线上找到并对准节点位置。

(3)全景图片的后期拼接处理。全景无缝拼接处理软件主要有 PTGui Pro、Autopano Giga 等。现有的生成算法可以分为三类：基于特征的方法、基于流的方法和基于相位的方法。图片拼接好后，需要对其重叠部分进行无缝拼接处理。目前较常见的是使用 PTGui Pro 进行全景图片的无缝拼接，步骤如下：照片素材的对齐，照片素材的变形处理，混合，全景图片色彩处理。

(4)三维激光扫描技术。三维激光扫描是近年迅速发展起来的一种新技术，广泛用于空间数据采集，如城市建筑信息采集和三维重建、智慧城市建设、数字校园可视化管理、工程测量、古建筑和文物保护、建筑信息建模(Building Information Modeling)等领域。

使用三维激光扫描系统采集数据的工作流程及三维建模大致分为计划制订、外业数据采集和内业数据处理三部分。

2. 动作捕捉技术

运动捕捉技术的工作原理是把真实人的动作完全附加到一个三维模型或者角色动画上。借助该技术，动画师们模拟真实感较强的动画角色，并与实拍中的大小比例相匹配，然后来捕捉表演中演员的每一细微动作和表情变化，并真实地还原在角色动画上。其工作原理在前面运动捕捉系统中已经介绍，此处不再赘述。

3. 音频采集技术

音频采集技术包括音频采集(模拟音转换为计算机识别的数字信号)、语音解码/编码、文字-声音的转换、音乐合成、语音识别与理解、音频数据传输、音频视频同步、音频效果与编辑等。通常实现计算机语音输出有两种方法，分别是录音/重放和文字-声音转换。音频数据的采集，常见方法有 3 种：直接获取已有音频，利用音频处理软件捕获、截取声音，用麦克风录制声音。

(1)直接获取已有音频。如网上下载，网上有许多声音素材网站，声音文件下载方法和其他文件下载方法相同，还有从多媒体光盘中查找的。

(2)利用音频处理软件捕获、截取声音。利用音频处理软件捕获、截取 CD 光盘音频数据，通常称为 CD 抓轨，"轨"指的是音轨。抓轨是多媒体术语，是抓取 CD 音轨并转换成 MP3、WAV 等音频格式的过程。和普通对音频进行编辑转换不同的是，常见的 CD 光盘，在计算机上查看时，其包括的文件后缀多为 CDA，仔细观察会发现，这些 CDA 的大小也全部相同，这些文件包含的其实不是音频信息，而是 CD 轨道信息，而且是无法直接保存到计算机上的，而 CD 抓轨正是将 CD 轨道信息转换成普通音频，保存到计算机并尽量保持 CD 的音质。

剥离视频中的声音，可以用"千千静听"软件，在播放列表中用鼠标右键单击需要转换为 MP3 格式的视频，单击"转换格式"，在打开的"转换格式"对话框中，选择"编码格式"及保存位置，单击"立即转换"即可。如果需要转换功能更全面一些，可以选用"格式工厂"。"格式工厂"可以实现大多数视频、音频以及图像不同格式之间的相互转换，转换具有设置文件输出配置、增添数字水印等功能。

(3)利用麦克风录制声音。使用 Windows 自带的"录音机"采集声音的具体步骤如下：

1)将麦克风插入计算机声卡中标有 MIC 的接口上。

2)设置录音属性。双击"控制面板"中"声音和音频设备"图标，切换"声音和音频设备属性"对话框中的"音频"选项卡，在"录音"选项区域中选择相应的录音设备。

3)决定录音的通道。声卡提供了多路声音输入通道，录音前必须正确选择。方法是双击桌面的右下角状态栏中的喇叭图标，打开"主音量"对话框，选择"选项"—"属性"命令，在"调节音量"列表框内选择"录音"单选按钮，选中要使用的录音设备麦克风。

4)录音。从"开始"菜单中运行录音机程序，单击红色的"录音"按钮，就能录音了。录音完成后，按"停止"按钮，并选择"文件"菜单中的"保存"命令，将文件命名保存。

5)在"另存为"对话框中单击"更改"按钮，出现选择声音格式的对话框，可从中选择合适的声音品质，其中"格式"下拉列表框是选择不同的编码方法。

6)优点：Windows 自带，使用界面非常简单，可以很方便地录制声音。

7)缺点：Windows 自带的"录音机"录音的最长时间只有 60 s，并且对声音的编辑功能也很有限，因此在声音的制作过程中不能发挥太大的作用。

4. 意念交互技术

意念控制是跨神经科学、计算科学、认知科学、物理学、数学等多学科、多领域技术，其初级阶段主要是脑机交互。“脑”是人脑，“机”是任何用于计算和处理的电子产品。通过“心灵感应”而让人“随心所欲”的意念控制，实际上就是利用人类的脑波控制。人类在进行各项生理活动时都在放电，如果用科学仪器测量大脑的电位活动，在屏幕上就会显示出波浪一样的图形，这就是“脑波”。

意念控制的过程，就是通过扫描仪接受人脑的动作信号，传至电脑，将其转换成电子产品能读懂的电子信号，最后通过 Wi-Fi、蓝牙、红外等无线通信方式，传输到需要控制的电子产品。如在汽车中配置脑电波车载系统，若意念头带检测到司机的脑电波逐渐趋于睡眠状态，就会向车载系统发动指令，并调用座椅振动系统摇醒司机。另外，还能根据人的精神状态和心情等来打开无线网络、播放音乐等。当然，就像早期的语音识别软件需要人来对指令不断校准，以提升其识别能力一样，基于脑电波的意念控制也需要人对其进行大量的校准，才能达到更好的使用效果。

意念控制这种独特的操作方式，解放了人们的双手，革新了现代电子产品的使用方式，增加了趣味性和方便性。

参考文献

[1]　尹念东. 汽车-驾驶员-环境闭环系统操纵稳定性虚拟试验技术的研究[D]. 北京：中国农业大学，2001.

[2]　张继开. 三维图形引擎技术的研究[D]. 北京：北方工业大学，2004.

[3]　孙强. 基于游戏引擎的影视动画设计与实现[D]. 沈阳：东北大学，2008.

[4]　史惠文. 基于 OGRE 引擎的三维生物细胞建模研究与应用[D]. 长春：东北师范大学，2011.

[5]　腾讯. 虚拟现实产业链全景分析[EB/OL]. [2022 - 07 - 15]. https://new. qq. com/rain/a/20220715A089AB00.

[6]　倪一鸣. 汽车座椅散乱点云数据的精简及网格化[D]. 长春：吉林大学，2011.

[7]　MILGRAM P, TAKEMURA H, UTSUMI A, et al. Augmented reality: a class displays on the reality-virtuality continuum[J]. Telemanipulator and Telepresence Technologies, 1994 (2351): 282 - 292.

[8]　AZUMA R T. A survey of augmented reality[J]. Teleoperators and Virtual Environments, 1997, 6(4): 355-385.

[9]　CHANG G, MORREALE P, MEDICHERLA P S. Applications of augmented reality systems in education[C]// In D. Gibson & Dodge(Eds.). Proceedings of society for information technology & teacher education international conference 2010. Chesapeake: AACE, 2010: 1380 - 1385.

[10] 付跃安. 移动增强现实技术在图书馆中的应用前景分析[J]. 中国图书馆学报，2013，39(3)：34－37.

[11] LIAROKAPIS F，MOURKOUSSIS N，WHITE M，et al. Web3D and augmented reality to support engineering education[J]. World Transactions on Engineering and Technology Education，2004，3(1)：11－14.

[12] CSDN 博客. 增强现实系统的三大关键技术[EB/OL].（2018－04－07）[2022－07－15]. https://blog.csdn.net/baidu_38300116/article/details/79836581.

[13] 陈向东，蒋中望. 增强现实教育游戏的应用[J]. 远程教育杂志，2012，30(5)：68－73.

[14] 蒋中望. 增强现实教育游戏的开发[D]. 上海：华东师范大学，2012.

[15] 张帆. 增强虚拟现实技术在儿童教育中的应用[J]. 艺术科技，2014，27(1)：331－331.

[16] 李子旸. 互动媒体技术在儿童教育中的应用：以法国科技节增强现实交互设计为例[J]. 艺术科技，2014，26(10)：381－382.

[17] 顾小清. 终身学习视野下的微型学习资源建设[M]. 上海：华东师范大学出版社，2011.

[18] 单美贤，李艺. 虚拟实验原理与教学应用[M]. 北京：教育科学出版社，2005.

[19] KESIM M，OZARSLAN Y. Augmented reality in education：current technologies and the potential for education[J]. Procedia-Social and Behavioral Sciences，2012，47：297－302.

[20] 陈定方，尹念东，李勋祥. 分布交互式汽车驾驶训练模拟系统[M]. 北京：科学出版社，2009.

[21] 周慎. 基于虚拟现实的汽车驾驶模拟器建模技术研究[D]. 武汉：武汉理工大学，2005.

[22] 赵宁. 基于云计算的多类型电子档案数字化管理系统客户端设计与实现[D]. 南昌：南昌大学，2016.

[23] 博客园. 增强现实（AR：Augmented Reality）之介绍及应用[EB/OL].（2011－06－17）[2022－07－15]. https://www.cnblogs.com/csj007523/archive/2011/06/17/2083614.html.

第 3 章　虚拟实验平台

虚拟实验平台是把实验对象、实验手段、实验者结合在一起的平台。所谓构建虚拟实验平台，就是建立包含实验对象、实验手段以及让实验者参与交互的软件、硬件平台。

虚拟实验平台本质上还是一个虚拟现实平台，它必须有硬件与软件的支持才能正常工作，其中，硬件包括各种数据采集、转换、存储、处理的传感器及设备，实验时的通信、实验操纵设备，用于运行交互的各种 PC、工作站和超级计算机以及各种实现视、听、触、味、嗅觉效果的输入输出设备；而软件则集成了应用和开发虚拟实验平台所需的模拟管理、数据通信、实时描绘、目标管理、动画插入、传感器输入、纹理映射、图形显示等多种功能，这些软件提高了虚拟实验平台的开发与运行效率。

一个虚拟实验平台的复杂程度根据实验的目标要求而定，可以是简单的桌面虚拟实验系统(Desktop VR)，可以是真实世界的“遥现”(Tele-presence)系统，也可以是需要较大的安置空间、复杂的投影沉浸式虚拟实验系统，还可以是要求若干人能参与同一个虚拟环境而协同工作的分布式虚拟实验系统，以及面向众多学生的虚拟(仿真)实验教学中心，等。

我们先介绍虚拟实验平台的基本组成。

3.1　虚拟实验平台的组成

3.1.1　虚拟实验平台的基本系统组成

虚拟实验平台的基本系统是指能够完成实验任务的最少组成，包括实验对象、音响系统、交互(操作)系统、视景系统、评价系统、通信系统、计算系统、采集(传感)系统等，其组成如图 3.1 所示。

虚拟实验对象是我们研究的对象，这个对象可以是实际的事物，亦可以是为了实验而设计的半实物系统，还可以是描述事物的数字(学)模型或者虚拟的数字(学)模型。虚拟实验中有大量的实物、半实物试验、异构系统等资源，相比虚拟实验资源，实物、半实物具有可靠性更高、实时性更强、直观性更好等优点，要充分利用实物、半实物资源，在进行虚拟实验时主要是要实现高效率的实时设备接入。

形成和实现一个逼真的虚拟实验环境需要音响(频)系统、交互系统(操作、跟踪与触觉)、视景系统(图像生成和显示装置)的支撑。在人的感觉中，视觉摄取的信息量最大，反应最敏感，因而虚拟环境的实时动态显示是虚拟实验的关键技术问题之一。

虚拟实验可以把科学研究的四类范式即实验科学、理论科学、计算科学、数据探索统一起来，完成现象观察、归纳、计算、探索、体验的科学研究过程，这些过程都要涉及“计算科学”，通信系统、计算系统、采集(传感)系统完成实验数据的采集、传输和计算。

评价系统是对虚拟实验的可靠性、安全性、操纵性、稳定性及系统功能和逻辑的动态评估、评价与判定。图 3.2 是一个最简单的桌面虚拟实验系统。

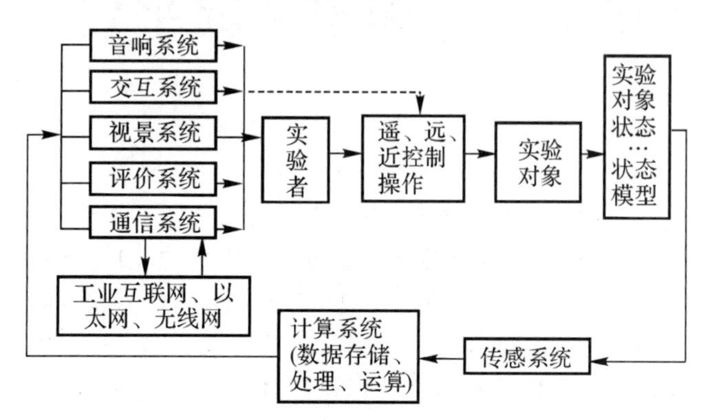

图 3.1　虚拟实验的系统组成

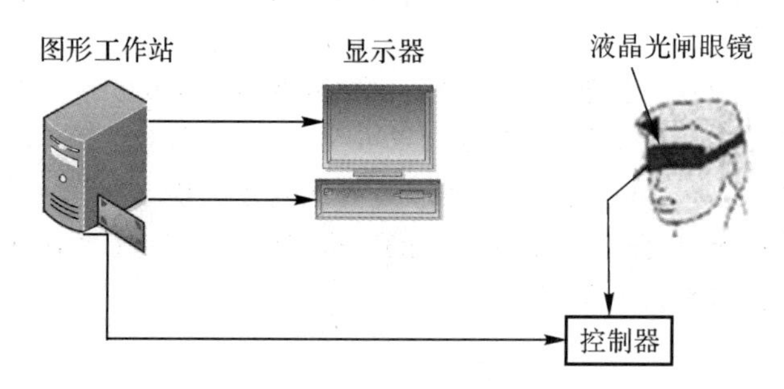

图 3.2　桌面虚拟实验系统

图 3.2 这个桌面虚拟实验系统虽然简单，但是虚拟实验的系统特征是完整的，利用简单的立体液晶光闸眼镜加控制器，使观察者产生一种三维空间的立体视觉，体会“身临其境”的感觉，图形工作站、键盘与鼠标、显示器等计算机系统组成了桌面虚拟实验系统。

图 3.3 是柔性制造虚拟实验系统平台，结构较多，是一个典型的虚拟实验基本系统。

柔性制造虚拟实验系统集成了虚拟场景建模、数据采集、实时通信等技术，建立了与柔性制造实物系统实际运行过程一致的三维实时虚拟仿真场景。通过虚拟实验系统可以进行虚拟加工、虚拟装配等虚拟实验，可以对产品的设计、评价、工艺、生产控制工程等进行研究与实验。柔性制造虚拟实验系统具有重复性、实时性、交互性、知识性、沉浸性和扩展性等特点。

柔性制造虚拟实验系统主要结构组成如下：

(1)加工单元。数控车床与数控铣床、并联机器人等实现柔性制造控制接口。

(2)自动化立体仓库与码垛机单元。由双排钢结构大型立体化仓库、托盘与毛坯工件、检测传感器、挂壁式码垛机、支架、出入库平移台与控制系统组成。

(3)自动化输送线系统单元。由多种电机控制调速皮带输送机、辊筒输送机、90°转角输送机、控制系统组成。

(4)虚拟装配系统。采用多通道立体投影技术、体感交互技术、实时碰撞检测技术等设计并实现了一套集教学、科研、演示、汇报功能于一体的大幅面沉浸式虚拟装配平台系统。

(5)伴随仿真系统。伴随仿真虚拟系统主要通过通信技术的实时性,实现信息可视化和虚拟操作,以及软件与硬件同步伴随操作,使操作者在虚拟平台上获得浸入式交互体验的同时,对现实中的机械部件进行控制。

(6)计算机控制系统。基于计算机网络通信技术、手势识别和交互技术,实现视觉、形状、尺寸、颜色等检测,位置、速度和加速度控制,以及与虚拟物体的交互,从而完成对整个系统的控制等。

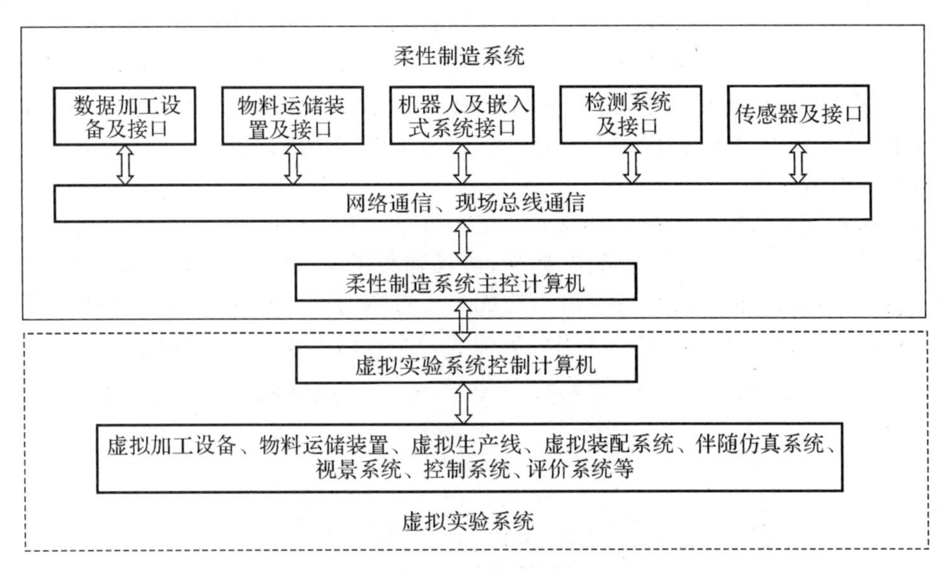

图 3.3　柔性制造虚拟实验系统组成

图 3.4 是柔性制造虚拟实验平台中的虚拟装配系统,显示系统硬件包括环形投影屏幕、多通道数字图像融合机、工程投影机、立体眼镜,该层模块的功能是显示具有立体沉浸感的虚拟图像,用户通过佩戴立体眼镜观察并体验虚拟实验内容。

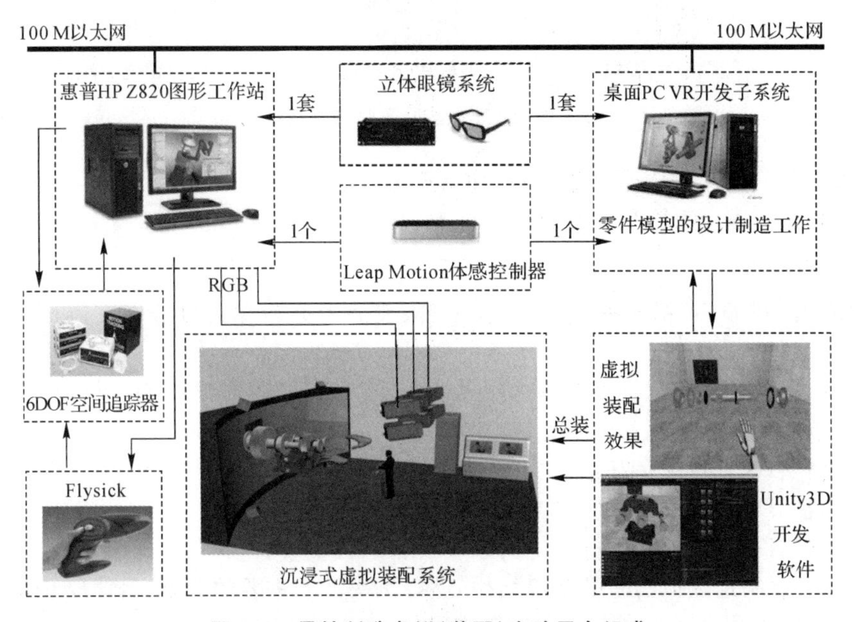

图 3.4　柔性制造虚拟(装配)实验平台组成

随着网络技术的发展及复杂实验任务的要求，为了完成多人、多任务、多空间的实验，提出并形成了分布式的虚拟实验平台。

3.1.2 分布式虚拟实验平台的组成

计算机网络技术与虚拟现实技术相结合的产物是分布式虚拟现实技术，简称DVR（Distributed Virtual Reality），又称网络虚拟现实（Networked Virtual Reality，NVR）。分布式虚拟现实目标是建立一个可供异地多用户同时参与的分布式虚拟环境（Distributed Virtual Environment，DVE），在这个环境中，位于不同物理位置的多台计算机及其用户，可以不受各自的时空限制，在一个共享虚拟环境中实时交互、协同工作，为人们发现、分析和解决问题以及协同工作提供了有效手段。

分布式虚拟实验（Distributed Virtual Experiment，DVE）平台是基于分布式虚拟现实技术发展起来的，即拥有协调一致的结构、标准、协议和数据库，通过计算机网络，将分散在各地的仿真设备连接起来，提供实时交互操作，构成多人可参与交互作用的一个时间、空间上的综合集成虚拟实验（仿真）环境，分布式（DIS）虚拟实验平台的组成如图3.5所示。

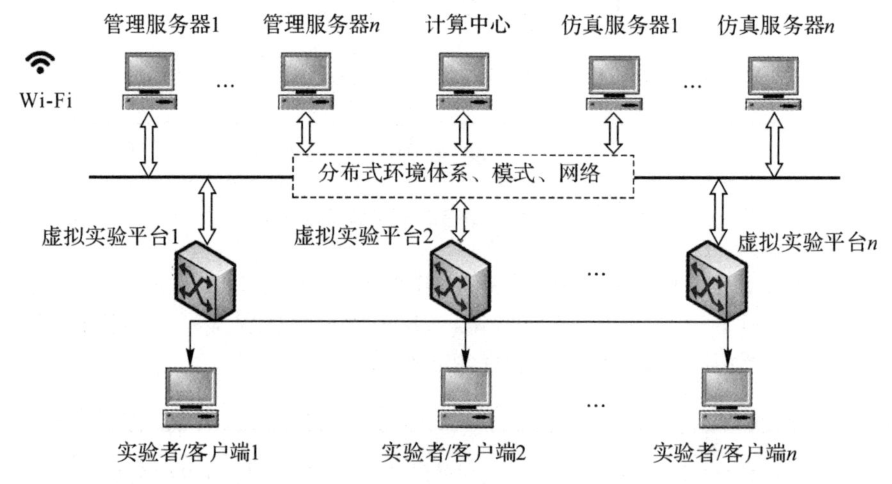

图3.5 分布式虚拟实验的平台结构

分布式虚拟实验平台由管理服务器、仿真服务器、各虚拟实验平台、实验人员客服端，通过分布式虚拟环境体系、模式、网络相互联系起来。

1. DVE的特点

（1）分布性：在DVE系统中，虚拟实验平台、实验者客户端可以分布在不同的地域，彼此可以相距很远。

（2）交互性：实验者可以通过各虚拟实验平台的客服端在虚拟环境进行交互，在DVE系统中的各节点相互交换信息影响彼此的状态。

（3）仿真性：DVE系统是基于仿真器的系统。

（4）实时性：DVE系统具有实时交互的能力。

（5）集成性：DVE系统对现有的仿真系统设备进行集成。

DVE除了要满足虚拟实验的系统结构，还要解决2个重要的问题：网络结构的选择，网络数据的交换。分布式交互仿真系统和计算机网络系统，在软件、硬件的分布性、体系结构的模块化以及通信媒体和低层通信协议等方面，二者具有相似性。二者的主要区别在于分布式系统所拥有的计算资源可作为整体调度使用，呈现给用户的是一贯单一的计算机系统。

2. DVE 系统的关键技术问题

DVE 系统的关键技术问题包括：

(1)实时性。网络的仿真系统和接入实物的仿真系统(即半实物仿真系统)都要求“实时”，即要求在仿真运行中把大量的文字、图像、声音等数据信息实时地在各节点之间进行传输。生理学认为，当延迟时间大于 100 ms 时，人就能感觉到。因此，DVE 系统对实时性有很高的要求，实时性成为技术关键之一。

(2)时空一致性问题。时空一致性的解决方法：采用时钟同步技术、软件同步方法、硬件同步、分层式混合同步，以及坐标变换技术等。

(3)系统模型的校核、验证与确认技术。虚拟仿真是基于模型的试验活动，因此虚拟仿真试验和结果不可能完全准确地代表真实系统的性能，存在一个可信度问题。虚拟仿真系统的可信度是研究仿真系统与其被仿真的真实系统是否一致以及一致性的程度。

(4)接口处理机制。分布虚拟仿真是对已有系统的集成，各个虚拟仿真系统都有自己的仿真约定，而这些约定不一定遵从分布交互仿真协议。因此，要将这些节点纳入分布交互仿真环境中，就必须对其进行适当的修改和扩充。

(5)软件设计。DVE 软件本身就是一个复杂系统，应考虑基于构件的软件实现和框架构件、事件(或消息)驱动的应用程序、软件工程。

(6)安全保密。由于数据源更加分散，信息传输与交换开放性更强，信息丢失、窃取与篡改的风险性更大，因此实验过程中的安全性与保密性是不可回避的问题。

3. 典型的分布式虚拟实验平台

我们采用分布式仿真技术，组成了用于汽车驾驶控制仿真研究的分布式虚拟实验系统，该系统主要由分布系统的网络硬件、操纵控制系统(驾驶舱系统)、数据采集系统、驾驶特性建模系统、预测系统、驾驶员类型划分模块、数据处理系统、驾驶视景系统、仿真评价系统等组成，分布式汽车驾驶虚拟实验平台如图 3.6 所示。

3.1.3　虚拟(仿真)实验教学平台(中心)的组成

我国已经进入了高等教育普及化的阶段，为了适应新时代的要求，探索“智能＋”教学模式，教育部从 2015 年开始，成立了超过 100 个国家级虚拟仿真实验教学中心，仅 2018 年就批准了 105 项国家虚拟仿真实验教学项目，2021 年，首批拟推荐 400 个左右虚拟教研室，这还不包括各省、市批准及各学校成立的虚拟(仿真)实验教学平台(中心)。这些虚拟实验教学平台(中心)通过“线上＋线下”结合模式，拓展实验教学内容广度和深度、延伸实验教学时间和空间、提升实验教学质量和水平。图 3.7 所示是典型的虚拟实验(仿真)教学平台(中心)的组成，平台包括虚拟实验系统、教学管理系统以及实验网络资源系统。

虚拟实验教学管理平台的组成见图 3.8，主要包含教学平台、仿真实验管理和实验设施三部分。典型的虚拟实验教学平台的功能组成如图 3.9 所示，主要由系统管理员、教务管理员、指导教师和学生四个模块组成，通过这四个模块可以实现虚拟实验教学全过程信息化管理，具有信息发布、数据收集分析、互动交流、成绩评定、成果展示等功能。

(1)系统管理员:作为系统的维护者,主要功能有角色管理、用户管理、实验资源库管理、日志管理和系统维护,确保虚拟实验环境的安全、可靠的运行。

(2)教务管理员:主要功能是学生班级管理和实验课程管理,每学期组织学生选择相应的实验课程,不定期公布新的实验项目,为学生讲述虚拟仿真实验教学平台的使用。

(3)指导教师:主要功能包括实验项目管理、实验实施安排、实验进度跟踪、实验报告的批改、实验成绩评定、实验信息发布、实验交流与讨论,指导教师是虚拟仿真实验顺利进行的主力,是虚拟仿真实验设计者。

(4)学生:主要功能是选择实验、完成实验、创新性实验设计、自主设计实验、提交实验报告、成绩查询、实验交流与讨论,学生是虚拟仿真实验的实施者。

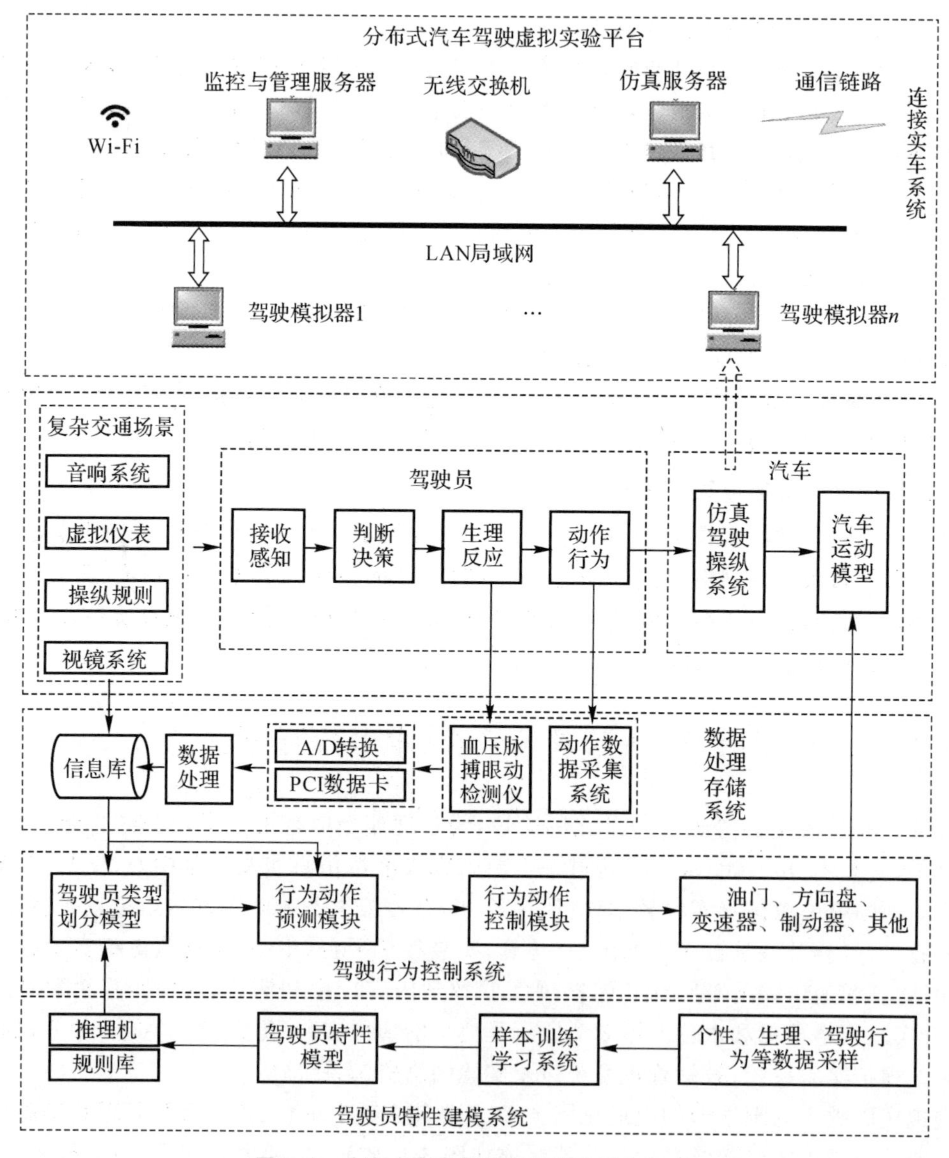

图 3.6　分布式汽车驾驶虚拟实验平台组成

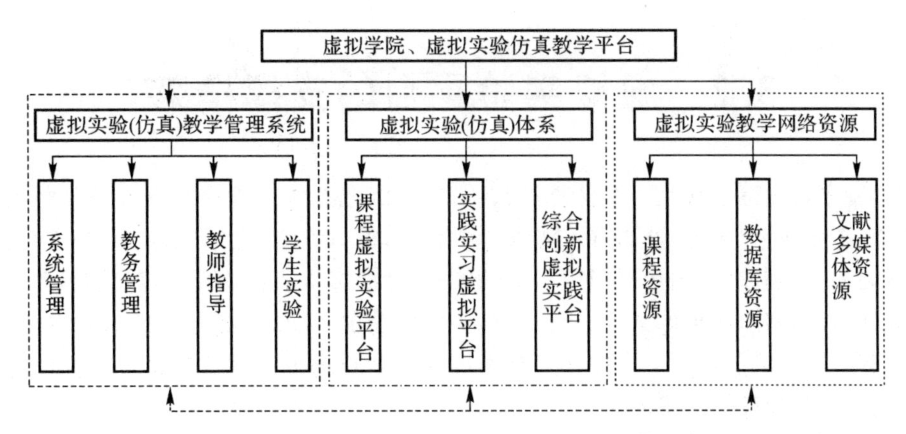

图 3.7 虚拟实验(仿真)教学平台(中心)的组成

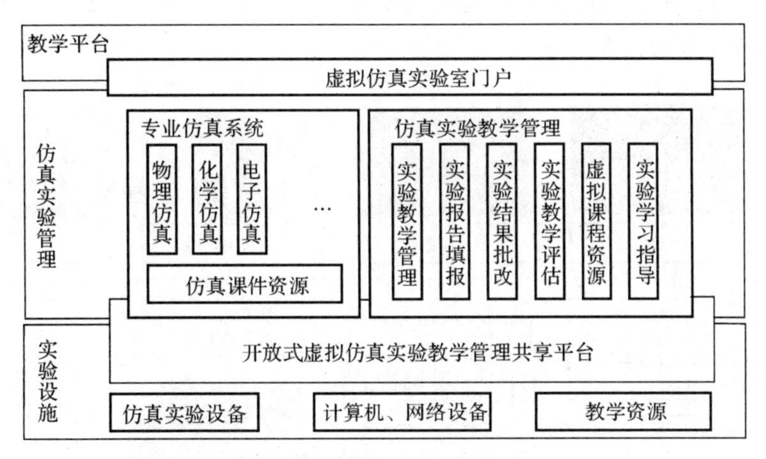

图 3.8 虚拟实验教学管理平台的组成

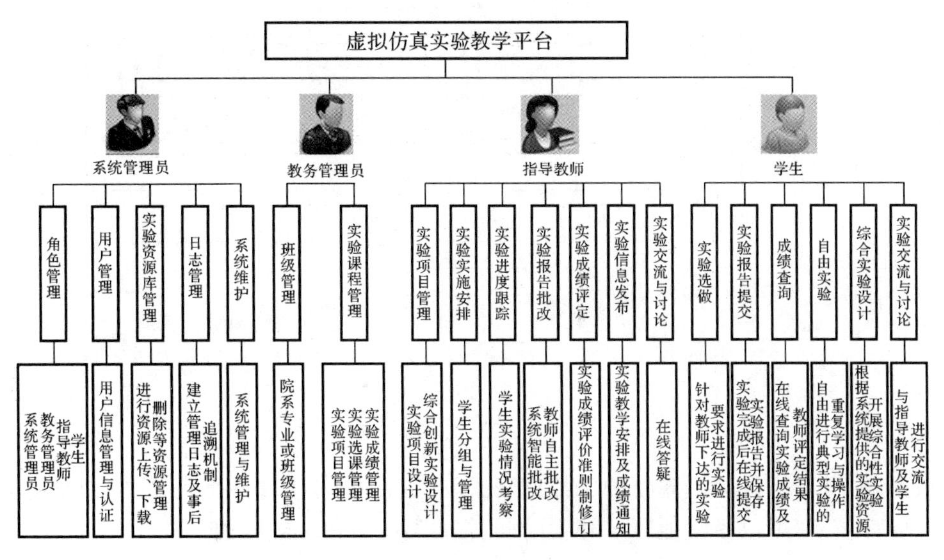

图 3.9 典型的虚拟实验教学平台功能组成

3.2 虚拟实验平台的支撑框架

虚拟实验平台实际上就是一个计算机系统，它的组成系统必须在其支撑框架体系下才能够正常工作，支撑体系（软件）集成了虚拟实验所需的模拟管理、实时描绘、目标管理、场景控制、传感器输入、纹理映射、图形显示等多种功能；复杂的虚拟实验软件支撑还包含实验过程的管理、合成环境的构建、虚拟的试验、异构系统集成等功能，完成虚拟实验的运行管理、交互管理、监控服务时间管理的任务。支撑技术框架可以为某种虚拟实验单独设计、构建，也可以采用现有商用的一些软件平台实现。

为了某种复杂产品的虚拟实验专门研发的一套完整的虚拟试验支撑框架 VITA，如图 3.10 所示，运行中间件是一组支撑虚拟试验运行的软件集合，它为虚拟试验提供集中管理、数据传输、调度服务和时间服务。

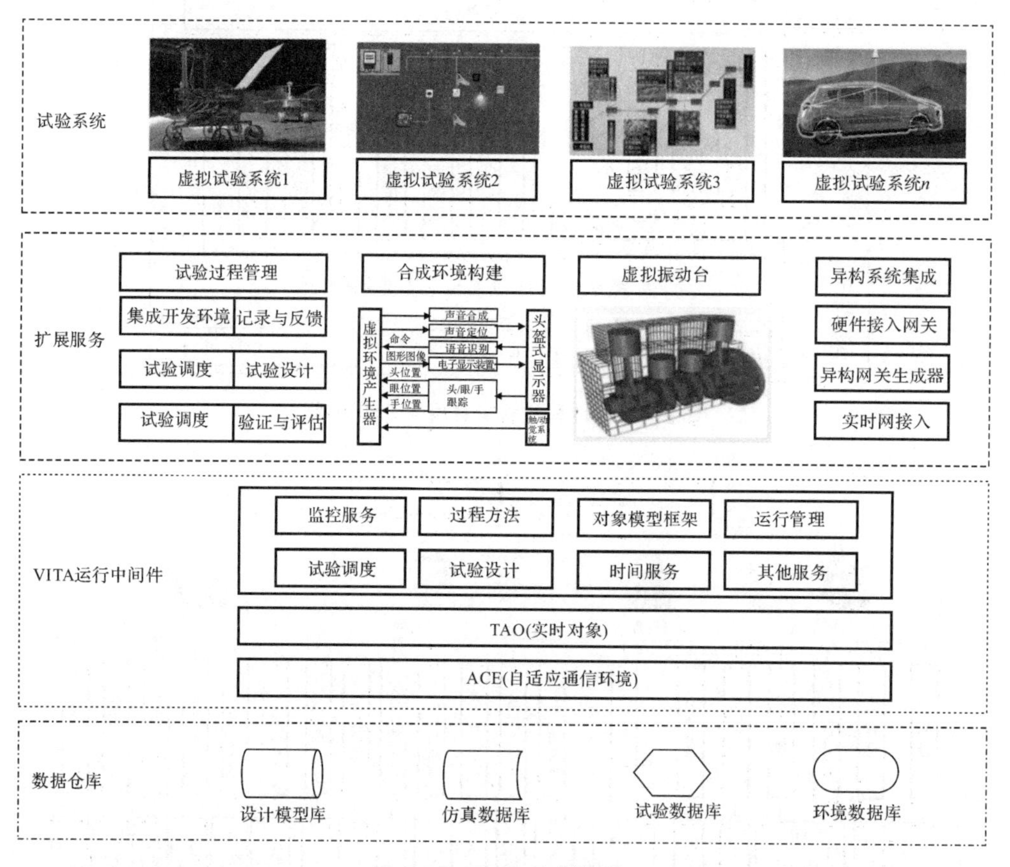

图 3.10 VITA 支撑框架

一般而言，我们可以基于现有的已经比较成熟、通用的商业软件平台，迅速搭建起虚拟实验平台的支撑体系，可以极大地减少开发时间、提高效率，介绍如下：

1. 基于 HLA 的虚拟实验(仿真)技术框架

HLA(High Level Architecture)高层体系结构是最新的仿真技术框架,1995 年美国国防部公布了建模与仿真计划 MSMP(DOD M&S Master Plan),HLA 是开发建模仿真通用技术框架的重要内容,也是 MSMP 首要目标,旨在促进仿真应用的互操作性和仿真资源的可重用性。

HLA 的核心思想是互操作和重用,其特点是通过运行支持环境 RTI(Run-time Infrastructure)提供通用的、相对独立的支持服务程序,将仿真应用程序与低级支持环境分离。各部分可以应用各自领域的先进技术独立开发,因为具体的仿真功能实现、仿真运行管理和底层通信传输是分开的,且详细内容并不公开。它可以提供更大规模的融构建仿真、虚拟仿真、实况仿真于一体的集成环境,实现各种仿真系统的互操作性、动态管理、点对点通信、系统部件重用以及建立不同层次的对象模型。在 DIS 系统中,模拟网络在逻辑上是一个网状连接。在 HLA 结构下,仿真网络呈现星型逻辑拓扑。这种结构使得仿真网络中的通信更加有序,且更易于仿真网络的规模扩展。

HLA 将实现某种特定仿真目的的仿真系统称为联邦(Federation)。联邦由联邦对象模型、若干联邦成员和运行时间支撑系统 RTI (Run-Time Infrastructure)构成。

在 HLA 框架下,联邦成员通过 RTI 构成一个开放的分布式仿真系统,如图 3.11 所示。

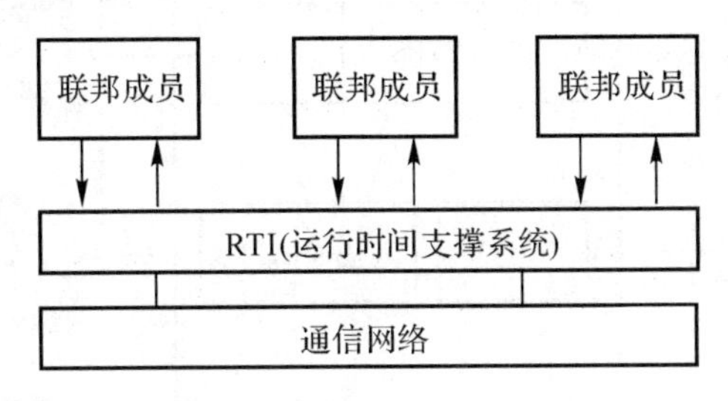

图 3.11　HLA 的结构框架

HLA 主要包括三部分:

(1)规则(The Rules):HLA 共定义了十条规则,描述 RTI 和联邦成员的职责及关系,以确保一个联邦内仿真的正确交互。

(2)对象模型模板 OMT(Object Model Template):OMT 定义了描述 HLA 对象模型的信息通用方法,它提供一种标准的记录对象模型的信息格式,即联邦对象模型 FOM 的仿真对象模型 SOM。

(3)接口规范说明(Interface Specification):是对 HLA 的运行时间支撑系统 RTI 的接口规范描述。它定义 RTI 的六大服务,并确立在仿真中每个联邦成员必须提供的回调功能。

HLA 广泛地用于模拟作战环境、军事作战演习、战法研究等大规模的分布式交互仿真环境。基于 HLA 的仿真应用系统的开发成为当前的研究重点。

2. 基于 Web Services 的虚拟实验(仿真)技术框架

随着 Internet 技术的飞速发展,Web 的一些新技术也被用于仿真中,例如 Java、CORBA、分布式对象技术、Java Beans 等。基于 Web 的仿真还存在很多不足,不能很好地解决 Internet/Intranet 应用系统之间的通信和整合问题。比如 ASP 就不能直接调用 JSP,而为 Java 提供的EJB组件模型也不易被ASP调用。虽然CORBA是解决异构平台集成的技术组件,但是当CORBA要集成其他组件模型时,必须使用Bridge技术来实现。

近年来,Web服务使Web不仅可以发布信息,还可以作为服务平台。在这个服务平台中,任何应用程序都提供编程服务,即Web Services,它可以集成到一个新的应用系统中。基于Web Services的分布式仿真环境可以更好地利用Internet这种分布式处理能力强的计算资源,充分运用Web Services技术,来解决大型虚拟实验(仿真)系统的实现。

Web Services是基于Internet/Intranet的应用程序模块,它以符合协议的特殊格式对对象进行组件之间的远程互联交互。Web Services是由应用程序完成的服务,可以通过Internet标准与其他应用程序模块集成。作为URL服务资源,客户端可以通过编程方式获取返回的信息。Web Services的一个重要特点是客户端不需要知道所请求的服务是如何实现的,这与传统的分布式组件对象模型(DCOM/CORBA)完全不同。Web Services采用的数据格式是XML,它具有良好的结构性和描述性,以及在Internet网上可靠的传输特性。

基于Web Services的虚拟实验(仿真)环境是运用Web Services技术构架实现的分布式仿真应用平台,用户可以使用该平台提供的仿真服务工具来创建、管理和实现仿真应用,基于Web Services的分布式仿真环境如图3.12所示。

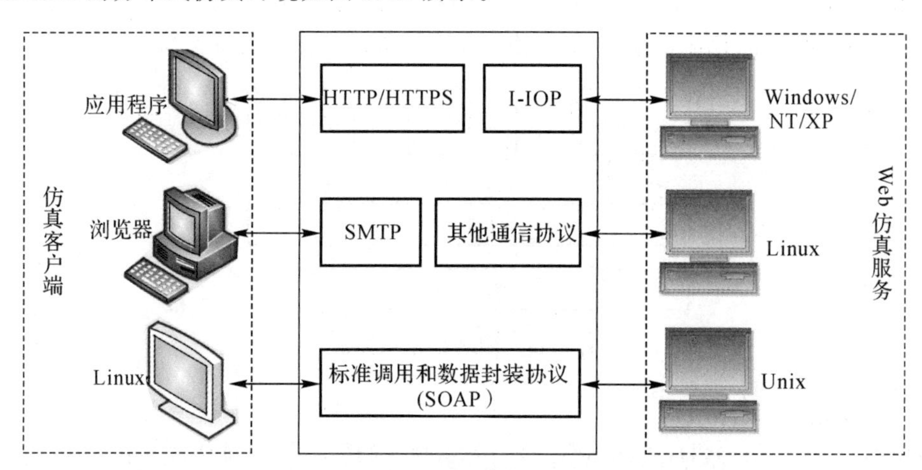

图3.12 基于Web Services的虚拟实验(仿真)结构框架

3. 虚拟实验(仿真)结构框架下的应用模式

(1)消息传递(Message passing)。消息传递是进程间通信的基本方式。在该模式中,表示消息的数据在发送者和接收者两个进程之间交换。消息传递是分布式应用程序最基本的模式,进程发送代表请求的消息,该消息传递给接收者,接收者处理请求并发送回复,然后该回复可能会触发下一个请求并导致下一个回复,Socket API属于这种模式。通过这种结构,两个进程可以按照以下模式交换数据:发送方将消息写入或插入Socket;在另一端,接收者从Socket中读取或提取消息。

在开发的分布式虚拟驾驶模拟器程序中,有用到消息传递,这时候的消息传递就属于这种机制。

(2)客户-服务器(C/S)模式。客户端-服务器模式的概念简单,是集中式服务网络的理想模型(服务器进程提供服务,客户端进程通过服务器访问服务),也是为人熟知的网络应用程序。此模式中所需的操作包括服务器进程侦听和接收请求,以及客户端进程发起请求和接收响应。它将不对称的角色分配给两个协作进程:服务器进程扮演服务提供者的角色,被动地等待请求的到来;另一个客户端进程向服务器发出请求并等待服务器响应。

在较多的虚拟实验的网络体系中,一般采用的就是C/S模式。

(3)Peer-to-Peer模式。在Peer-to-Peer模式中,参与进程地位平等。每个参与者都可以向另一个参与者发起请求和接收响应。Peer-to-Peer模式更适合即时消息、视频会议、协同工作等应用。

4. 虚拟实验(仿真)环境体系

目前较为成熟的分布式虚拟环境体系主要有三种:

(1)基于网络应用层编程的虚拟环境。该种系统主要采用TCP/IP协议下的流式Socket编程技术、CORBA技术或DCOM技术,以计算机虚拟仿真、网络通信等技术为基础,以计算机网络作为数据传输的介质,可实现分布式的多用户系统仿真。基于网络应用层编程的虚拟环境多为客户/服务器体系结构。

(2)基于Web的虚拟环境。基于Web的分布式虚拟环境广泛应用于Internet的仿真,系统多为Browser/Server架构,以Internet为物理传输介质,Server提供模型库、规则库和知识库等共享资源数据库,负责事件响应和数据处理等。Browser提供人机界面,负责接收操作输入并将其传输到服务器。服务端收到客户端的请求后,根据响应机制进行数据处理,将响应结果返回给客户端,并在Web页面上以特定的格式显示输出。基于Web的分布式虚拟环境主要应用于虚拟漫游、远程教育等对实时性和交互性要求不高的场合,对于实时性强、交互性强的大规模复杂的军事训练演练,此类虚拟仿真系统则不宜采用。

(3)基于DIS、ALSP和HLA标准的虚拟环境。ALSP(Aggregation-Level Simulation Protocol)主要研究聚合级分布式结构仿真系统的架构、标准及相应的关键技术。DIS(分布式交互仿真系统)采用统一的结构、标准、协议和数据库,将分布式的仿真硬软件和虚拟场景通过局域网和广域网集成到一个时空一致的共享仿真环境中,人可以在其中参与交互。HLA(高级架构)由支持仿真之间的互操作和重用的规则、对象模型模板(OMT)以及接口规范组成。仿真应用程序之间不直接通信,而是通过对RTI请求某些服务的函数调用来实现通信。这种结构将通信层与仿真应用层分隔,RTI负责网络通信和协调管理,以便专注于仿真应用层的设计和开发,降低开发难度,提高开发效率。

表3.1是以上几种虚拟实验(仿真)环境体系的比较。

表3.1 虚拟实验(仿真)环境体系比较

分布式虚拟环境体系	优 点	缺 点
基于网络应用层编程	可以利用已有的开发工具和平台,并能根据具体的系统需求和规模定制所需的仿真系统、方案、结构	工作量大,开发周期长,且扩展性和可移植能力较差
基于Web	有开放的而非专用的标准、应用开发和管理成本较低并且信息资源丰富	虚拟场景的控制能力不强,实时性较差

续表

<table>
<tr><th colspan="2">分布式虚拟环境体系</th><th>优　点</th><th>缺　点</th></tr>
<tr><td rowspan="3">基于</td><td>DIS 标准</td><td rowspan="2">有很强的互操作性、可重用性和可扩展性</td><td rowspan="2">开发的应用费用很高，只适合于大型的应用系统</td></tr>
<tr><td>HLA 标准</td></tr>
<tr><td>ALSP 标准</td><td>网络带宽的要求较低</td><td>实时性要求不高</td></tr>
</table>

虚拟实验平台是把实验对象、实验手段、实验者结合在一起的平台，在构建了虚拟实验平台系统和支撑框架体系后，再应用相关开发软件，以实现虚拟实验的功能目标。

3.3 虚拟实验平台的开发软件

开发虚拟实验平台的软件一般有几何图形建模工具、三维图形接口工具。

3.3.1 几何图形建模工具

资料表明，人类在与外界的交流过程中，靠视觉收集到的信息占总信息量的比例极高，视觉感知了信息的大部分，而立体视觉沟通更具魅力，是我们在虚拟实验中产生“沉浸感”“身临其境”的感觉的关键，这些都离不开图形图像技术，其基础就是图形建模。

几何建模主要包括对象形状和对象外观的建模。物体形状的创建一般需要使用一定的建模工具，最简单的就是使用传统的 3D Studio Max、Maya、AutoCAD 等软件，交互式创建模型。当然，也可以使用 MultiGen Creator 等专用 VR 建模工具。本质上，物体形状的建模就是用纹理代替多边形，在满足虚拟现实系统真实性要求的同时，不会影响计算机图形处理的速度。

MultiGen Creator 是美国 MultiGen-Paradigm 公司开发的新一代实时仿真建模软件，其性能优越、稳定性好，在虚拟仿真领域应用广泛。MultiGen Creator 的构思和设计旨在为 3D 模拟的开发人员和构建者提供最强大的建模工具。它将多边形建模、矢量建模和地形生成集成在一个软件包中，使应用变得简单。同时，MultiGen Creator 为用户提供了创建和编辑数据库文件的可视化环境，并按照统一的图形数据格式 OpenFlight 对模型进行组织和管理。OpenFlight 数据格式是视觉模拟的行业标准，属于分层的场景数据库，提供了诸如细节层次、多边形裁剪、逻辑缩减、绘图优先级和平面分离等高级实时功能，与许多重要的 VR 开发环境兼容。MultiGen Creator 还提供了与其他建模软件进行数据格式转换的工具，可以方便地导入导出 3DS、Wavefront、STL、VRML、AutoCAD 等各种数据格式的模型文件。此外，还具有动态数据库重组、动态仪器生成、实时地形生成等功能。目前，MultiGen Creator 越来越广泛地应用于航空航天、娱乐、虚拟现实、视频播放、计算机辅助设计、建筑工程、教育培训、金融分析、电子技术和军事训练模拟等仿真和可视化领域。

其他建模软件如 3D Studio Max、Maya 等前面章节已介绍，这里不再赘述。

3.3.2　三维图形接口工具

在图形图像应用中，三维图形的 API 有许多种。近几年，有几种 API 格式逐渐确立了它们在图形领域的地位，主要有：OpenGL、Direct3D、OpenGVS、Vega、Quick Draw 3D(Heidi)、Glide 等。其中，SGI 公司的 OpenGL 和 Microsoft 的 DirectX 已经成为主流开发平台。该公司在 OpenGL 的基础上又推出了 OpenGVS，Vega 等三维图形的 API。

1. OpenGVS

OpenGVS 是 Quantum3D 公司的产品，是世界上第一个通用工作站平台的 3D 视景管理软件，能给开发者提供领先、成熟、方便的视景管理系统，广泛用于场景图形的视景仿真的实时开发。OpenGVS 基于 OpenGL 图形标准，但它可以被应用到其他图形平台标准。一旦编好应用程序，即可运行在从高端图形工作站到 PC 的任何系统上。

OpenGVS 易用性和重用性好，有良好的模块性、巨大的编程灵活性和可移植特性。OpenGVS 工作流程如图 3.13 所示。

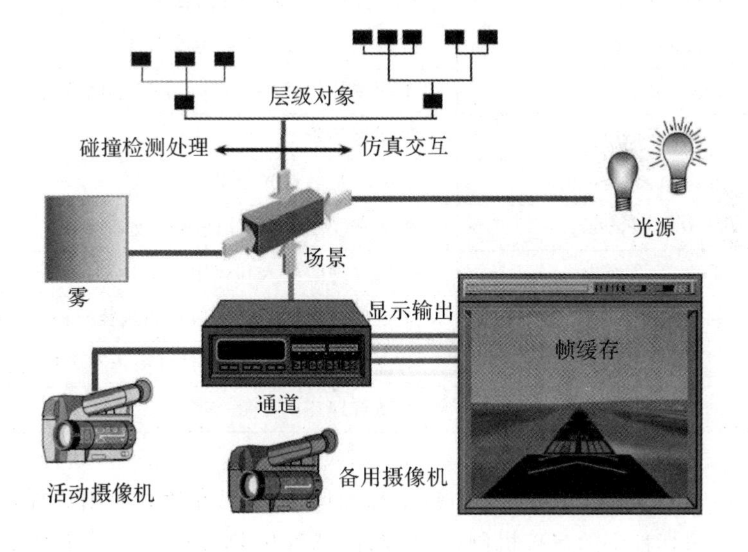

图 3.13　OpenGVS 的工作流程示意图

OpenGVS 是一个开放系统，支持 Windows 和 Linux 等操作系统，允许开发人员在任何硬件或软件平台上创建应用程序。OpenGVS 提供了多种软件资源，利用资源本身提供的 API，可以以一种自然的、面向对象的方式组织视觉元素并进行编程，对各种视觉元素进行模拟仿真。OpenGVS 包含一组高级的、面向对象的 C++ 应用程序编程接口，这些接口直接构建在 OpenGL、Glide 和 Direct3D 等先进的 3D 图形引擎之上，换句话说，OpenGVS 封装了复杂的底层图形驱动功能，同时保持了良好的性能。普通图形编程有成百上千行代码，OpenGVS 只需一个函数调用就可实现，因此开发人员可用很少的代码快速生成高质量的 3D 应用程序。OpenGVS API 分为 camera(相机)、channel(通道)、smoke(烟雾)、frame buffer(帧缓冲)、geometry(几何)、light source(光源)、object(对象)、scene(场景)、tools(工具)、

effects(特效)等多组资源,开发者可以根据需要调用这些资源来驱动硬件,实时生成虚拟场景。OpenGVS 针对 Intel P3 和 P4 处理器进行了高度优化,使应用程序性能发挥到最佳。先进的面向对象的 OpenGVS API 满足了用户在各自项目中的需求,如模型、运动方程、光照等。OpenGVS 可以用很少的代码行编写一个完整的简单应用程序,降低了 3D 图形工作的难度。OpenGVS API 的主要组成部分如表 3.2 所示。

表 3.2 OpenGVS API

主要组成部分	含　义
System Facility	系统对初始化、运行 GVS 的支持部分
Command Facility	定义和支持命令行
User Facility	开发人员定义初始化 user_init()并实时运行的重要部分
Object Facility	管理场景中的所有 Objects
Scene Facility	管理所有 Objects 显示的场景
Camera Facility	动态控制 OpenGVS 的视点
Channel Facility	管理 OpenGVS 的多通道工具
Frame Buffer Facility	实现图像硬件帧缓存与 GVS 之间的交互
Fog Facility	实现雾的效果
Light Source Facility	控制场景的灯光效果
Material Facility	在动态光照下,物体的材质效果
Texture Facility	提供纹理的载入和运用的工具
Geometry Facility	从地形数据库中获得信息的函数
Generics	系统单位、时间、矢量与矩阵、内存分配等函数
Environment Facility	帮助管理环境变量

下面,以基于 OpenGVS 实现虚拟汽车驾驶场景为例,介绍其应用过程。

OpenGVS 仿真程序的运行机制,采用回调函数机制对整个视景仿真系统的资源进行管理和调度。应用程序通过回调函数与 OpenGVS SDK 编程框架接口,系统为用户定义了 GV_user_events、GV_user_pre_import、GV_user_proc_post、GV_user_init 、GV_user_proc 和 GV_user_shutdown 六个标准回调函数。

在汽车驾驶仿真视景系统中,油门、变速器和方向盘等外部操作设备通过 GV_user_events 函数,实现对驾驶场景模型的驱动和控制。而 GV_user_pre_import 函数主要在场景模型数据库导入前,进行预处理。GV_user_proc_post 函数每帧执行一次,通常用于联机情况下的数据传输工作,在仿真程序对通道、摄像机以及物体对象等处理后调用。GV_user_init 和 GV_user_proc 是仿真应用程序中两个最重要的回调函数,主要完成场景模型以及系统资源的实时管理和调度。GV_user_shutdown 是程序退出处理函数。

在驾驶视景的开发中,利用 3DS MAX、MultiGen Creator 等软件建立复杂的地形、虚拟仪表、车辆、行人模型,通过 OpenGVS 提供的 import 命令就可以识别和导入模型,模型导入命令的格式如下：

import file = filename [options]

其中，filename 是包含文件路径和后缀在内的完整文件名，options 为可选项。

例如，在导入汽车的模型文件时，可以将模型导入命令写为：

```
import file = models/car.flt ;
    name = CAR;
    structure = on;
```

这里，将导入模型文件 car.flt，并将对象命名为 CAR；structure=on 选项表示 OpenGVS 仿真程序可以识别数据库模型文件的子对象。

视点的动态控制，在汽车驾驶视景系统中，要保证视景系统按照需要实时地提供与地理位置和驾驶操纵对应的连续汽车驾驶场景，要求按照汽车的运动状态来控制、调整和设置驾驶员的视点。

在开发视景系统时，使用汽车的位置和姿态角(car_position, car_angles)调整驾驶员的视点，这样就相当于将摄像机安装在汽车上，使它与汽车运动相一致，当汽车的位置和姿态角发生变化时，驾驶员的视点也随之发生相应的变化。用 OpenGVS 实现代码如下：

事先已创建摄像机 camera_car 和汽车 CAR

```
……
static GV_Obi car_inst = NULL; //定义汽车变量；
extern G_Position car_position; //定义汽车位置，外部变量；
extern G_Rotation car_angles; //定义汽车姿态角，外部变量；
if( ! car_inst )
{//如果汽车变量未赋值；
GV_obi_inq_by_name("CAR", &car_inst ); //将变量作为汽车对象的引用；
GV_cam_set_mount_obi(camera_car,car_inst ); //将摄像机安装到汽车上；
  }
GV_obi_set_position(car_inst, &car _position ); //改变汽车的位置，视点位置变化；
GV_obi_set_rotation(car_inst,& car _angles ); //改变汽车的角度，视点角度变化；
```

图 3.14 和图 3.15 是用 OpenGVS 开发的驾驶视景。

图 3.14　虚拟的驾驶场景

图 3.15　驾驶场景中的车辆

2. Vega

Vega 是美国 MultiGen-Paradigm 公司开发的应用软件工具，用于 VR、实时视景仿真及其他可视化领域。它将易用的工具和高级仿真功能巧妙地结合起来，操作简单快捷，能快速创建、编辑和运行复杂的仿真应用程序。Vega 的主要工作平台是 Visual C++，Visual C++的 MFC 包含了强大的窗口和事件管理函数。

Vega 作为高性能 VR 开发平台，提供两种系统设计模式：一种是使用 Vega 的 LynX 图形用户界面配置系统，只适用于交互性要求不高的简单小系统。另一种是使用 Vega(C 语言)提供的 API 函数进行程序开发。LynX 是一个用于设置和预览 Vega 应用程序的图形用户界面，封装了所有的 Vega 基类，用户可以通过设置显示通道、视点、特效、时间尺度等相关参数实现实时驱动效果，无须涉及 Vega 代码编程，并可将上述变化映射到实时 Vega 环境中。此外，LynX 的开放性允许用户根据特定需求向系统添加新功能。LynX 的预览功能允许用户实时查看功能变化。运动物体之间的碰撞检测可以通过 Vega 中的向量相交来实现，当相交向量的目标是场景或物体时，为相交向量定义的体调用 pfsegSet，使其成为线框模式。pfsegSet 用于生成交叉结果，这些结果存储在内部缓冲区中，可以根据需要将结果从该缓冲区复制到交叉向量，以便以后使用 vgGetIsectResult 访问结果数据。添加函数 vgAdd、删除函数 vgRem、查询函数 vgGet 和 vgGetNum 可用于将多个相交向量附加到场景运动体中。

Vega 环境效果模块实现对场景环境效果如云、雾、光的仿真和控制，同时还能模拟场景时间，场景的光线随时间的变化自动匹配，实现白天和夜晚的实时仿真。对虚拟场景而言，适当地设置这些效果，可以进一步改善和增强漫游场景的逼真度。这些效果可以在 LynX 图形化开发界面中完成，通过在程序中调用 Vega 的 API 函数进行交互控制，比如改变云的颜色、类型和飘动速度，雾的颜色和浓度。Vega 的基本运动模式包括固定路径规划和实时数据接收。路径规划是直接定义实体模型的运动轨迹，主要用于一些与实时漫游无关的物体的运动轨迹。使用 Vega 中的路径工具选择几个点来规划路径并设置任意两点之间的移动速度和加速度，同时生成“导航”，然后在播放器面板中选择“路径导航”作为“定位”，选择相应的 Navigator，Player 将沿着该路径移动。对于需要人机交互的实体模型，它会根据实时接收到的数据进行移动。在漫游系统中，要想知道自己在整个场景中的位置，离不开实时地图导航。在 Vega 中添加一个新的通道，将整个场景放置在这个通道中，然后调整通道的视觉高度，以便看上去像真实 3D 地图的整个场景，在其上添加一个移动点即可显示用户在场景中的位置和移动方向。

Vega 适合应用在较大场景的场合，如飞行视景、战场视景、海洋场景、汽车驾驶视景和一些漫游视景，但作为商业软件，它的价格较高。

3.3.3 软件开发编程语言

在这里介绍几种常用的编程语言。

1. Visual C++ 6.0

Visual C++是一种可视化 C++语言，汇集了 Microsoft 公司技术精华的主流产品，它完美地支持和利用了微软基本类库(Microsoft Foundation Class，MFC)。MFC 是微软公司为方便 Windows 程序开发而提供的一个功能强大的通用类库，封装了大量的 Windows API。

使用 Visual C++和 MFC 开发 32 位应用程序是目前最为广泛运用的程序设计方法之一。Visual C++还支持 Win Socket 网络编程，利用 TCP/IP 协议开发计算机之间的通信程序可以容易地实现驾驶模拟仿真系统的分布式通信。Visual C++6.0 是 Visual C++的最新版本。Visual C++6.0 和 Windows 一样，都是 Microsoft 公司推出的产品，因此，具有十分紧密的关系。Windows 提供了数以千计的函数，这些函数被称为 API(Application Programing Interface)。利用 Visual C++6.0 中 Microsoft 公司的基本类库 MFC，可以方便地调用 API 和实现 API 的各种功能。因此采用 Visual C++6.0 开发 Windows 应用程序，代码生成质量较高。

Visual C++ 6.0 中的新功能包括解码、编译和调试期间的编辑继续、多监视器显示、性能改进、OLE DB 数据库访问和动态超文本链接标记语言 (DHTML)。其特点包括编译器支持、应用程序加速、开发人员的生产辅助工具、Microsoft 基础层中的 Web 支持以及对关系和非关系数据的 OLE DB 访问。Microsoft 为 Visual C++ 提供了一个集成开发环境，在性能和功能等方面都有改进，其强大的数据库访问和 Web 支持能力以及改进的 Active Type Library，得到了开发者的青睐。还有一个编辑继续功能，被添加到 Visual C++6.0 的调试功能中。在调试某些应用程序时，就像一个实时助手，无须重新构建应用程序或重新调试即可更改解码。微软的 Web 集成也是一个非常受欢迎的功能，这得益于 VisualC++6.0 中改进的 Active Type Library，因此开发人员可以很容易构建一些小规模的服务器端模块或 ActiveX 控件。

2. Java 3D

Java 3D API 是 Sun 公司开发和定义的用于实现三维显示的接口。3D 技术是底层显示技术，提供上层接口。Java 3D 将 OpenGL 和 DirectX 底层技术封装在 Java 接口中。这种新的设计可以添加到 J2SE 和 J2EE 的整个架构中，使 3D 技术不再复杂。这些特性确保了 Java 3D 技术强大的可扩展性。

Java 3D 是 Java 语言对 3D 图形的扩展，是一组应用程序编程接口 (API)。使用 Java 3D 提供的 API，可以编写基于网页的 3D 动画、计算机辅助教学软件、3D 游戏等。Java 3D 编写程序，只需调用这些 API，客户端就可以在 Java 虚拟机浏览，无须安装插件。Java 3D 建立在 Java 2 之上。Java 语言的简洁性在 Java 3D 中得以延续。它可以实现 3D 展示的所有功能，比如简单或者复杂的三维形体，赋予形体颜色、透明、材质、雾、背景、音效等，生成在 3D 环境中的光照、移动光，具有处理判断键盘、鼠标、计时等行为，可以使身体变形、移动、生成 3D 动画等。由于其卓越的性能，它可广泛用于各种领域编写非常复杂的应用程序。

Java 3D 是一个独立的可选组件，可以单独下载。Java 3D 现在(Java 3D 的安装包及环境配置)提供的正式版本是 1.6.0，可以在官方网站上免费下载该开发工具包。链接如下：Java 3D API (oracle. com)。

3. VRML

VRML 是一种虚拟现实建模语言，具有平台无关性。VRML 标准支持所有构建虚拟世界的元素，包括纹理映射、全景背景、雾、视频、音频、物体运动和碰撞检测。VRML 的访问基于 C/S 方式，服务器提供 VRML 文件，客户通过网络下载所需文件，通过本地平台的浏览器(Viewer)访问文件中描述的 VR 世界。也就是说，VRML 文件包含有关 VR 世界的逻辑结构信息，浏览器从中实现了许多 VR 功能。这种服务器提供统一的描述信息，客户端建立自己的 VR 世界的接入方式，称为统一分割集成方式。VRML 的实时 3D 着色器引擎更清楚地将 VR“建模”与实时访问区分开来，这也是 VR 与 3D 建模和动画的不同之处。后者是预着色的，因此不提供交互性。VRML 提供三个方向的移动和旋转以及到其他 3D 空间的超链接。

4. Virtools

Virtools 是一款虚拟现实的开发工具，图形开发界面直观、操作方便，拖动行为模块即可构建复杂的交互应用。Virtools 让 3D 数码产品研发变得更容易，同时满足无程序背景的设计人员和资深程序员、3D 平面设计和编程人员良好分工协作的需求，另外，也为不懂编程的艺术家提供了更大的发展空间。Virtools 将传统与科技相结合，激活数码电子产品的生命能量，回归“创意”本源，可有效缩短开发过程，提高效率。Virtools 开发工具层出不穷，这也代表着新编程语言时代的到来，虽然要求的效率高于 C、C++等传统编程语言，但模块化指令可以大大降低学习门槛，让编写程序不再是程序员的专利。程序员可以更有信心地进行深度构建和规划，提高效率并节省成本。Virtools Server 是 Virtools 的一个网络模块，它利用高效的在线引擎帮助用户开发互联网或局域网的 3D 在线数字内容，可以轻松完成数据库集成、多点联机、数据流等功能。使用 Virtools Server 技术，还可以开发 3D/VR 交互网页，让用户无须等待场景中的所有对象下载完毕即可进行浏览。3D 内容的开发者可以将需要动态传递的数据放到服务器系统上，通过适当的参数设置和 Building Blocks 的排列，用户可以体验到最新的交互技术，并允许根据需要单独下载 VMO/CMO 文件中的对象并连接到数据库。

Virtools Server 提供下列四大模块：

(1)在线多人互动模块(Multiuser Module)。

(2)客制化外挂程序模块 (Download Component Module)。

(3)媒体数据下载上传模块 (Download and Upload Module)。

(4)交互式数据库模块(Database Module)。

服务器功能：包括检查 Server 与 Client 端的联机、联机 Server、服务器的联机切断、获取 Client 端主机名称与 IP 地址、侦测 Server 端主机计算机等。

下载功能：包括设定从 Server 下载资料缓冲区的大小，并可设定下载档案文件的逾时时间长短、将场景资料下载至 Client 端计算机的缓冲区中、下载场景资料。

数据库功能：包括删除数据库表格中的资料、执行 SQL 的语法、从数据库取得资料并拷贝至 Array 中、新增一笔资料至数据库中以及更新数据库资料等。

其他功能：

下载加密物体档案(Encrypted Object Load)。

下载加密声音档案(Encrypted Sound Load)。

下载加密贴图档案(Encrypted Texture Load)。

组合贴图(Combine Texture)。

5. OSG(Open Scene Graph)

OSG 是一个开源的跨平台图形开发套件，适用于飞机模拟、游戏、VR 和科学计算可视化等应用程序。OSG 为高性能图形应用程序开发而设计，它基于场景图的概念，在 OpenGL 之上提供了一个面向对象的框架，从而将开发者解放出来，不用耗在底层图形的开发中，并为快速开发图形应用程序提供了许多额外的实用工具。OSG 完全由 C++程序和 OpenGL 编写，充分利用 STL 和设计模式以及开源优势，提供免费开发库，关注用户需求。

OSG 的主要功能包括：

(1)场景组织。OSG 使用场景图来组织 3D 空间中的数据以实现高效渲染。如图 3.16 所示，在结构上，场景图是一个分层的有向无环图(DAG)，由一系列节点和有向边(Arcs)组成。场景图的顶部是一个根节点，从根节点向下延伸的是组节点，包含几何信息和控制其外观的渲染状态信息。根节点和组节点都可以有零个或多个子成员(零个子成员的组节点无操作)。场景图的最底部是叶节点，它包含构成场景对象的实际几何信息。

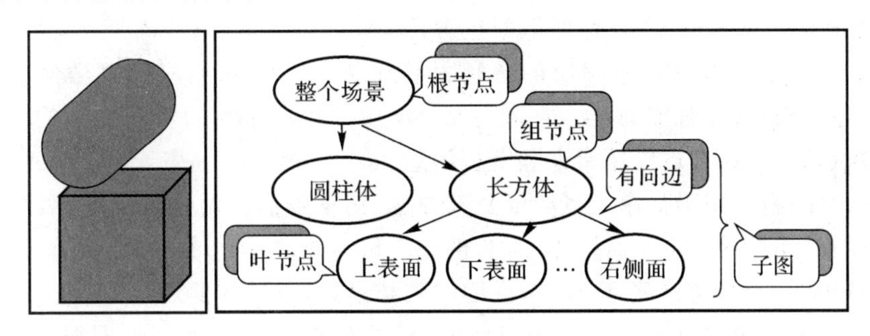

图 3.16　场景图结构

场景图通常包括多种类型的节点来执行用户功能。例如，一个 Switch 节点可以决定其子节点的状态，一个细节层次 (LOD) 节点可以根据观察者的距离调用不同的子节点。Transform 节点可以改变子节点几何的坐标变换。面向对象的场景图形使用继承机制，满足多样性，所有节点都有一个共同的基类，每个派生方法对应特定的功能。

场景图中的每一个节点都是数据的存储结构，每个节点都需要存储，用以描述自身的属性信息(Attribute)，这些信息包括场景组织结构信息、支持绘制流程的各种信息和特征属性信息三类。

场景图节点不仅提供对各种属性的存储、修改等访问操作，还需要在绘图引擎中提供各种来源定义的支持，如遍历操作、裁剪操作和查询操作，叶节点应提供绘制元素等基本绘制操作。在这种情况下，节点支持仅限于基本操作流程，而与各种操作中使用的算法和底层图形API(例如 OpenGL 或 DirectX)无关。

大量定义的节点类型及其内含的空间组织结构能力，解决了传统的底层渲染 API 数据存储特性的实现问题。

(2)渲染方式。一个低级的场景图系统允许程序保存几何图形并执行循环绘制，其中存储在场景图中的所有几何图形信息都以 OpenGL 指令的形式发送到硬件设备。然而，这种执行机制未能完全满足要求，为了实现动态几何更新、拾取、排序和高效渲染，OSG 提供的不仅是简单的循环，还涉及三个遍历操作：

1)更新。更新允许应用程序修改场景图以实现动态场景。更新操作由场景图中程序或节点的回调函数完成。例如，在驾驶模拟系统中，程序可以使用更新来改变汽车的位置，或者通过输入设备与用户交互。

2)拾取。在拾取操作中，场景图形库检查场景中所有节点的边界体积。如果叶节点在视图中，场景图形库会将该节点的标志添加到最终渲染列表中。该列表按不透明体和透明体排序，透明体按深度再次排序。

3)渲染。在渲染操作中，场景图对拾取过程生成的几何体列表进行循环，并调用底层 API 渲染几何体。

上述三个操作每个渲染帧只执行一次。但是，有些渲染情况同一场景需要同时有多个视口，例如立体渲染和多显示系统的实现。在这种情况下，更新操作仅每帧执行一次，但拾取和渲染将在每个视口执行一次。对于简单的三维渲染，每帧执行两次；对于多显示系统，每块显卡每帧执行一次，使多处理器多卡系统实现并行场景图形处理。拾取必须执行只读操作，才能实现多线程通道。

(3) 程序框架。基本的 OSG 程序框架包含几个常用的 OSG 核心库：

1)osg 库：包含用于构建场景图形的场景图形节点类、用于矢量和矩阵数学的类、几何类以及用于渲染状态描述和管理的类。它还包括 3D 图形程序所需的特定类别的功能，例如命令行参数解析、动画路径管理以及错误和警告消息。

2)osgUtil 库：包括用于操作场景图形及其内容、场景图形数据统计和优化以及渲染图形创建的类和函数，还包括用于几何操作的类，例如三角剖分、三角形条带化、纹理坐标生成等。

3)osgDB 库：用于创建和渲染 3D 数据库的类和函数，包括注册用于 2D 和 3D 文件 I/O 的 OSG 插件以及这些插件的接口。osgDB 的数据库分页器支持大数据段的动态读取和卸载。

4)osgProducer 库：用于协调 OSG 和 Producer 工具箱，使 OSG 可以实现多线程、多显示的环境。OSG 从 1.3 版本开始删除了 osgProducer 库，并添加了 osgViewer 库。osg Viewer 包含一个场景中视口的管理类，可以将 OSG 集成到各种 Windows 系统中。

在这一章，我们从虚拟实验平台的系统、技术支撑系统框架、系统开发软件等三个方面介绍了虚拟实验平台的组成，组成的平台把实验对象、实验手段、实验者集合在一起，可以进行相关的虚拟实验。

参考文献

[1] 廖建，赵雯，彭健，等. 复杂产品虚拟试验支撑框架[J]. 计算机测量与控制，2015，23(4)：1249-1252.

[2] 尹念东，陈定方，李安定. 基于 OpenGVS 的分布式虚拟汽车驾驶视景系统设计与实现[J]. 武汉理工大学学报(交通科学工程版)，2006，30(6)：984-987.

[3] 陈定方，尹念东. 分布交互式汽车驾驶训练模拟系统[M]. 北京：科学出版社，2009.

[4] 尹念东. 分布式汽车驾驶仿真系统的研究与开发[R]. 武汉：武汉理工大学，2007.

[5] 吴江. 驾驶训练模拟器视景控制系统的研究与开发[D]. 北京：中国农业大学，2002.

[6] 赵萍. 基于汽车驾驶模拟器的分布式系统及特效渲染研究[D]. 武汉：武汉理工大学，2008.

[7] 王乐. 基于 VIRTOOLS 的分布式 VR 的网络技术研究[D]. 武汉：武汉理工大学，2006.

[8] 张霞，黄莎白. 基于 HLA 的训练仿真系统开发研究[J]. 计算机仿真，2004，21(2)：85-86.

[9]　贺皓.基于互关联后继树搜索引擎的分布式改进[D].上海:复旦大学,2008.
[10]　李安定.虚拟现实建模技术研究及其在汽车驾驶模拟器中的应用[D].武汉:武汉理工大学,2006.
[11]　董浩明.基于汽车模拟驾驶器的三维视景交互式优化建模研究[D].武汉:武汉理工大学,2006.
[12]　孙海波.采煤机 3DVR 数字化信息平台关键技术研究[D].徐州:中国矿业大学,2009.
[13]　CSDN 博客.Unity3D 浅谈 &Unity5 游戏及交互设计的未来[EB/OL].(2015-03-21)[2022-07-15].https://blog.csdn.net/zkl99999/article/details/44523535.
[14]　孙骏.基于 DirectShow 及 Shockwave 的视频及动画播放系统的设计与实现[D].武汉:华中科技大学,2007.

第4章　虚拟实验平台的构建——以汽车驾驶虚拟实验平台为例

在前面章节对虚拟实验的关键技术及虚拟实验的平台类型、组成、支撑体系进行了介绍，这一章主要以汽车驾驶虚拟实验平台为例，构建虚拟实验平台。

汽车驾驶虚拟实验技术的研究及平台的构建是自动驾驶、智能网联汽车仿真、驾驶员特性研究、道路虚拟设计、智能交通仿真、事故再现等领域的研究热点，代表了当前汽车工程领域的新技术和发展趋势。汽车驾驶虚拟实验平台融合了传感器、计算机图形、计算机接口、人工智能、数据处理、网络通信、多媒体等先进技术，具有分布性、交互性、实时性的特点，是一个典型的分布式虚拟实验平台。本书的作者长期从事汽车驾驶控制模型及驾驶行为、分布式三维视景行为特征建模方法、分布式虚拟实验技术等教学和研究工作，先后承担了一系列科学研究项目和应用项目，主要在分布式虚拟汽车驾驶平台关键技术研究、柔性制造虚拟实验系统的研究与开发、大型折弯成形成套装备虚拟实验平台的设计等方面开展工作，具有相关的实践背景和研究基础。本章以汽车驾驶虚拟实验平台的构建为例来分析、探讨虚拟实验中有关实验对象特征的描述、实验目标要求、实验平台设计及实现等关键问题。

汽车驾驶的过程是一个复杂的心理和生理工程，在操纵控制汽车的过程中，汽车-驾驶员-环境（道路）是互相影响、互相作用的，汽车驾驶虚拟实验平台的构建应该把汽车-驾驶员-环境（道路）作为一个闭环系统来考虑，本章在介绍驾驶汽车行为过程的基础上，描述汽车运动特性和汽车驾驶控制的数学模型，提出汽车驾驶虚拟实验平台的功能要求，构建汽车驾驶虚拟实验平台，阐述其实现的技术关键。

4.1　汽车驾驶的行为描述

4.1.1　汽车驾驶的行为过程

驾驶行为理论分析表明，驾驶行为是信息感知、判断决策和动作所组成的一个不断反复进行的信息处理过程，即感知作用于判断决策后影响到动作。

驾驶行为是信息感知、判断决策和动作三阶段不间断的相互作用，而且也是三者连锁反应的综合，如图 4.1 所示。

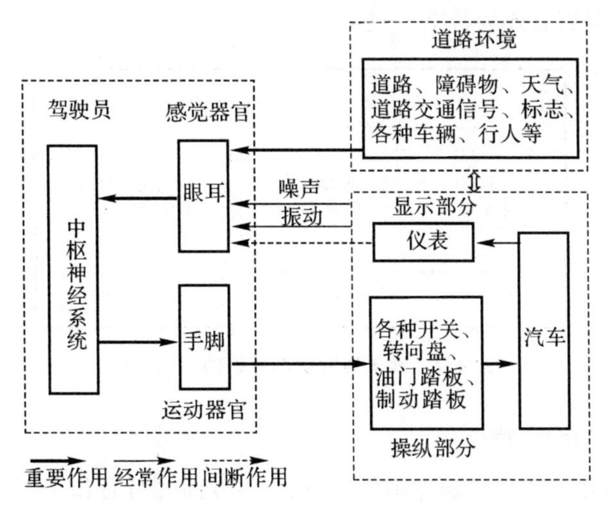

图 4.1　驾驶行为与车辆、道路的相互作用

1. 汽车驾驶行为的三个阶段

驾驶汽车的行为可分为三个阶段，即感知阶段、判断决策阶段和动作阶段。

(1)感知阶段。驾驶员主要通过视觉、听觉和触觉等来感知汽车的运行环境条件，如道路交通信号、行人的动静位置、路面状况以及汽车的运行工况等信息。这一阶段主要由感觉器官完成。

(2)判断决策阶段。驾驶员在感知信息的基础上，结合驾驶经验和技能，经过分析，做出判断，确定有利于汽车安全行驶的措施。这一阶段主要由中枢神经系统完成。

(3)动作阶段。驾驶员依据判断决策所做出的实际反应和行为，具体是指用手、脚对汽车实施的控制，如加速度、制动、转向等。这一阶段主要由运动器官完成。

由此可知，驾驶行为不仅受到汽车仪器仪表显示、运行工况和道路环境的直接影响，而且也与驾驶员的知识、经验、生理机能等有关，体现在三者的交互制约上。

2. 汽车驾驶状态意识的三个层次

良好的驾驶状态意识是驾驶员在动态交通过程中有效工作的保障，这与在静态交通环境中的任务有很大不同，主要表现在以下两点：一是决策要在一个相当短的时间内做出；二是在做决策的过程中，状态的不断变换及对其进行实时的分析，决定了任务的内容。

驾驶状态意识的系统框图如图 4.2 所示，驾驶状态意识主要分为三个层次：

(1)层次一：识别道路交通中的要素。在汽车行驶时，驾驶员需要知道其他车辆和障碍物在哪里，以及它们的运动状态和自己车辆的状态和运动特性。

(2)层次二：理解要素的状态。理解要素的状态是基于对层次一中分散、不连贯要素的综合。例如，驾驶员必须要不断地理解在特定路段上其他车辆的靠近行为意味着什么。

(3)层次三：确定要素的随后状态。确定要素的随后状态是一种能力，这要求驾驶员在一段非常短的时间内综合层次一和层次二的结果，根据对现有状态的认识和理解来确定要素的瞬时或随后状态，以便正确判断决策和协调动作。例如，驾驶员经常需要预测车辆有无发生碰撞的可能性，以便采取更有效的行动。

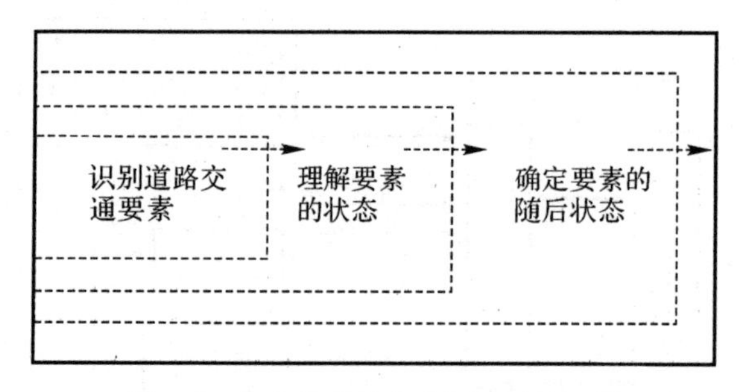

图 4.2　汽车驾驶状态意识的系统框图

3. 汽车驾驶行为的十个特征

在道路交通系统中起主导控制作用的驾驶员，一方面其自身作为一个极其复杂而又相对高度完美的自适应反馈系统，有利于驾驶行为的正确性；另一方面，驾驶员所具有的功能自由度又导致不同程度的驾驶差错。因此，道路交通系统中驾驶行为具有以下明显特征：

(1)复杂性。驾驶信息加工的衰减性、处理能力的局限性以及道路交通系统中诸多因素的干扰，导致驾驶行为的形成极其复杂。

(2)模糊性。影响驾驶行为的因素既有主观因素，又有客观因素，且各因素对驾驶行为的影响程度较难准确描述，具有一定的模糊性。

(3)自学习性。在许多情况下，驾驶员能及时发现差错，并能对差错即将造成的危害后果予以纠正或部分纠正，即具有对差错状态的纠正能力。

(4)相关性。驾驶行为具体体现在感知差错影响判断决策的正确甚至动作的准确，而判断决策差错则直接制约到动作的协调。

(5)延续性。在驾驶过程中，驾驶员的后续行为要受前续行为状态的制约，即前续行为的差错有可能导致后续行为的不正确。

(6)时变性。驾驶行为随驾驶时间的变化而发生变化。

(7)随机性。驾驶员在具体的时间、具体的地点和具体的交通状态中，其行为表现形式是不确定的。

(8)自适应性。驾驶员在对汽车运行状态的识别、对外界环境动态信息的处理中变换范围很大，但一定程度上可以通过自身的调节和控制与之相适应。

(9)离散性。驾驶行为由感知、判断决策和动作构成的行为单元组成，每一个单元相对独立又彼此联系，即在一定的时间内实现的行为单元或多或少，从而表现出不同的驾驶行为。

(10)突变性。驾驶差错对驾驶行为具有十分显著的影响，但这种影响状态一般应持续一定的时间，且受各种因素的交互作用，在特定的交通状态下，才能使驾驶行为发生某种突发变化而破坏道路交通系统的安全化功能，从而导致交通事故。

4.1.2　汽车驾驶行为的三种典型模式

1. 驾驶员行为控制模式

驾驶员行为控制模式以经典心理学为理论基础，认为人的行为模式是刺激(S)-机体(O)-反应(R)，强调反应是刺激和机体的函数，刺激输入-机体调节-输入反应模式和观察-控制-决策模式(1986 年由 Stassen 提出)是驾驶员的行为控制模式。迄今为止，这种讨论仍在继续和深入。需要说明的是，在描述驾驶员行为模式中，占主导地位的传统模式是从控制论的角度提出的，其缺点是很少考虑到驾驶员的视野感知。为此，目前工程技术上最为广泛接受的模式，是信息感知-信息判断-反应模式(1969 年由 J. Surry 提出)，该模式在驾驶员行为及可靠性研究方面取得了较大进展，其应用前景仍十分可观。

2. 驾驶员行为信息处理模式

早在 1976 年 Neisser 就指出，驾驶员行为信息处理模式的核心是把人的行为当作一个信息处理器，如图 4.3 所示。Reason 在 1990 年提出“人是一个易犯错误的机器”的说法，他认为，人的行为是信息处理正确与失误的综合体。虽然该模式较早期的 S－O－R 模式在人的行为描述方面迈出了一步，但还是限于机械论的范畴。

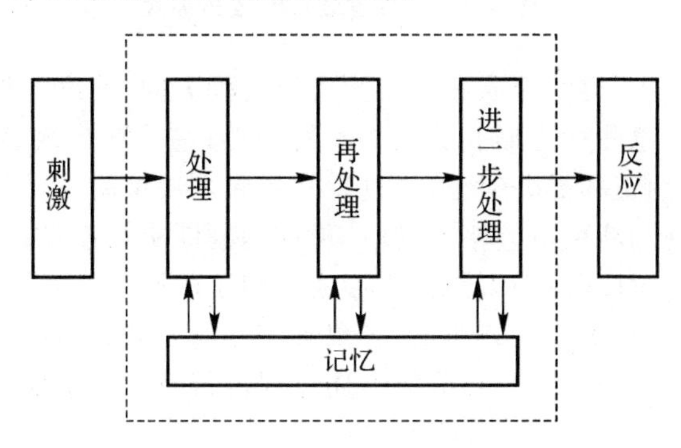

图 4.3　人行为信息处理模式

3. 驾驶员认知模式

驾驶员认知模式是基于认知概念提出来的，注重驾驶员认知的内部结构和认知的过程，而认知系统工程，则强调驾驶员行为的战术与战略问题(1983 年由 Hollngel 指出)，而人机工程学则偏向于工程角度，选择一些参数来模拟驾驶员的认知过程。

尽管上述三种典型模式及其在驾驶员行为描述方面颇具启发性，但未能从根本上揭示驾驶员的行为本质，仍然局限于对 S、O、R 含义的解释，存在或至少存在对驾驶员过于硬件化的描述，几乎没有考虑到驾驶员对自身差错的纠正或者部分纠正能力。

4.1.3　汽车驾驶行为的改进模式

在汽车行驶时，驾驶员的行为是由信息感知、判断决策和操纵反应组成的一个不断反复进行的信息处理过程，亦即感知作用于判断后影响到操纵反应。首先是道路上来往车辆、行人、交通标志、路面状况以及汽车本身的行驶方向和速度等外界信息，通过驾驶员的视觉、听觉和触觉等感觉通道传入驾驶员的大脑，驾驶员依据其驾驶经验予以加工后，做出相应的判断和决策，然后再通过手、脚等运动器官发出调整方向和速度等指令，从而起到改变汽车运动状态的操纵目的，同时，驾驶员仍在不断地接受到环境及汽车信息，调节自身操纵状态以适应新的外界环境信息，并对相关环节出现的差错进行纠正或部分纠正，确保汽车的操纵性、稳定性、可靠性和安全性。

根据对道路交通系统中驾驶行为的理论分析，结合驾驶行为形成主因子的定量化的辨识结果，本节介绍一种基于驾驶状态意识的改进驾驶行为模式，如图 4.4 所示。

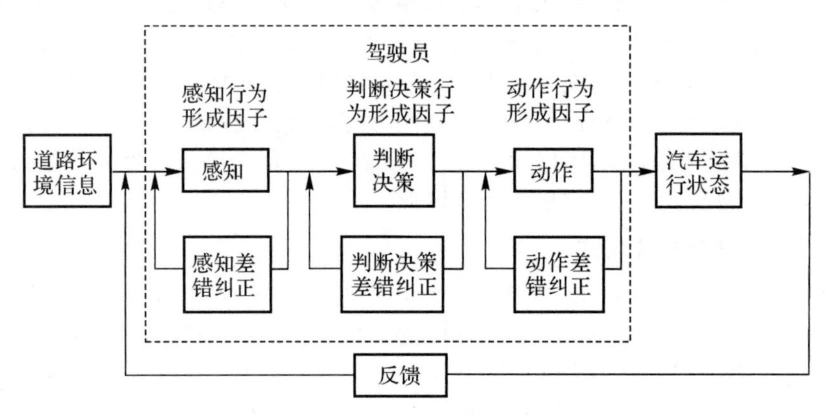

图 4.4　汽车驾驶行为改进模式

道路上来往车辆、行人、道路交通标志及汽车的行驶方向、速度等外界环境信息，首先经过驾驶员的感知阶段，由于感受行为形成受主因子的制约，往往会出现感知差错，驾驶员根据自身恢复能力对差错予以纠正和部分纠正；经过感知到判断决策阶段，同样因判断决策行为形成主因子的影响，仍会出现判断决策差错，驾驶员再依据判断决策途径将差错予以纠正或者部分纠正；在判断决策到动作阶段，由于动作行为形成主因子的影响，亦会出现动作差错，此时可通过动作方式来进行差错的纠正或部分纠正，实现对汽车的驾驶。然后，汽车运行状况和后续道路环境信息再反馈传递给驾驶员，驾驶员依上述过程进行新的信息加工，进行驾驶操纵。

4.1.4　汽车驾驶操纵行为的描述

汽车的驾驶操纵过程中，受到汽车-驾驶员-环境（道路）的相互影响，建立起汽车模型、驾驶员特性模型或者汽车驾驶控制模型，对汽车驾驶行为进行描述，是汽车驾驶的基础研究工作，我们在这里简要地介绍汽车模型和驾驶员控制模型。

1. 汽车运动特性和汽车模型

(1)概述。在研究汽车模型之前，我们先借助固结于汽车上的动坐标系——车辆坐标来分析一下汽车的运动。通过对汽车运动的分析，可以得到很多关于车辆运动的基本知识，为我们分析汽车运动特性、建立驾驶员模型和汽车模型提供理论上的依据。对一般的前轮转向汽车可以抽象为如图 4.5 所示的 4 轮车辆。

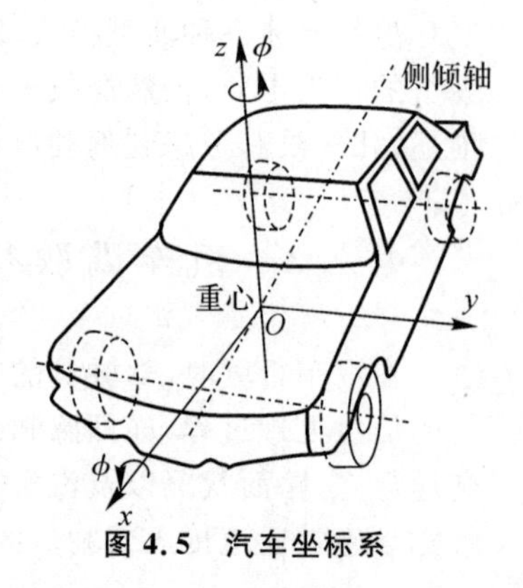

图 4.5　汽车坐标系

设汽车的质量集中于视为刚体的车身，取汽车的质心为原点，x 轴平行于地面指向前方，y 轴指向驾驶员的左侧，z 轴为上下方向，建立固定于汽车的坐标系。

以此坐标系为基准，汽车运动的自由度在三维空间内可分为以下 6 个：

1) 沿 z 轴方向的平动：上下运动(up and down motion)；

2) 沿 y 轴方向的平动：侧向运动(lateral motion)；

3) 沿 x 轴方向的平动：纵向运动(longitudinal motion)；

4) 绕 x 轴的转动：侧倾运动(rolling motion)；

5) 绕 y 轴的转动：俯仰运动(pitching motion)；

6) 绕 z 轴的转动：横摆运动(yawing motion)。

1)、3)、5)的运动和转向操纵没有直接关系，即：

沿 z 轴方向的平动 1)是由于路面不平整等产生的上下方向的运动，它关系到行驶汽车的乘坐舒适性。

沿 x 轴方向的平动 3)为纵向方向的直线运动，包括由于加大油门或刹车所产生的汽车加速或减速运动。

绕 y 轴的转动 5)是由于路面的上下不平及伴随着 3)的运动而产生的运动，它也关系到汽车的乘坐舒适性，但 3)的运动是和驾驶员换挡操作直接相关的。

2)、6)则基本上是由于对行驶中的汽车进行转向操纵产生的运动，沿 y 轴方向的平动 2)是由于转向操纵而产生的侧向运动。绕 z 轴的转动 6)为汽车方向因转向操纵而发生变化的运动。

绕 x 轴的转动 4)是伴随着 2)和 6)的运动而产生的运动，这种运动也包括了路面不平整对汽车的影响。

在假定 3)是匀速运动的条件下，对行驶中的汽车进行转向操纵产生 2)、6)运动，所以，在以往的汽车闭环系统操纵稳定性的研究中，大多数采用考虑横摆运动和侧向运动的二自由度汽车模型。虽然只考虑两个主要自由度，但这样的简化分析通常具有较大的实用意义。分析结果与许多实验结果的比较说明，在定性方面，这种简化分析与结果相吻合。在侧倾转向效应较大时，二自由度汽车模型就不够精确了，必须考虑用包括侧倾自由度的三自由度的汽车模型来描述汽车的运动。随着计算机技术的发展，为了达到精确描述汽车运动状态的目的，后来的研究人员在此基础上建立了包括轮胎、悬架等非线性系统在内的各种更加复杂的汽车模型，提出了 17 自由度、20 自由度的汽车运动模型。

一般来说，建立精确汽车模型难度极大。例如，在建立 12 自由度汽车模型时，需要汽车的运动基本状态变量 20 个、输入参数 149 个、中间计算参数 21 个、中间主要变量 167 个，参数准备和测量极为复杂。此外，在建立精确的汽车模型时总要进行假设和简化，所以最后建立的汽车模型和实际情况仍有差距。随着人工智能、大数据、模糊控制理论和虚拟现实技术的发展，描述、研究和解决汽车运动问题也迎来了新思路、新理论、新方法。

(2)线性二自由度汽车模型。简化的线性二自由度的汽车模型是研究汽车特性的基础。对简化为线性二自由度的汽车模型进行研究，分析中忽略转向系统的影响，直接以前轮转角作为输入；忽略悬架的作用，认为汽车车厢只做平行于地面的平面运动，即汽车沿 z 轴的位移、绕 y 轴的俯仰角与绕 x 轴的侧倾角均为零。此外，在特定条件下，汽车沿 x 轴的前进速度 u 视为不变。因此，汽车只有沿 y 轴的侧向运动与绕 z 轴的横摆运动这样两个自由度。此外，汽车的侧向加速度限定在 0.4 g 以下，轮胎侧偏特性处于线性范围。在建立运动微分方程时还假设：驱动力不大，不考虑地面切向力对轮胎侧偏特性的影响，没有空气动力的作用，忽略左、右车轮轮胎由于载荷的改变而引起轮胎特性的变化以及轮胎回正力矩的作用。

这样，实际汽车便简化成一个两轮摩托车模型，见图 4.6。它是一个由前后两个有侧向弹性的轮胎支承于地面、具有侧向及横摆运动的二自由度汽车模型。

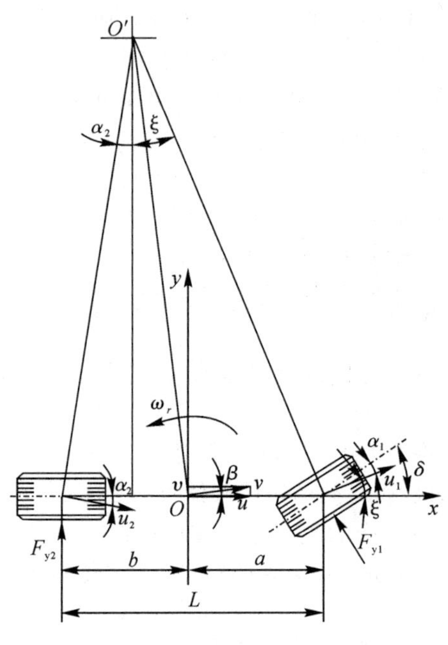

图 4.6 二自由度汽车模型

分析时，令车辆坐标系的原点与汽车质心重合。

显然，汽车的质量分布参数，如转动惯量等，对固结于汽车的这一动坐标系而言为常数，这正是采用车辆坐标系的方便之处。

因此，只要将汽车的(绝对)加速度与(绝对)角加速度及外力与外力矩沿车辆坐标系的轴线分解，就可以列出沿这些坐标轴的运动微分方程。

下面依次确定：汽车质心的(绝对)加速度在车辆坐标系上的分量，二自由度汽车受到的外力与绕质心的外力矩，外力、外力矩与汽车运动参数的关系。最后，列出二自由度汽车的运动微分方程式。

首先，确定汽车质心的(绝对)加速度在车辆坐标系上的分量。

固结于汽车的车辆坐标系参见图 4.7，Ox 与 Oy 为车辆坐标系的横轴与纵轴。质心速度 v 于 t 时刻在 Ox 轴上的分量为 u，在 Oy 轴上的分量为 υ。由于汽车转向行驶时伴有平移和转动，在 $t+\Delta t$ 时刻，车辆坐标系中质心速度的大小与方向均发生变化，且车辆坐标系的纵轴与横轴的方向亦发生变化，所以，沿 Ox 轴速度分量的变化为

$$(u+\Delta u)\cos\Delta\theta - u-(\upsilon+\Delta\upsilon)\sin\Delta\theta = u\cos\Delta\theta+\Delta u\cos\Delta\theta-u-\upsilon\sin\Delta\theta-\Delta\upsilon\sin\Delta\theta$$

考虑到 $\Delta\theta$ 很小并忽略二阶微量，上式变为

$$\Delta u - \upsilon\Delta\theta$$

除以 Δt 并取极限，便是汽车质心绝对加速度在车辆坐标系 Ox 轴上的分量，即

$$a_x=\frac{\mathrm{d}u}{\mathrm{d}t}-\upsilon\frac{\mathrm{d}\theta}{\mathrm{d}t}=\dot{u}-\upsilon\omega_r \tag{4-1}$$

同理，汽车质心绝对加速度沿横轴 Oy 上的分量为

$$a_y=\dot{\upsilon}+u\omega_r \tag{4-2}$$

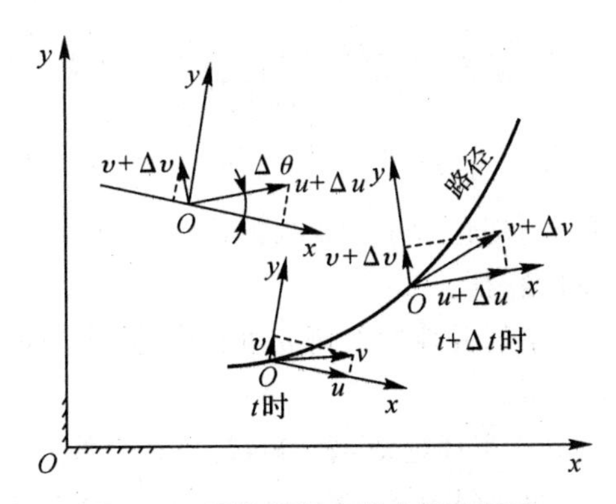

图 4.7　固结于汽车的车辆坐标系

由图 4.6 可知,二自由度汽车受到的外力沿 y 轴方向的合力与绕质心的力矩和为

$$\left.\begin{aligned}\sum F_y &= F_{y1}\cos\delta + F_{y2}\\ \sum M_z &= aF_{y1}\cos\delta - bF_{y2}\end{aligned}\right\} \tag{4-3}$$

式中:F_{y1}、F_{y2} 分别为地面对前、后轮的侧向反作用力,即侧偏力;δ 为前轮转角。

考虑到 δ 角较小,F_{y1}、F_{y2} 为侧偏力,式 (4-3)可写作:

$$\left.\begin{aligned}\sum F_y &= k_1\alpha_1 + k_2\alpha_2\\ \sum M_z &= ak_1\alpha_1 - bk_2\alpha_2\end{aligned}\right\} \tag{4-4}$$

汽车前、后轮侧偏角与其运动参数有关。如图 4.6 所示,汽车前、后轴中点的速度为 u_1、u_2,侧偏角为 α_1、α_2,质心的侧偏角为 β,$\beta = v/u$,ξ 则是 u_1 与 x 轴的夹角,其值为

$$\xi = \frac{v + a\omega_r}{u} = \beta + \frac{a\omega_r}{u} \tag{4-5}$$

根据坐标系的规定,前、后轮侧偏角为

$$\left.\begin{aligned}\alpha_1 &= -(\delta - \xi) = \beta + \frac{a\omega_r}{u} - \delta\\ \alpha_2 &= -\frac{v - b\omega_r}{u} = \beta - \frac{b\omega_r}{u}\end{aligned}\right\} \tag{4-6}$$

由此,可列出外力、外力矩与汽车运动参数的关系式为

$$\sum F_y = k_1\left(\beta + \frac{a\omega_r}{u} - \delta\right) + k_2\left(\beta - \frac{b\omega_r}{u}\right)$$

$$\sum M_z = k_1\left(\beta + \frac{a\omega_r}{u} - \delta\right) - k_2\left(\beta - \frac{b\omega_r}{u}\right)$$

所以,二自由度汽车运动微分方程为

$$k_1\left(\beta + \frac{a\omega_r}{u} - \delta\right) + k_2\left(\beta - \frac{b\omega_r}{u}\right) = m(\dot{v} + u\omega_r)$$

$$k_1\left(\beta + \frac{a\omega_r}{u} - \delta\right) - k_2\left(\beta - \frac{b\omega_r}{u}\right) = I_z\dot{\omega}_r$$

式中:I_z 为汽车绕 z 轴的转动惯量;$\dot{\omega}_r$ 为汽车横摆加速度。

整理后的二自由度汽车运动微分方程为

$$\left.\begin{aligned}(k_1+k_2)\beta+\frac{1}{u}(ak_1-bk_2)\omega_r-k_1\delta=m(\dot{v}+u\omega_r)\\(ak_1-bk_2)\beta+\frac{1}{u}(a^2k_1+b^2k_2)\omega_r-ak_1\delta=I_z\dot{\omega}_r\end{aligned}\right\}\tag{4-7}$$

这个联立方程式虽然简单,但却包含了最重要的汽车质量与轮胎侧偏刚度的参数,所以能够反映汽车曲线运动的最基本的特征。

(3)简化的汽车模型。在汽车驾驶控制的研究过程中,除将前述汽车模型作为汽车运动模型外,往往还采用简化的汽车模型。

1) 汽车驱动-阻力模型。由汽车理论知识可知,汽车在直线行驶时,通常受到 4 个阻力影响:坡度阻力 F_i,滚动阻力 F_f,加速阻力 F_j,空气阻力 F_w。汽车驱动力 F_t 必须能足够克服上述 4 个阻力,汽车才能正常在水平路面上直线行驶。图 4.8 所示为汽车驱动-阻力模型受力分析图。

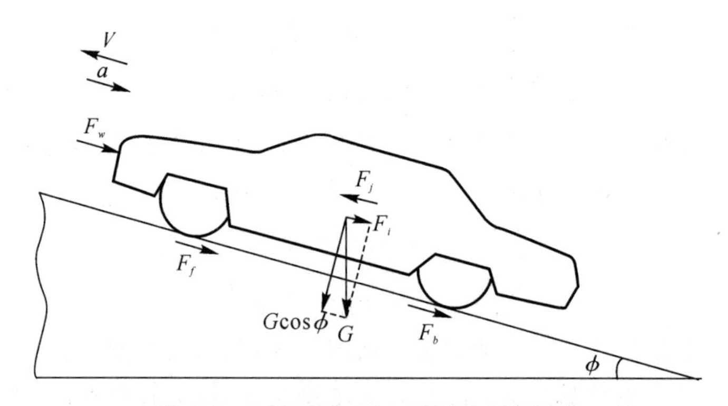

图 4.8　汽车驱动-阻力模型受力分析图

2)坡度阻力 F_i。汽车行驶时,重力沿坡道方向的分力称为汽车的坡度阻力,上坡时阻碍汽车的运动,下坡时加速汽车的运动。计算公式如下:

$$F_i = G\sin\phi \tag{4-8}$$

式中:G 为汽车的重力;ϕ 为坡度角。

3)滚动阻力 F_f。当轮胎在路面上滚动时,会受到滚动阻力的影响,这种阻力会逐渐减慢汽车的运动速度。滚动阻力主要是由于轮胎滚动时的形变造成的,可以用下面的经验公式来计算滚动阻力:

$$F_f = C_r G \tag{4-9}$$

式中:G 为汽车的重力;C_r 为滚动阻力系数。

4)加速阻力 F_j。汽车加速行驶时,需要克服其质量加速度运动时的惯性力,也就是加速阻力 F_j。加速阻力可用以下公式求解:

$$F_j = \delta m_t a \tag{4-10}$$

式中:δ 为汽车旋转质量换算系数,它与飞轮的转动惯量、车轮的转动惯量以及传动系的传动比有关;m_t 为汽车的总质量;a 为汽车加速度。

5)空气阻力 F_w。汽车行驶时,相对运动的空气必然起到阻碍作用。空气对汽车的作用力在行驶方向上的分力称为空气阻力。在汽车行驶速度范围内,根据空气动力学原理,空气阻力的数值与气流相对速度的动压力成正比。通常用下式计算:

$$F_w = C_d A \rho V_r^2 / 2 \qquad (4-11)$$

式中：C_d 为空气阻力系数；A 为迎风面积，即汽车在行驶方向上的投影面积；ρ 为空气密度；V_r 为汽车与空气的相对速度，无风时即为汽车的运动速度。

6)汽车驱动力 F_t。根据汽车理论知识，汽车驱动力 F_t 可根据以下公式计算：

$$F_t = 9\ 550 P_e i_g i_o \eta_T / nr \qquad (4-12)$$

式中：P_e 为发动机输出功率；i_g 为变速器传动比；为 i_o 为主减速器传动比；η_T 为传动效率；n 为发动机转速；r 为驱动轮半径。

上面的计算公式是在汽车油门开度一定、离合器始终啮合的情况下推导出来的。但是，在实际情况下，油门、离合器、刹车、挡位的工作状态是经常变化的，由此导致汽车的驱动力也是一个变量。所以，直接利用上面的公式对汽车速度进行仿真是不准确的。在对汽车发动机外特性及部分负荷特性中的功率与转矩曲线进行了详细分析之后，提出了下面的驱动力计算修正公式，在实际的视景仿真系统中收到了较好的效果。

$$F_t = C_a C_c F_{t\max} - C_v V \qquad (4-13)$$

式中：C_a 为油门开度影响系数；C_c 为离合器踏板行程影响系数；C_v 为速度影响系数（有量纲，为力单位与速度单位的比值）；V 为汽车行驶速度；$F_{t\max}$ 为由式（4－13）计算求得的最大驱动力。

分析汽车运动中的受力情况，根据牛顿第二运动定律列出汽车行驶时的动力学方程如下：

$$F_t - (F_i + F_j + F_f + F_w) = m_t a \qquad (4-14)$$

由于汽车所受的各力中，只有加速阻力 F_j 是加速度的函数，将其计算式（4－10）代入式（4－14）中，可得

$$a = (F_t - F_i - F_f - F_w)/[(1+\delta)\ m_t] \qquad (4-15)$$

7)汽车制动力模型。汽车在行驶过程中，当驾驶员操作脚刹或手刹时，汽车将受到与行驶方向相反的地面制动力 F_b 的作用。地面制动力 F_b 是滑动摩擦的约束反力，它的大小不能超过地面附着力，即

$$F_b \leqslant F_{b\max} = \Psi G \cos\phi \qquad (4-16)$$

式中：$F_{b\max}$ 为地面制动力（即地面附着力）的最大值；Ψ 为地面附着力系数；G 为汽车的重力；ϕ 为坡度角。

图 4.9 为制动器制动力、制动踏板力、地面制动力、踏板行程系数关系，图中，F_μ 为制动器制动力，F_p 为制动踏板力，F_b 为地面制动力，s 为踏板行程系数，$F_{\mu a}$ 为制动器制动力临界值，F_{pa} 为制动踏板力临界值，s_a 为踏板行程系数临界值，$F_{b\max}$ 为最大地面制动力，$F_{p\max}$ 为最大制动踏板力。

根据汽车理论知识，制动器制动力 F_μ 与制动踏板力 F_p 之间存在着图 4.9 (a)所示的关系，图中的两条曲线根据实际的试验数据绘制，分别表示前轮和后轮制动器制动力和制动踏板力的关系，由于程序设计的需要，将它们之间的关系拟合为如图所示的一条直线。而制动器制动力 F_μ 与地面制动力 F_b 之间又存在着图 4.9(b)所示的关系。根据图 4.9(a)和(b)中的关系曲线，可以得到制动踏板力与地面制动力之间的关系曲线，如图 4.9 (c)所示。

在汽车驾驶模拟系统中，一般通过位移传感器来测量刹车踏板的行程，以踏板行程系数 s 与最大制动踏板力 $F_{p\max}$ 的乘积粗略表示制动踏板力的大小。踏板行程系数 s 为踏板实际行程与总行程的比值，取值范围为[0,1]。图 4.9 (d)所示为踏板行程系数 s 转换为制动踏板力

后，与地面制动力之间的关系曲线。

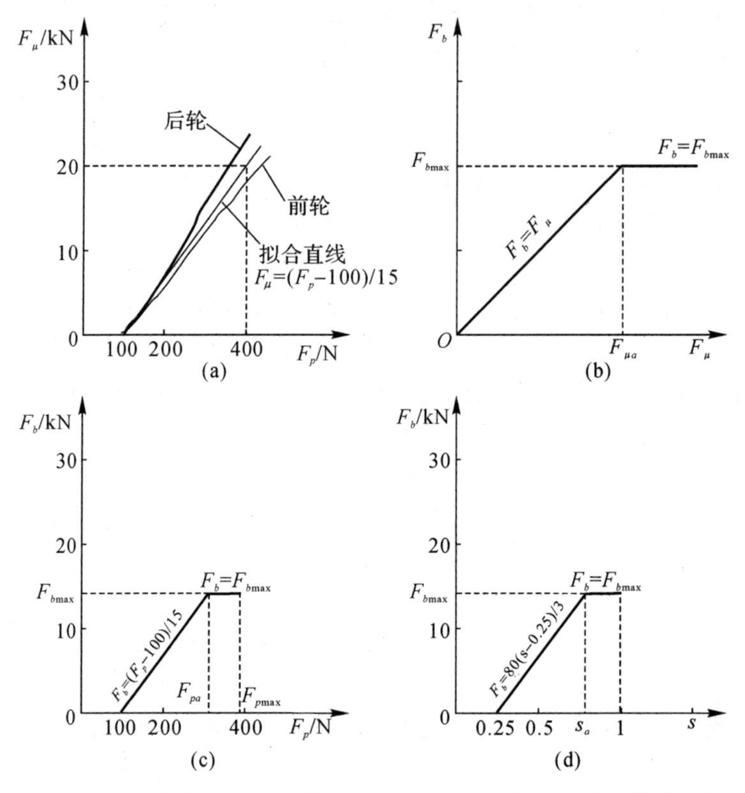

图 4.9 制动器制动力、制动踏板力、地面制动力、踏板行程系数关系图

(a)制动器制动力与制动踏板力关系曲线；(b)地面制动力与制动器制动力关系曲线；

(c)地面制动力与制动踏板力关系曲线；(d)地面制动力与踏板行程系数关系曲线

需要指出的是，这里为了使直线的表示形式比较简单，图 4.9 (a)中对关键点的取值进行了圆整，在实际的仿真程序中，为了准确地模拟汽车的制动过程，所拟合的直线方程应该与图 4.9(a)中的略有不同。

图 4.9(d)所示的关系曲线将 $F_{p\max}$ 的值取为 400 N，而实际上当车型不同时，$F_{p\max}$ 的取值也不一样。对于液压制动系，满载检测时，座位数≤9 的客车，踏板力不大于 500 N，其他车辆的踏板力不大于 700 N；空载检测时，座位数<9 的客车，踏板力不大于 400 N，其他车辆的踏板力不大于 450 N。

汽车在制动过程中，除地面制动力 F_b 外，还将受到坡度阻力 F_i、滚动阻力 F_f、加速阻力 F_j、空气阻力 F_w 的影响。

同样，根据牛顿运动定律列出受力平衡方程，将加速阻力计算式代入，最后可得

$$a=(-F_b-F_i-F_f-F_w)/[(1+\delta)\,m_t] \tag{4-17}$$

考虑到制动过程中，当 $F_p>F_{pa}$ 时，车轮将处于抱死拖滑的状态，只受到滑动摩擦力的作用，也即 $F_f=0$，在程序设计中，应该根据上述条件，对汽车制动力模型进行修正。

2. 汽车驾驶控制模型

汽车驾驶控制模型的研究主要在驾驶员特性模型、驾驶控制模型以及汽车-驾驶员-道路

闭环系统模型开展，用以描述汽车的驾驶控制过程。

(1)汽车驾驶员特性模型。驾驶特性是驾驶员驾驶汽车时在信息处理过程中所表现出来的自身特性，如心理、生理特性等，其模型的建立可以通过归纳、分析不同性格的驾驶员对汽车的驾驶过程予以实现。

驾驶员操纵汽车的过程，可以简化为信息输入、信息加工、决策以及信息输出等环节，是一个往复不断的信息处理和决策过程。分析驾驶特性与驾驶行为的关联，必须先从与驾驶行为密切相关的驾驶员个性类型划分入手。

驾驶特性模型是综合反映驾驶员自身的智力、偏好、情绪、心理、需求和生理以及对应驾驶行为的量化和求解模型。图 4.10 是基于 BP 网络和模糊逻辑，采用模糊神经网络结构构建的汽车驾驶员特性求解模型，其中，第 1 层为输入层，$x_i(i=1,2,\cdots,n)$为输入量，个性数据或生理数据的编码形式；第 2 层为隶属函数层，μ_i^{mj} 为相应的模糊函数$(j=1,2,\cdots,mi)$；第 3 层为规则层，该层每个节点代表一条模糊规则，它的作用是用来匹配模糊规则的前件，计算出每条规则的适用度；第 4 层为归一化层，该层的节点数量与第 3 层一样，每一个节点代表一条模糊推理后的规则，该层用于推理后规则的归一化处理；第 5 层为输出层，w_{ij} 为对应于不同环境数据的权重，$y_i(i=1,2,\cdots,n)$为输出量，驾驶员类型数据或行为数据的编码形式。其描述将在下一章节详细介绍。

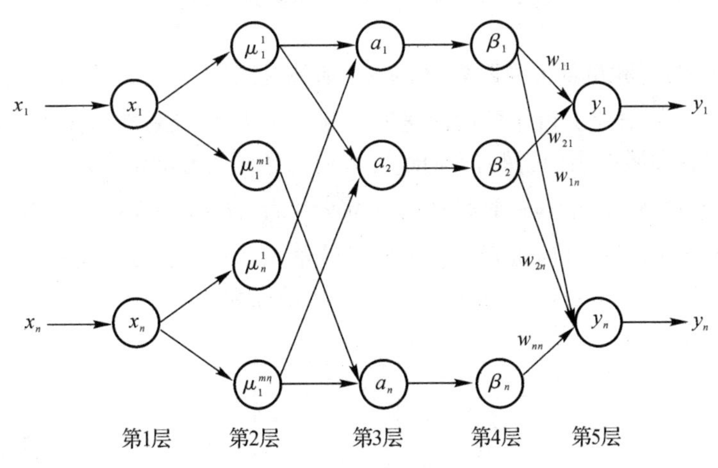

图 4.10　基于模糊神经网络的汽车驾驶特性模型

(2)汽车驾驶控制模型。驾驶控制模型可由特性划分模型、预测模型和控制模型组成。特性划分模型是根据特定场景下驾驶员在操作过程中采集到的个性、生理和行为数据来对驾驶员类型进行确认；预测模型对驾驶员可能发生的潜在不良驾驶行为进行预测；控制模型是根据预测结果，对驾驶员下一阶段可能发生的不良驾驶行为进行预警和控制，以达到校正的目的。

(3)汽车-驾驶员-道路闭环系统模型。驾驶员操纵汽车这样的具有多输入、多输出、输入输出关系复杂多变、不确定多干扰源的复杂非线性系统，既要接受环境(如道路、拥挤、方向等)信息，还要感受汽车(如车速、侧向偏移、横摆角速度等)的信息，然后经过判断、分析和决策，并与自己的驾驶经验相比较，确定出应该做的操纵动作，最后由身体(手、脚等)来完成这些动作，这是一个学习、适应、记忆、联想和决策的过程。有研究者利用模糊神经理论来研究驾驶车辆的过程，建立汽车-驾驶员-道路闭环系统模型，具有独特的优势。

1)基于自然坐标下的驾驶员前视轨迹预瞄控制策略。在对汽车进行运动分析之前，先作一些假设和简化：汽车在平面上做匀速运动，不考虑汽车沿 z 轴方向上下移动，把汽车运动简化为以质心为一动点沿轨迹 $s=f(t)$ 的运动。用自然法来描述汽车的运动，在自然轴系中，自然轴由切线 T、主法线 N 和副法线 B 组成，根据习惯，把切线 T 坐标用 x 来表示，主法线 N 坐标用 y 来表示，副法线 B 坐标用 z 来表示（注意：这里，x、y 和 z 不是直角坐标系的 x、y 和 z 轴，而是自然坐标轴）。这样，x 方向是切线方向，与 $f(t)$ 相切，y 为主法线方向，与 x 轴垂直，且指向曲线 $f(t)$ 内凹的一边，如图 4.12 所示。

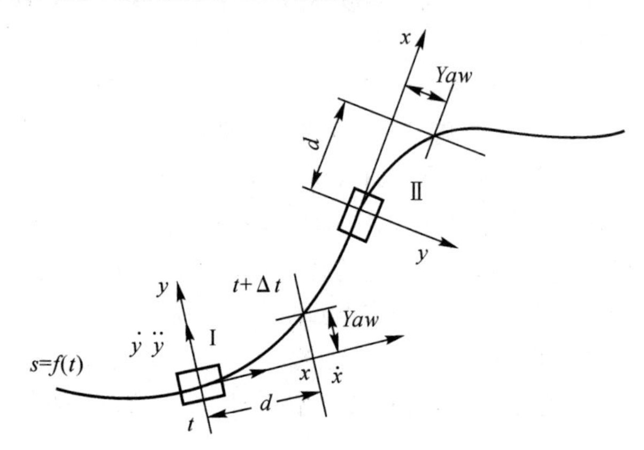

图 4.11　自然坐标下驾驶员前视轨线

图 4.11 中，d 为驾驶员的前视距离，相应的"前视时间"$T=d/\dot{x}$，$\dot{x}$ 为切向方向的速度，即汽车的前进速度，$\dot{y}$、$\ddot{y}$ 分别为汽车的侧向速度和侧向加速度，笔者在这里把 Yaw 定义为横向预瞄偏差：它是指在预瞄距离内，切向方向运动方向与实际轨迹的最大距离。

考察在瞬时 t 时刻，汽车具有的即时状态为 $\dot{x}=df/dt$，$\dot{y}$，$\ddot{y}$，驾驶员向前预视一个距离 d 时，前视时间为 $T=d/\dot{x}$，此时选择一个方向盘转角 δ_{sw}，对应着一个横向预瞄偏差 Yaw。

经过时间 T 后，理论上，汽车在横向方向上的运动应为

$$\left.\begin{aligned} &Yaw=T\dot{y}+\frac{1}{2}\ddot{y}T^2 \\ &T=d/\dot{x} \\ &\ddot{y}=\dot{x}^2/R \end{aligned}\right\} \tag{4-18}$$

由"Acklman"几何关系，有

$$\ddot{y}=\frac{\dot{x}^2}{R}=\frac{\delta_{sw}}{iL}\dot{x}^2 \tag{4-19}$$

式中：R 为轨迹在该点的曲率半径；δ_{sw} 为方向盘转角；L 为汽车的轴距；i 为汽车转向系传动比。

$$\ddot{y}=\frac{2}{T^2}(Yaw-T\dot{y}) \tag{4-20}$$

根据"最小误差原则"，驾驶员总是希望选择一个最优的方向盘转角，使得汽车走过 d 后（经过时间 T），其 Yaw 与最优（理想）的 $Y'aw$ 相等，由式（4－18）和式（4－19）有

$$\frac{\delta_{sw}}{iL}\dot{x}^2=\frac{2}{T^2}(Yaw-T\dot{y}) \tag{4-21}$$

把 $T=d/\dot{x}$ 代入式(4-20)，最后得

$$\delta_{sw}=\frac{2iL}{d^2}(Yaw-T\dot{y}) \tag{4-22}$$

式(4-22)就是基于横向预瞄偏差驾驶员前视轨迹控制模型。

驾驶员根据前方轨迹信息 $s=f(t)$ 和汽车的状态 $\dot{y}$、汽车的车速 $\dot{x}$、前视时间 T 和前视距离 d，确定一个最优的前视轨迹横向预瞄偏差 $Y'aw$，再利用转向系传动比 i 和轴距 L 来确定最优方向盘的转角 δ_{sw}，使得 Yaw 与 $Y'aw$ 的误差最小。驾驶员不断地反复该过程，操纵着汽车沿着理想的(预定)的轨迹前进。我们把驾驶员这一控制过程称为“基于横向预瞄偏差的驾驶员前视轨线控制模型”。模型中的横向预瞄偏差 Yaw 是驾驶员根据前方轨迹 $f(t)$、预瞄时间 T、汽车状态 $\dot{x}$、$\dot{y}$ 和预瞄距离 d 通过不断实践所掌握的经验，凝结着驾驶员的驾驶知识。

由于驾驶员的控制策略是建立在自然坐标的基础之上的，对汽车大角度操纵转向运动分析时，不需要进行绝对坐标和汽车相对坐标的相互转换，与现行的预瞄驾驶员控制策略相比，具有理解容易、分析计算简单、实用性强的优点。

2)汽车-驾驶员-道路闭环系统模糊神经模型。汽车-驾驶员-道路系统闭环模型的输入、输出变量和模糊神经驾驶员结构见图 4.12。输入是横向预瞄偏差 Yaw、横摆角速度 ω，为道路环境。输出是汽车方向盘转角 θ，来自车辆。控制器就是驾驶员，形成了汽车-驾驶员-道路系统闭环模型。

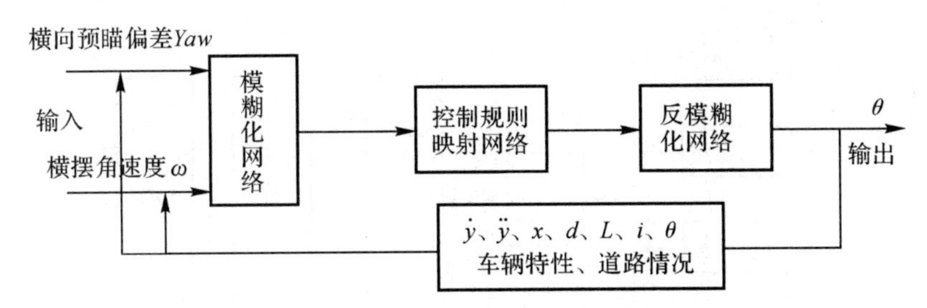

图 4.12　驾驶输入、输出变量和模糊神经驾驶模型

4.2　汽车驾驶虚拟实验平台的设计与构建

4.2.1　汽车驾驶虚拟实验平台的功能

对汽车驾驶的研究与实验从传统的道路环境的、车辆的、驾驶员的单独研究转向汽车-驾驶员-道路系统闭环模型的研究，注重驾驶员的特性研究，强调驾驶操纵仿真过程的沉浸感、交互感 、实时性、交互性的同时，还关注其道路场景、其他道路交通参与者(人、车)对驾驶者的影响。所以，汽车驾驶虚拟实验平台的主要功能要求如下：

(1)选择汽车驾驶的类型、设置不同车型的驾驶控制。

(2)设置驾驶控制的难度，并根据难易程度分为初级、中级、高级等内容。

(3)汽车驾驶虚拟实验平台的运行，对驾驶控制进行监控。

(4)单车虚拟驾驶:包括车辆的启动、平地起步、离合、加挡、减挡、转向、障碍、制动、紧急制动、超车、会车、倒车、直道、弯道、坡道、多车同道、定点停靠、平路停车、城市道路、标准场景、立交桥、曲线行进、公路调头、倒车入库、丁字路口、十字路口行车等。

(5) 分布式交互式虚拟驾驶。学员在同一驾驶场景中与其他学员及智能物体(人,随机的运动物体)的交互:超车、回车、倒车、堵车等。

(6) 典型的汽车道路实验模拟(单移线、双移线、蛇形线、高速路、上下坡等)。

(7) 驾驶错误提示与指导:专家系统。

(8) 驾驶评价:评价系统。

(9) 记录、保存和打印驾驶虚拟实验数据。

分布式虚拟实验平台其功能要能够满足以上 9 点要求。

4.2.2 汽车驾驶虚拟实验平台的功能系统

要实现驾驶操作汽车的闭环反馈过程,汽车驾驶虚拟实验平台闭环系统应该包括汽车(车辆)的驾驶操纵控制系统、音响系统、仪表系统,环境(道路、行人、其他车辆、交通标志等),由视景系统虚拟产生,当然,完成整个的汽车驾驶操作仿真过程,还要有汽车运动模型、评价系统等,笔者设计的汽车驾驶虚拟实验平台包括视景系统、音响系统、仪表系统、操作系统、数据采集、汽车模型、评价系统等几大部分。图 4.13 为汽车驾驶虚拟实验平台的功能系统。

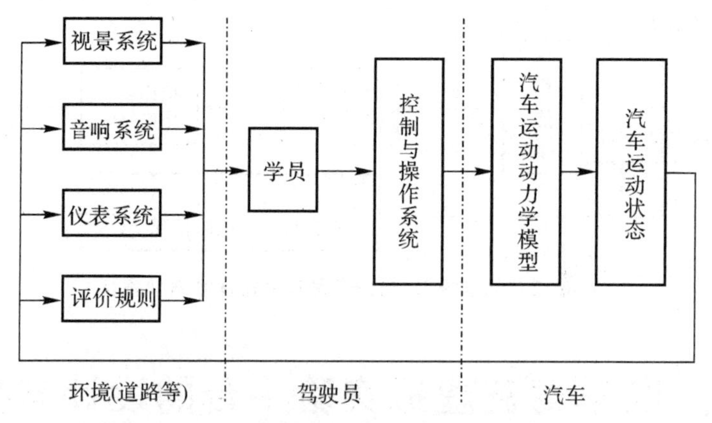

图 4.13 汽车驾驶虚拟实验平台的功能系统

主要系统的功能如下:

(1)操作(控制)系统(驾驶舱系统)。操作系统配备了方向盘、变速挡、离合器、刹车、油门、仪表板、座椅及其他辅助装置,用来模拟汽车驾驶舱中的运动机构及其控制系统,以实现在虚拟视景系统中对驾驶员进行有效的培训。为了提高驾驶模拟系统的沉浸感,驾驶舱内的所有驾驶操纵装置全部应具有真实感。驾驶操纵装置中增加了力矩反馈装置,驾驶时的操控感与真车几乎没有差别。在驾驶模拟过程中,驾驶员可以根据视景系统中场景的变化、仪表的显示做出相应的判断(转弯、加速、减速、停止等),操纵驾驶舱中的方向盘、离合器、刹车、油门等部件,系统根据这些操纵指令,对场景中汽车的姿态、位置做出相应的调整,并将仿真结果输出到显示屏上,从而对驾驶过程进行真实的模拟,图 4.14 是设计的汽车虚拟驾驶员座椅。

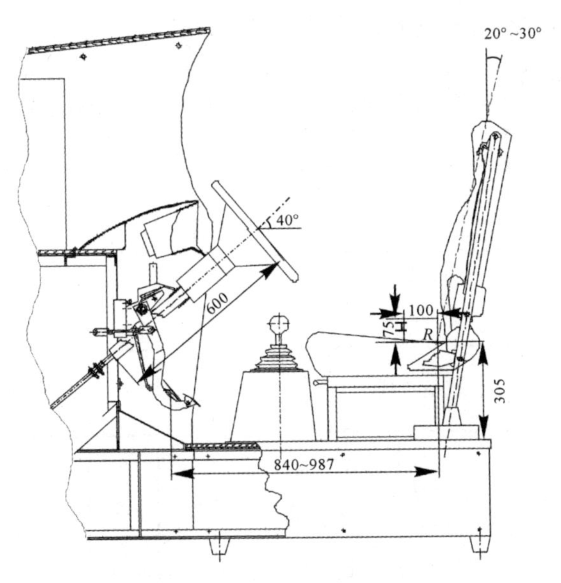

图 4.14　汽车虚拟驾驶员座椅

(2)驾驶数据采集系统。由传感器采集的汽车驾驶操纵的数据包括方向盘、变速挡、离合器、刹车、油门和其他经过角度、位移、开关等操纵信号，通过采集、处理后，实时地输送给中央计算机处理器，由中央计算机根据汽车的运动、驾驶操作规则等控制规则来操作视景系统、音响系统、仪表系统、评价系统。

传感控制系统主要由各种位移传感器、放大电路、A/D 卡及数据采集卡组成。在模拟汽车运动时，传感器在接收到驾驶员发出的控制信号后，通过放大电路将信号进行放大处理，并对其中的模拟信号进行 A/D 转换，最后通过数据采集卡将控制信号传送给主控计算机，供仿真程序进行处理。在仿真程序中，利用数据采集卡驱动程序中提供的功能函数，可以将数据采集卡采集的信号转换为控制汽车运动状态和位置的参数。当驾驶员进行模拟驾驶时，数据采集卡采集的数据会根据驾驶员的驾驶操作实时地发生变化，从而实现对驾驶模拟视景系统中汽车运动状态和位置的控制，控制系统的精度由仿真程序内部的算法保证。

(3)视景系统。驾驶虚拟实验平台的计算机视景系统中需要实时地提供与地理位置对应的连续的驾驶室外景，包括运动着的道路、路旁的建筑、交通车辆、山川、田野、天空等，这些动画运动层次复杂、三维立体感强，是使操纵者产生"沉浸感"的关键。在计算机图形学中，计算机屏幕上最终得到的图像，取决于图形模型在三维空间中的定位取向和所取的观察点，无论多么复杂的图形设计和动画显示都是通过变换来实现的。变换包括模型化操作、视图操作和投影操作，这些操作包括旋转、平移、缩放、反射、投影，多种变换组合起来可以描绘汽车运动的场景。

视景系统综合运用计算机技术、图形处理与图像生成技术、立体影像和音响技术、信息合成技术、显示技术等诸多高新技术，根据汽车驾驶模拟的要求，构造了真实的道路环境和交通状况，达到了非常逼真的仿真效果。视景仿真系统的设计分为仿真环境的制作和场景的仿真驱动。仿真环境制作主要包括模型设计、场景构造、纹理的设计制作、特效设计等；仿真驱动主要包括场景管理、场景调度、分布交互、渲染输出等。视景系统总体结构如图 4.15 所示。

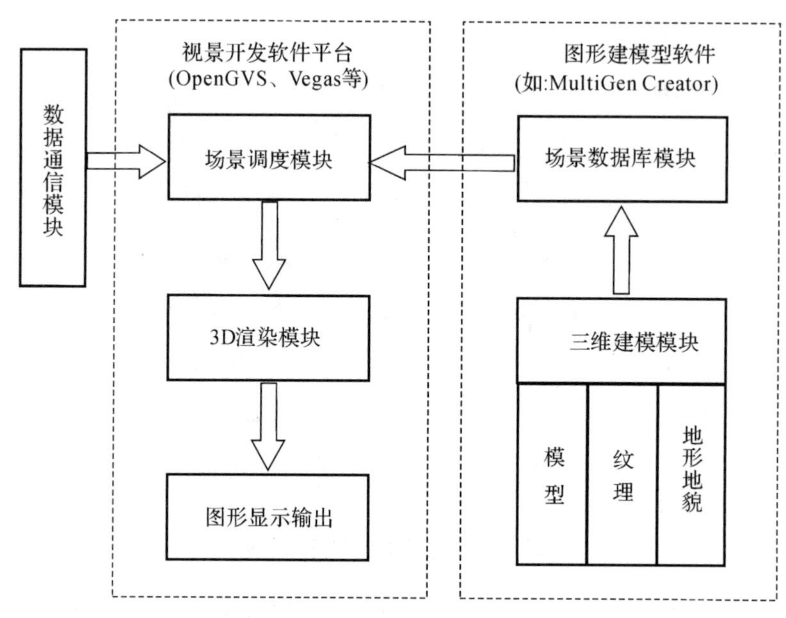

图 4.15 汽车驾驶模拟视景结构框图

视景系统各子模块的功能如下：

1)数据通信子模块。该子模块具有把运动数据传递给场景调度模块的功能。运动数据包括数据采集卡采集到的本地仿真车辆的运动信息，以及通过网络传输过来的其他车辆的运动状态。

2)三维建模子模块。运用建模软件(如 MultiGen Creator)强大的建模功能建立场景模型，并将生成的模型数据以数据库的形式组织，供场景调度模块进行调用。

3)场景数据库子模块。该子模块将场景的几何数据和图形属性信息以一定的规律和方式进行组织和管理，以生成适应快速运算和图形管道流水线处理的数据。

4)场景调度子模块。该子模块根据模拟器中数据通信子模块传递的信息，对视景数据库进行检索，得到驾驶员视野范围内的场景数据，并传送给 3D 渲染模块，灯光效果也在该模块中加入。

5) 3D 渲染子模块。该子模块实现虚拟汽车相对于周围环境运动画面的连续显示，每秒显示 25 帧左右，以形成电影效果。该子模块可采用帧同步控制技术，使每帧时间为 1/25 s；在这一帧时间内，按数据通信子模块传递过来的运动数据信息，调用动画命令，绘制该帧的图像。如此循环，就可画出连续的图像，形成动画效果。

(4)汽车运动控制模型。驾驶虚拟实验平台的硬件性能可通过与实际车辆系统设计规范的比较来分析和验证其试验结果。模拟软件(模拟模型和数据)的逼真度涉及到数学建模、计算机编程、计算方法、数据转换和系统延迟以及所模拟环境模型的准确程度等方面的问题。驾驶虚拟实验平台的精确和准确程度用逼真度来表达，是通过比较驾驶虚拟实验平台在模拟环境条件下产生的模拟效果和实际车辆的操纵效果，反映平台接近实际车辆的程度，它包括驾驶员操纵感觉的真实性和试验结果的正确性。

以人作为闭环的驾驶虚拟实验平台，其性能优劣，主要体现在人的感觉逼真度的高低，汽车运动数学模型的准确度不能直接代表人的感觉，现在的汽车运动模型已经非常复杂，自由度高达几十个，复杂的汽车运动控制模型作为汽车模拟器的车辆模型，未必适合，研究和提出用于汽车驾驶虚拟实验的汽车运动模型是我们探讨的方向。

(5)评价系统等。驾驶虚拟实验平台不仅要采集、研究驾驶者操作汽车的特性，而且还要对他们在操作过程中的失误和不当操作进行准确判断，并做出提示和评价，对虚拟实验的可靠性进行评价。

音响系统、仪表系统增加“沉浸感”“交互感”，以满足对驾驶员特性的研究。

4.2.3　汽车驾驶虚拟实验平台的研发框架

笔者对汽车驾驶虚拟实验平台提出总体框架，如图 4.16 所示。

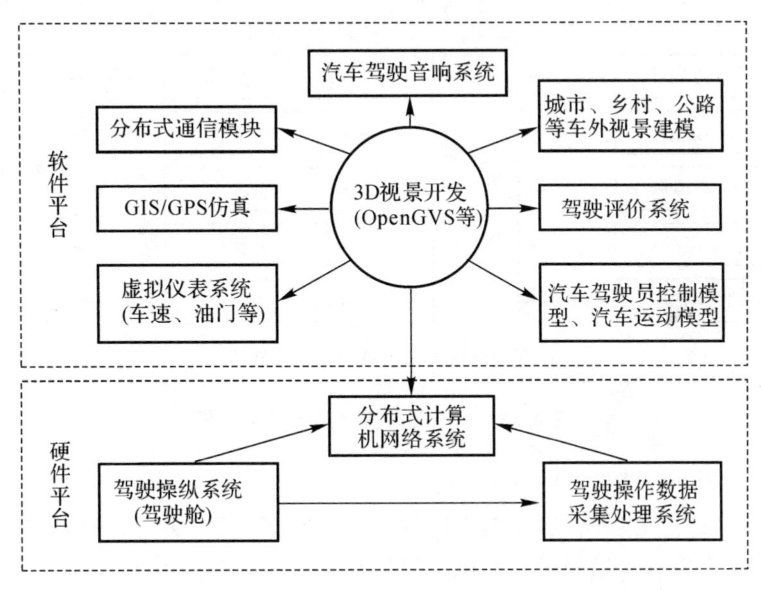

图 4.16　分布式驾驶虚拟实验平台开发框图

按照驾驶虚拟实验平台的研发框架，我们设计的平台硬件系统包括分布系统的网络硬件、操纵控制系统(驾驶舱系统)、数据采集处理系统，软件系统包括预测控制系统、数据处理系统、驾驶视景系统、仿真系统。

4.2.4　汽车虚拟实验平台的硬件系统

汽车虚拟实验平台的硬件系统如图 4.17 所示。

驾驶虚拟实验平台的硬件系统包括分布式的网络硬件、操作系统硬件和数据采集系统硬件。

(1)网络硬件。

1)基于 C/S 通信模式的 10 M 以太网，星形拓扑结构，组成＜250 台计算机的局域网；

2)交换机或集线器；

3)网卡；

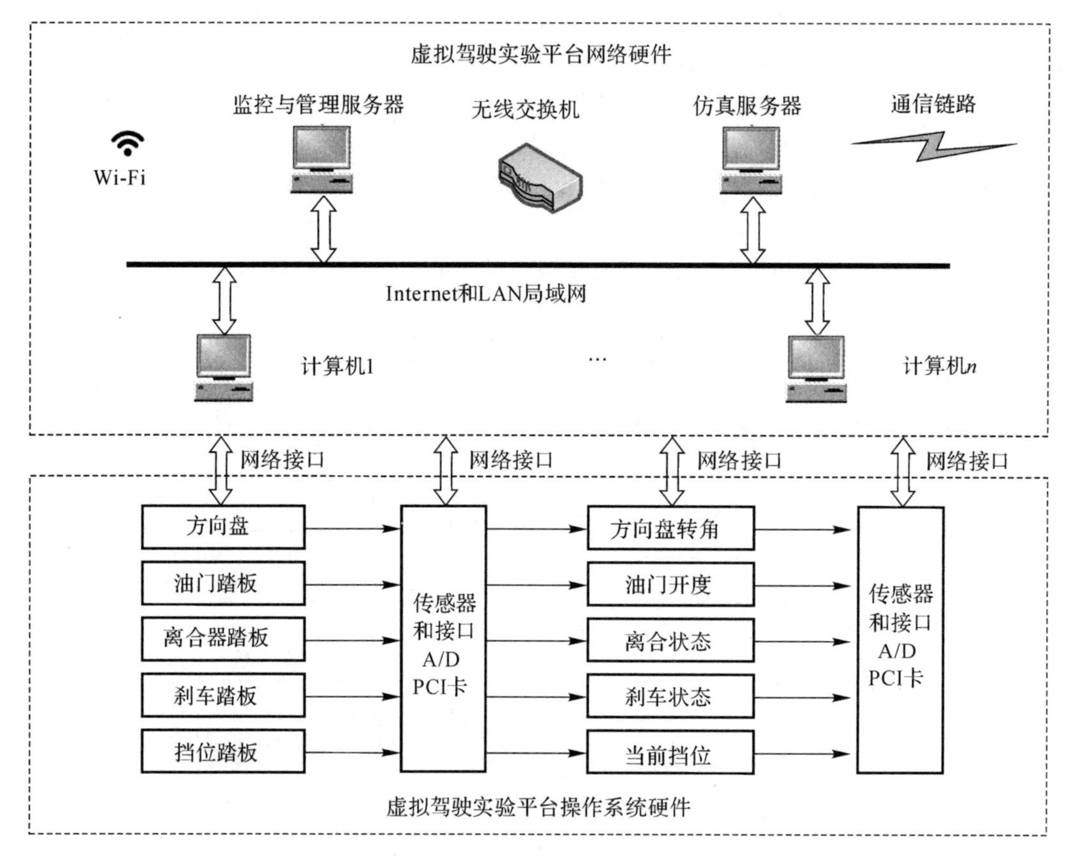

图 4.17　汽车驾驶虚拟实验硬件系统

4)硬件接口:RS232 或 RS485 网络接口。

(2)操作系统硬件。具有真实感的方向盘、变速挡、离合器、刹车、油门、仪表板、座椅及其他辅助装置,用来模拟汽车驾驶舱中的运动机构及其控制系统。图 4.18 所示为笔者设计的汽车驾驶虚拟实验平台的转向操纵机构。

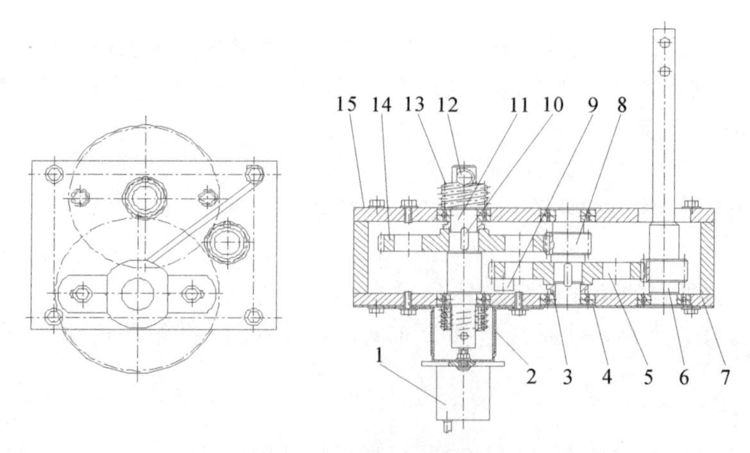

图 4.18　转向操纵机构

1—角度位移传感器;2—传感器支架;3—挡圈;4—轴承;5—小齿轮;6—输入轴;7—壳体;
8—中间轴;9—限位螺栓;10—键;11—输入轴;12—扭簧固定销;13—扭簧;14—大齿轮;15—盖板

图 4.19 所示为笔者设计的一种汽车虚拟驾驶手动挡变速器操纵机构。

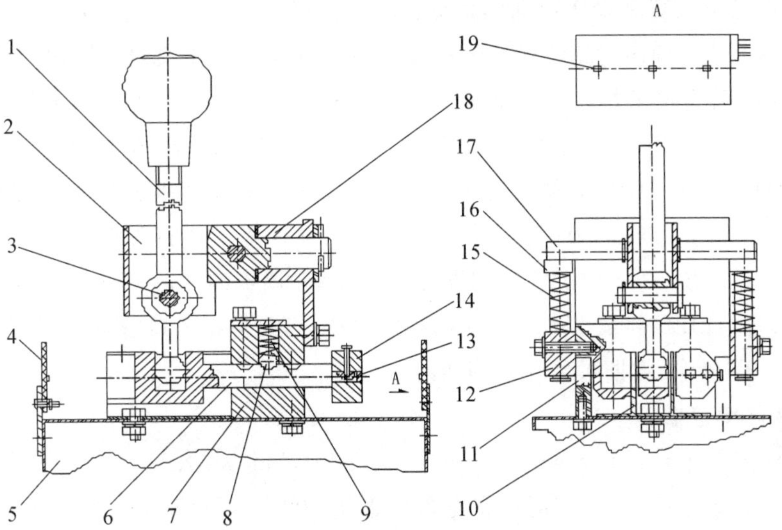

图 4.19　汽车虚拟驾驶仿真变速器操纵机构

1—变速杆;2—选挡轴;3—转销;4—电路板;5—支架;6—拨叉轴;7—拨叉轴座;8—自锁钢球;9—自锁弹簧;
10—互锁架;11—导向板;12—导杆支座;13—磁钢;14—磁钢座;15—回位弹簧;16—导杆;
17—回位杆;18—选挡轴座;19—霍尔开关

(3)数据采集系统硬件。汽车驾驶虚拟实验平台数据采集系统有方向盘、离合器、制动器、油门、若干个挡位、手刹、各个信号灯的信号需要采集,使用的传感器包括开关传感器、位移传感器、角位移传感器三类。方向盘采用角位移传感器;离合器、刹车、油门采用位移传感器;挡位、手刹等采用开关传感器。图 4.20 和图 4.21 是笔者设计采用的各种传感器。

图 4.20　离合器、制动器、油门传感器

图 4.21　角位移传感器

4.2.5　汽车虚拟实验平台的软件系统

1. 集成仿真环境(系统)

在汽车驾驶虚拟实验仿真平台的开发中,除了要考虑分布式网络平台外,还要考虑到驾驶视景的开发。所开发的软件平台，要易于实现驾驶学员之间的交互，具有良好的交互性和实时性，同时还能高效完成驾驶操作数据的采集、处理与控制。

C＋＋语言是支持面向对象技术的编程语言，而 Visual C＋＋又是一种可视化 C＋＋语言，汇集了 Microsoft 公司技术精华的主流产品，支持微软基本类库(MFC)。使用 Visual C＋＋和 MFC 开发 32 位应用程序是目前运用最为广泛的程序设计方法之一，并且支持 Win Socket 网络编程，利用 TCP/IP 协议开发计算机之间的通信程序很容易实现驾驶模拟仿真系统的分布式通信。所以，我们采用在 Visual C＋＋6.0 环境下进行驾驶仿真系统的开发。在 Visual C＋＋6.0 环境下，采用微软基础类 MFC 管理和评价编程，采用 Sockets API 通信类进行数据交换编程。MFC 封装了大量的应用程序接口 API，包括窗口管理体制、菜单管理、对话框管理、基本 I/O 操作、数据对象存储等功能。

集成仿真环境包括：

(1)操作系统及平台：Microsoft Windows NT 或 Windows XP。

(2)实时动态数据接口、汽车运动状态数据采用 VC＋＋网络编程技术；计算机之间的通信协议采用 TCP/IP，计算机与硬件通信为 RS485 或 RS232。

(3)在 Visual C＋＋6.0 环境中采用微软基础类 MFC 管理和评价编程和 Sockets API 通信类进行数据交换编程。

2. 视景开发软件

(1)几何建模工具。几何建模主要包括对象形状和对象外表的建模。对象形状的建模一般都要利用一定的建模工具，最简便的就是使用传统的 CAD 软件，如 3DSMAX、MAYA、AutoCAD 交互地建立对象模型。当然，也可以使用专门的 VR 建模工具，如 MultiGen Creator 等。对象外表的建模实质上就是用纹理来代替物体多边形细节，在满足虚拟现实系统真实感要求的同时，不会影响计算机图形处理的速度。

比较各种建模软件，我们选择 MultiGen Creator 作为开发的图形建模工具。

(2)视景开发软件及图形引擎的选择。

1)OpenGVS。开发实时三维图形应用，OpenGVS 提供给开发者领先、成熟、方便的视景管理系统。关于 OpenGVS，前面章节已经介绍，此处不再赘述。

2)Virtools。Virtools Server 是 Virtools 的网络模块，它利用高效率的网络联机引擎协助使用者开发因特网或局域网络的 3D 多人联机数字内容，可以完成与数据库整合、多人联机及数据串流等功能。利用 Virtools Server 技术，还可以开发 3D/VR 互动网页，使用者不用等到场景中所有的对象下载完毕，就可以开始浏览。3D 内容的开发者可以将需要动态传递的资料放在伺服器系统上，透过一些适当的参数设定与行为模块(Building Blocks)的编排，就可以让使用者体验最新的互动技术。它提供了服务器与 Virtools 作品文件沟通的桥梁，使得 VMO/CMO 文件中的对象可以分别依据需要再下载，并可以与数据库连接。

Virtools Server 提供两种多人联机服务器，包括独立网络服务器与点对点局域网络服务器。使用者不用解决任何网络联机本身的问题，只要通过其提供简单易用的行为模块就可完成所有所需的功能。图 4.22 是基于 Virtools 利用 Switch On Key 和 Physics Car 实现对汽车前进、后退、转弯和换挡等控制的开发流程。

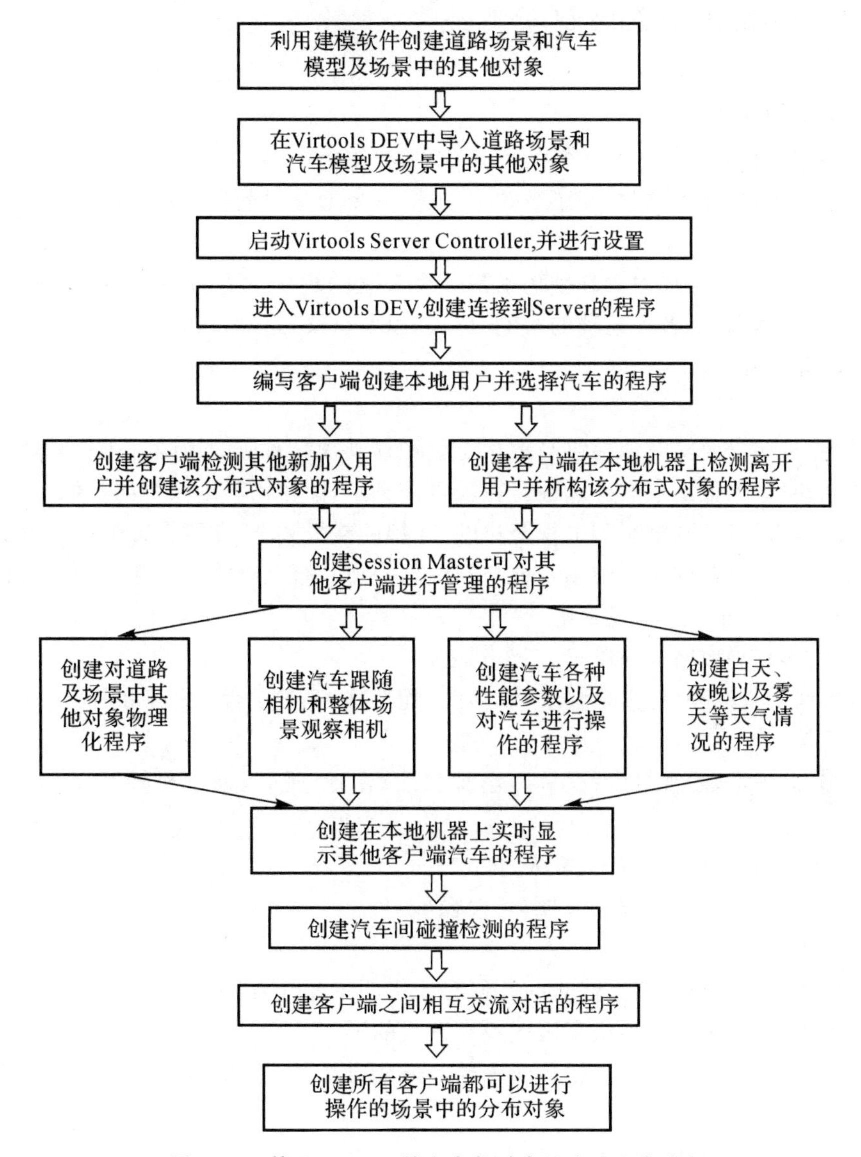

图4.22　基于Virtools的汽车驾驶虚拟实验开发流程

我们在汽车虚拟实验平台的研究开发中，采用了以上两种视景开发软件及图形引擎，其特点在其他章节里已经有较为详细的介绍，这里不再赘述。

4.3　虚拟实验平台的技术实现

汽车驾驶虚拟实验及平台构建中存在一些技术关键与关键技术，在这里，我们着重介绍汽车驾驶视景、汽车分布式虚拟实验系统的构建，其余不一一赘述。

4.3.1 汽车虚拟驾驶视景系统

1. 驾驶视景的要求

人对外部客观世界的认识和感知的信息80%来自视觉，在汽车虚拟驾驶系统上仿真模拟操纵汽车的过程中，操纵者的“交互感”和“沉浸感”主要通过驾驶场景获得，所以对汽车驾驶场景的要求较高。

驾驶虚拟实验平台中描述的驾驶场景是一个客观的现实世界，包括各种景物：路边建筑、各种交通标牌、树木、路上各种运动的车辆、行人，以及桥梁、路障、田野和山地等。虚拟驾驶视景系统的功能和目标有：

1)立体视觉。

2)实时性：按照需要实时地提供与地理位置和驾驶操纵对应的连续汽车驾驶场景。

3)图像刷新率，保证场景的连续性。在视景仿真中，图像刷新的频率如果低于18帧，人会感到图像的跳跃，只有达到电影和电视节目的24帧的播放频率，才能保证平滑的视觉效果。

4)交互性：驾驶员在同一驾驶场景中与其他驾驶员及智能物体(人、随机的运动物体)进行交互，即实现超车、让车、堵车、避人等。

5)分布性：实现局域网内的单车、多车驾驶。

6)典型道路场景选择：仿真单移线、双移线、蛇形线、高速公路、城市道路、乡村道路、上下坡道等驾驶场景。

7)多视口：前视景，后视景(后视镜)，虚拟仪表(车速、里程、发动机转速)，GPS电子地图导航功能。

8)天气选择：白天、黑夜、雪天、雾天、雨天。

9)车型选择：小轿车、吉普车、大货车、大客车。

10)驾驶评价显示。

驾驶虚拟实验平台场景需要建立的几何对象模型主要分为以下三类：

1)地形地貌模型：主要包括仿真区域地理表面的形态。

2)地面文化特征景物模型：包括地面上的人造或自然景观，如房屋、树木、花草、森林、江河湖泊等。

3)运动实体模型：包括各种汽车、行人等。

具体模型如下：

(1)基本路况。

1)若干个十字路口(有红绿灯等)；

2)若干个丁字路口(驶入的方向有三个，有红绿灯和行人等)；

3)若干个畸形路口；

4)一段高速公路(有出入口、交通标志牌等)；

5)若干个交通环岛(配路标)；

6)人行横道(有或无行人行走)；

7)若干段直行路路段(有或无交通标线)；

8)若干段弯路路段；

9)一座立交桥。

(2)场景。

1)路边景色(包括建筑物、交通标志牌、广告牌、交通灯、山脉、路障、环岛、汽车、自行车、行人等非机动车道、护栏以及树木等);

2)路面为黑色,采用白色分道线;

3)有一个车头模型;

4)要求场景有深度感和速度感,并且不同速度下的速度感不同。

2. 视景模型的层次

一般将静态环境模型的几何模型用分层的结构来表示,用自上而下,从宏观至微观的方法将静态视景模型或视景模型的对象进行分解,形成视景模型分离体,分别对分离体对象进行建模,然后将各个分离体对象连接,组合成完整的视景模型。

虚拟驾驶视景模型的层次如图 4.23 所示。视景或子视景中实例的位置和方位是相对于拥有该实例的视景或子视景而言的。因此,同一视景中可以包含许多相同的子视景,只是这些子视景所处相对位置和相对方位不同而已。子视景坐标系统与视景坐标系统是相对的,用搭积木方法可以大大提高建造视景的效率,当需要改变视景时也有足够的灵活性。利用该方法建造三维视景时,往往会有同一物体多次出现的情况,这时,只需要在计算机内存中存放一个实例,并通过几何变换得到其他位置的物体,可大大节省内存,提高显示速度。

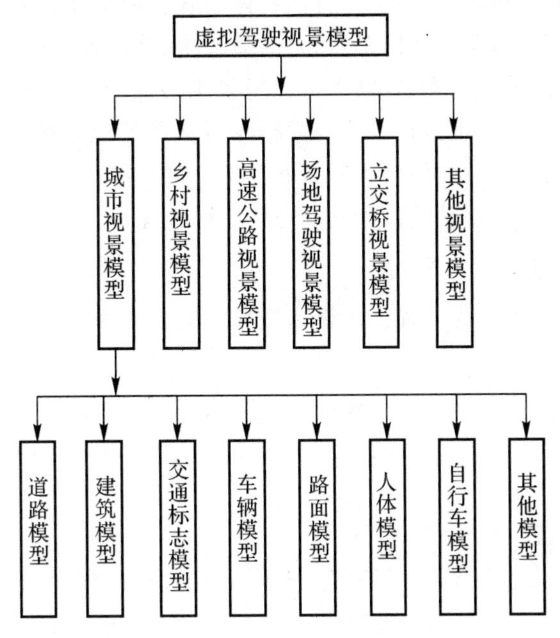

图 4.23　虚拟驾驶视景模型的层次

采用视景数据库建模为场景的调度做好数据准备。视景数据库用于交互地创建场景的几何模型,从图形库应用实体模型或创建新的实体模型,实现人机之间的交互操作,包括:通过数据采集的(挡位、油门踏板,方向盘等)接受用户的操作,并提供给主控线程和数据库管理系统,将数据库管理系统提供的数字信息可视化,通过屏幕显示。每一个子场景视景模型中的道路是有各自的特点和确定的位置,但是其中的三维景物却是可以在各个场景中重用的,所以分别建立实体模型数据库和道路模型数据库，可以有效减少工作量。

视景仿真程序要对场景数据库进行管理，系统模型计算和图像显示采用不同的计算循环。图形显示速度的快慢还与视景画面中的景物多少有关，景物少显示速度快，景物多则显示速度慢。实时的视景仿真系统必须达到两方面的要求：一方面要有高度逼真的视觉仿真效果，这就要求有更加复杂完善的模型和更加逼真的算法；另一方面要求仿真系统满足实时性的要求。

场景数据库管理程序具体的调度过程如下：

(1)初始化时，根据车辆的类型、模拟训练任务确定视景模型和相应的数据库；

(2)模拟行驶过程中，不断检测当前位置，变化视野范围内的场景；

(3)将不在视野范围内的子块删除，将出现在视野范围内的子块调入内存，而那些一直在视野范围内的子块保留在内存中；

(4)待渲染线程结束后，回到主控线程；

(5)循环直到退出仿真。

道路场景驾驶训练时首先生成主场景，根据道路场景驾驶的科目调入相应的场景文件，生成各条路的实例，生成场景数据库；同时，根据各训练项目的天气环境生成环境灯光和背景图，创建3D还原线程；置汽车于起始点，发动机处于熄火状态；初始化智能物体管理模块，然后进入运行循环。运行控制模块根据汽车动力学模型和当前路况计算汽车的速度和加速度，并根据操作规则库进行操作判断；然后调用场景调度模块，根据汽车当前位置和方向等调整三维场景；最后调用智能物体调度模块，刷新每个智能物体的状态和位置。

首先，系统程序从传感器读入油门踏板、方向盘转角、挡位等操作信息，利用车辆运动学模型计算相应的速度和方向的变化量，控制车辆在场景中的运动位置，确定驾驶员视点的位置。然后，对视景数据库进行检索，虚拟视景系统数据库所覆盖的地理区域较大，但驾驶员能观察到的范围有限，只渲染驾驶员在当前位置所观察到的部分三维场景，视野内的场景随之产生变化，因此人就感到好像是坐在驾驶舱内看到的道路实际情况。

3. 场景模型的组织原则

汽车驾驶虚拟实验平台作为一种大规模场景的实时仿真系统，需要建立的场景模型主要包括：

(1)地形地貌模型：主要包括仿真区域地理表面的形态。

(2)地面文化特征景物模型：包括地面上的人造或自然景观，如道路交通标志、房屋、树木、花草、山、河流等。

(3)运动实体模型：包括汽车、行人等。

由于场景模型的数据量非常大，必须对其进行有效的管理和合理的组织。在场景建模过程中，选择适当的数据库结构是用户创建满足自身需要模型的关键。用户应根据视景系统的需要，合理组织场景模型的层次结构，达到优化场景的目的，以满足仿真程序运行的实时性要求。在场景模型层次结构的组织过程中，应该考虑以下原则：

(1)视景系统软硬件开发平台对模型系统的限制。在建立场景模型时，首先应该对系统运行的软硬件环境有一个深入的了解，以便控制模型的多边形数量，使用合适的纹理图片以及正确地设置光源和材质，这样才能使视景系统在沉浸感和实时性上达到平衡。

(2)实时仿真应用程序对模型的要求。场景中不同模型所需要达到的精细程度各不相同。

在建立场景模型之前，首先应该对整个模型系统有一个全局的考虑。

(3)场景模型应根据系统的要求进行合理的划分。场景模型的层次结构既不能分得太细，也不能分得太粗。太细会增加建模的工作量，同时也给仿真程序带来额外的负担；太粗则不利于仿真程序的管理和调度。

(4)场景中的动态模型和静态模型应相互独立。场景中的每个动态模型都应该独立建模，这样可以保证在操控动态模型时，不会影响到静态模型，而且动态模型之间也不会发生干涉。

(5)便于采用各种先进的建模技术。在场景建模过程中，采用先进的建模技术可以利用较少的系统资源实现逼真的仿真效果，这些技术包括 LOD 技术、纹理映射技术、实例技术以及 Mapping 技术等。场景的组织应该便于这些技术的使用。

根据上述原则，我们将汽车驾驶仿真视景系统中的场景模型组织为如图 4.24 所示的结构。

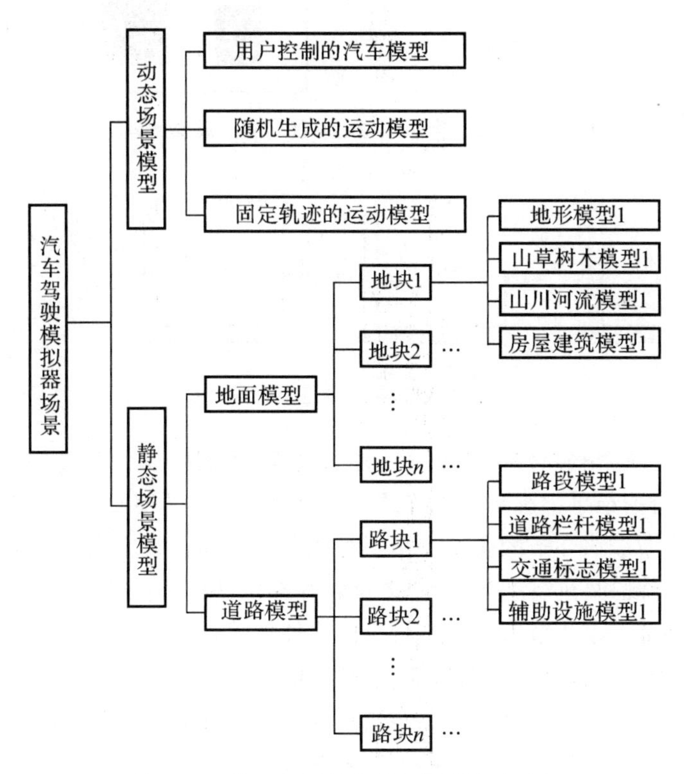

图 4.24　汽车驾驶仿真场景模型结构层次

4. 多通道立体显示

为了给驾驶者更真实的驾车感受，将立体显示技术、多通道技术有机地结合在一起，建立一个高沉浸感、高逼真度的视景系统，满足实时性、一致性、交互性的要求，非常必要。

人观测空间物体时之所以产生立体感是因为空间物体在左右眼视网膜上分别形成稍有差别的两幅图像，即物体特征点在双眼视网膜上的像存在位置差异的缘故。如图 4.25 所示，这种位置差异称为视差(Parallax)，它是产生立体感(深度感)的重要因素。

立体显示实现流程，根据人双眼产生立体视觉的原理，立体显示通常要生成左右眼两幅具有细微差异的图像，以模拟人的两只眼睛在现实场景中看到的左右眼两幅图像，然后观察者戴上特殊立体眼镜，让自己的左眼看到屏幕上的左眼图像，右眼看到屏幕上的右眼图像，这样观察者就在立体显示系统下看到真正的三维世界，即可产生立体视觉。立体显示流程如图 4.26 所示。

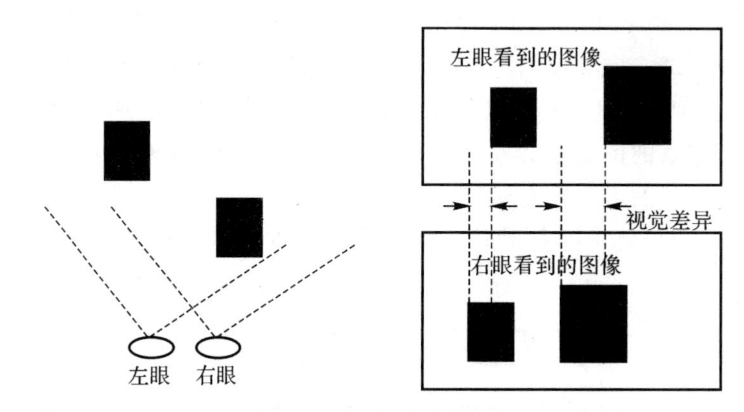

图 4.25　相同物体在左右眼视网膜上成像的差异

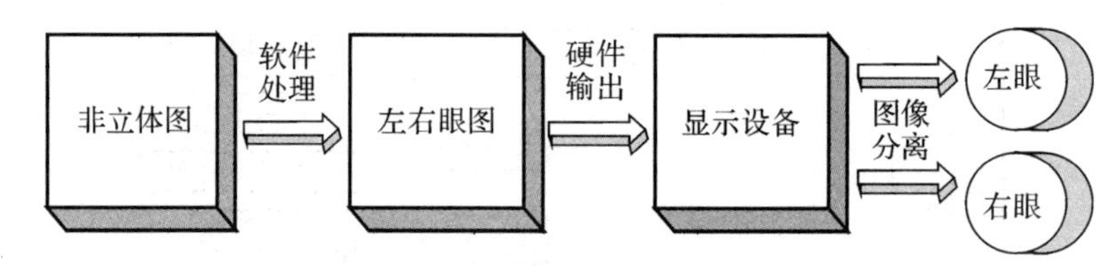

图 4.26　立体显示流程

立体显示过程是一个软硬件协同处理的复杂过程，系统性能受多方面因素的影响。该过程中每一个环节执行的结果都影响到最终的显示效果。各环节简要功能描述如下：

(1)软件处理环节。该环节的主要工作是将视点位置和视线方向按照人左右眼生成两幅不同图像的视觉差异规律，进行适当的平移、旋转等操作，以得到分别适合左右眼的两幅图像。

(2)硬件输出环节。该环节的工作是将经由软件处理过的左右眼两幅图像输出到指定的显示设备上。常用到的设备有专业图形卡、视频分配器、投影仪、头盔显示器等。

(3)图像分离环节。该环节的主要工作是对输出的左右眼两幅图像进行技术分离，即让人的双眼都只看到相应的一幅图像，过滤掉不相关的另一幅图像。

近年来，立体显示技术被越来越广泛地运用于虚拟仿真领域，出现了各种各样的立体显示系统。主要可以分为两大类：穿戴立体显示系统(Stereoscopic Display)与自由立体显示系统(Autostereoscopic Display)。

立体显示系统又可以分为时间复用式和同步式两种，常用的是时间复用式立体显示系统，如，主动式立体眼镜一般为液晶快门眼镜。同步式立体显示系统又称为被动式立体显示系统，其特点是同一时刻显示设备上同时显示左右眼两幅画面，如常用的偏振立体投影镜头与偏振立体眼镜。图 4.27 是笔者设计构建的多通道沉浸式立体显示系统。

图 4.27　多通道沉浸式立体显示系统

4.3.2　汽车虚拟驾驶视景的控制

汽车的运动是通过固结于汽车的坐标系进行描述的，为了便于描述场景中运动的汽车，设定当驾驶者位于驾驶座位上时，车辆坐标系与系统的默认坐标系是一致的，图 4.28 为被控车辆坐标系。车辆的实际运动可以看作是绕三个轴的移动和转动的合成。系统中驾驶者操纵的车辆可以沿 z 轴移动，当遇有上下坡时可以在 y 和 z 方向上有运动，车辆可以做绕 y 轴的转向，以后需要时还可以模拟转向时车辆的侧倾，但在保留模式中不能实现同时绕三个轴的旋转。

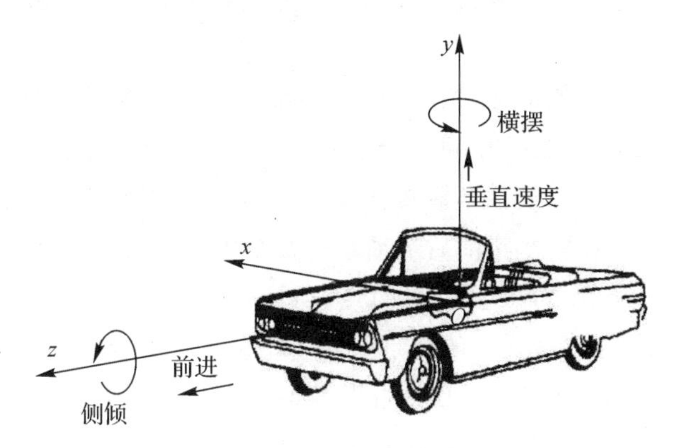

图 4.28　被控车辆坐标坐标系

驾驶模拟显示屏幕所提供的视景不同于一般的三维动画场景，其运行变化必须符合驾驶操作的实时控制，操作者与视景的变化是实时交互的。驾驶训练者对于操纵部件的操作通过传感器和接口被系统识别和接受，系统经过处理和运算，得出对应的被控车辆的运动变化及参数，最后根据这些参数将变化后的视景渲染到显示屏幕上，驾驶训练者就能实时地观察到自己驾驶车辆的运行情况。

根据系统所需实现的功能要求，车辆要能够进行前进、后退行驶，转向和上下坡的俯仰，其最基本的运动可以分解为沿 z 轴的移动，绕 x 轴和 y 轴的转动。驾驶者控制车辆运动的基本操纵部件是方向盘、油门、离合、刹车和挡位操作部件，另外还有点火开关、转向指示灯等辅助性操作部件。

在实际驾驶过程中，驾驶者除通过前风挡玻璃观察车辆运行前方及两侧的状况外，还必须通过车上的后视镜观察到车辆侧后方的情况。在驾驶虚拟实验平台上，也必须为驾驶者提供观察车辆后方视野的手段和能力。采用多视口显示技术完成在一个视景平面上提供一个前方主视野和两个后视视野，最后模拟的结果如图 4.29 所示。

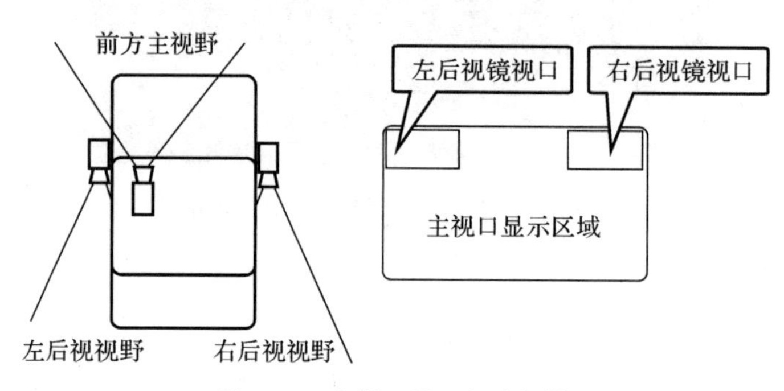

图 4.29　多视口显示驾驶场景

三个视口的主次是不同的。向前是主视野，后视镜的两个视口是辅助性的，因此在屏幕上的位置和大小不妨碍主视野观察，并且方便查看后方路况。

渲染机制是每隔一个时间循环渲染一次场景，渲染场景时重新计算和放置场景中的所有实体。因此，车辆的运动模拟也就是在一系列离散的时间片内不断重新设置位置。当场景渲染的速度变化，车辆便显示了连续的运动变化。这种渲染机制类似于摄影机的回放或实时交互的动画播放。

如前所述，在每一时刻车辆的运动在本地空间都可以分解为沿 z 轴的平行移动、绕 x 轴的旋转运动、绕 y 轴的旋转运动，它们可以分别对应车辆的前进和后退、沿 x 轴的俯仰以及转向运动，将其组合在一起就可以模拟车辆驾驶时的基本运动，能够满足驾驶操作控制的要求。

汽车驾驶虚拟实验平台中，车辆前后运动与这几个因素相关：当前汽车的挡位、油门大小、制动状态、离合器状态，汽车的前后运动可简化为图 4.30。

汽车虚拟驾驶的视景屏幕所提供的视景不同于一般的三维动画场景，其运行变化必须符合驾驶操作的实时控制，操作者与视景的变化是实时交互的。所以，驾驶者对于操纵部件的操作通过传感器和接口被系统识别和接收，系统经过处理和运算，得出对应的被控车辆的运动变化及参数，最后根据这些参数将变化后的视景渲染到显示屏幕上，驾驶者能够实时地观察到自己驾驶车辆的运行情况；同时，驾驶者在同一驾驶场景中还要与其他驾驶员及智能物体(人，随机的运动物体)进行交互，即实现超车、让车、堵车、避人等。

驾驶场景的控制就是指根据驾驶者的操纵输入，计算出被仿真操纵的车辆在虚拟场景中的运动情况，以及此时的道路、交通标志、行人、其他车辆等场景中的交通和景物状况，经过软件各个模块的处理，将对应的场景、运动情况和视景显示出来。简单地说，就是控制每个时刻驾驶者通过虚拟的前风挡玻璃、后视镜向外看时视野中应当看到的场景及其运动变化。

驾驶场景的控制数据来自两方面：一是本车的操作数据，由驾驶操作数据采集处理系统提供;二是其他车辆的运动数据,由分布式网络(或随机智能车辆)实时提供产生。

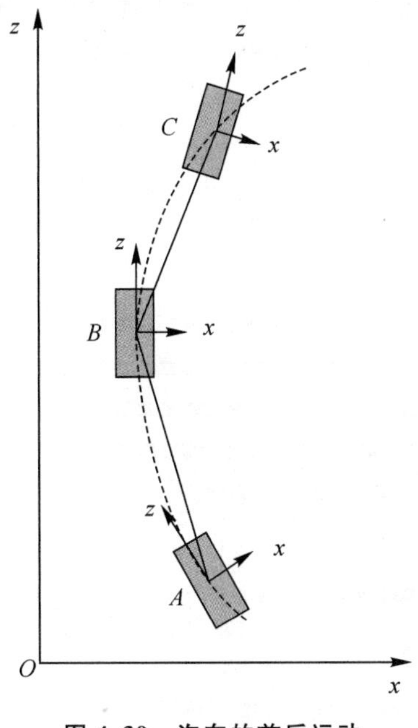

图 4.30　汽车的前后运动

视景控制效果的实时性、准确性、逼真性是系统开发的主要要求,与系统软硬件的配置有很大关系。考虑到系统的功能实现和性价比,与程序输入输出控制相关的声音和三维图形设备的配置方案如图 4.31 所示,通过软件系统把各种硬件设备联系成一个有机整体,软件系统是系统的控制核心。

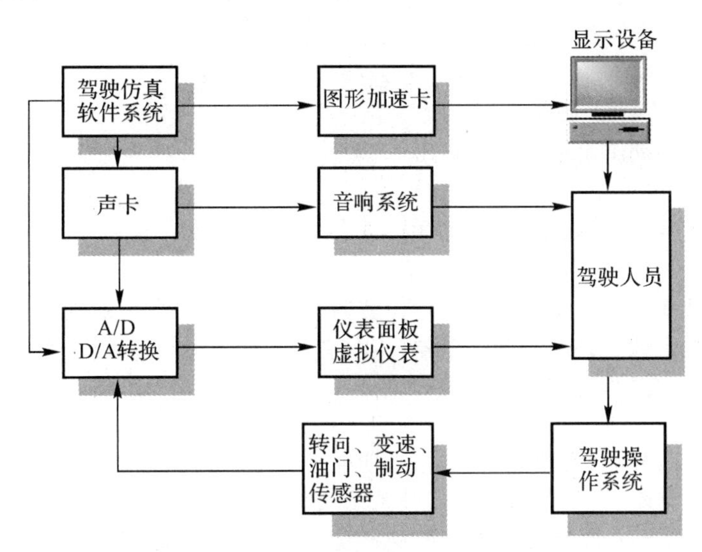

图 4.31　汽车驾驶仿真系统输入输出控制

车辆运动的几个状态的关系可以简化为:由挡位决定当前挡位下车辆可能达到的最大速度,由油门大小决定当前油门踏板所处位置的最大速度,由刹车和离合的状态决定是否在当前速度下开始减速及减速的大小。

当前挡位与速度的关系如图 4.32 所示，当操作者没有踩刹车和离合，而只踩油门加速时，车辆将逐渐加速到当前挡位下车辆所能达到的最大速度。加速的快慢与油门的大小有关，油门大，加速快，反之加速慢。在踩下刹车或离合后，车辆减速，减速的快慢根据刹车或离合而不同。在每个渲染循环中，根据当前挡位的最大速度、油门大小、刹车离合状态以及不同状态下设定的加减速度的大小，计算出当前渲染中车辆前进步长(SpeedStep)，并用这个值作为车辆帧沿 z 轴的平移量来渲染当前场景，以达到操纵输入控制车辆运动的视觉效果，主要过程可以表示为图 4.33。

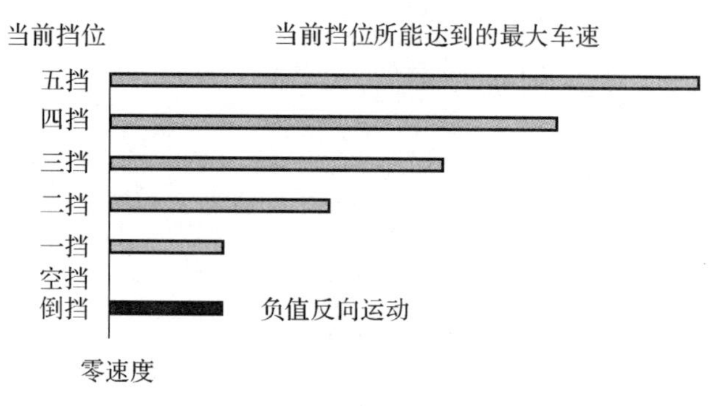

图 4.32　挡位与速度关系示意图

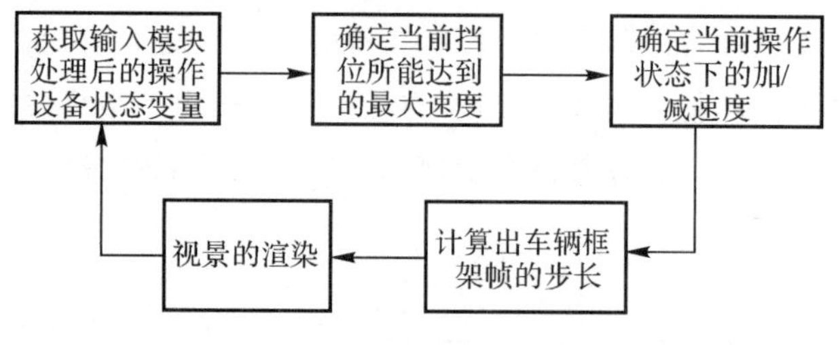

图 4.33　汽车前后运动控制流程

汽车的转向运动和上下运动(上坡、下坡)的控制与实现机理基本一样，在此不详细叙述。

4.3.3　汽车虚拟驾驶平台的通信

汽车虚拟驾驶平台是一个分布式的虚拟实验平台，分布式汽车驾驶虚拟实验平台是由若干单台的汽车驾驶系统(驾驶者)和服务器(实验者)组成的分布式系统，系统数据的交换和数据共享是实现分布式汽车驾驶虚拟实验的关键，图 4.34 是分布式汽车驾驶虚拟实验平台网络结构。

分布式系统中服务器(实验者机)的基本功能是管理、控制和采集各台虚拟驾驶系统(驾驶员机)的运行，及时判断、采集各台虚拟驾驶系统(驾驶员机)的驾驶状况和车辆在场景中的行驶位置，对实验的情况进行分析。要完成这些功能，系统要求监控服务器能够与单台模拟器(驾驶员机)进行良好的通信，能够管理、控制和监视驾驶模拟在单机下的运行，也能在网络模式(分布式)下运行。

这些功能的完成，必须通过分布式网络数据实时交换来实现。在这一章，我们主要讨论基于 MFC 和 Sockets API 通信类函数，在已经建立的驾驶仿真网络硬件平台上，实现分布式实时网络通信的算法和程序。

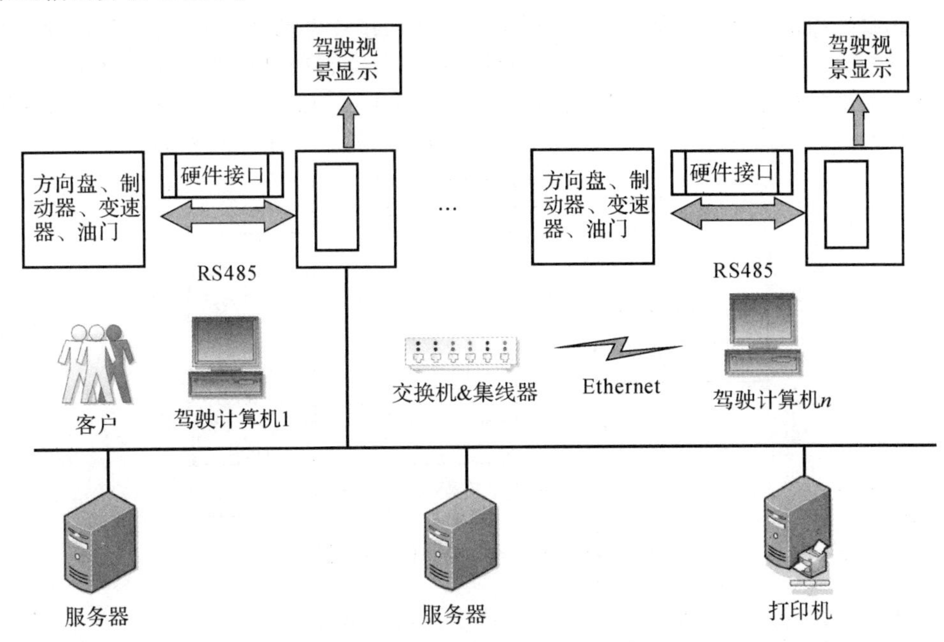

图 4.34　分布式汽车驾驶虚拟实验平台网络结构

1. C/S 模式的通信网络

服务器(实验者机)在分布式汽车驾驶仿真系统中起着监督和管理的作用,可以实时监控每台模拟器(客户机/驾驶员机)的运行状况,客户机/学员机也可向主控机提供它的状态信息。所以在开发服务器(实验者机)的功能时,要保证服务器的稳定性、高效性和扩展性。服务器(实验者机)根据整个系统在模拟驾驶中设置的项目不同,在运行过程中管理与模拟器有关的驾驶者登入信息、驾驶状态查询、结果查询、主被动式之间的强制转换等操作命令。

每一台模拟器(客户机/驾驶员机)在开机进入系统后,首先进行网络检测,在联机成功后,模拟器(客户机/驾驶员机)可以自由地选择练习的模式和项目,并将该信息发送给主控机;服务器(实验者机)相应地建立一个以模拟器(客户机/驾驶员机)号为检索编号的信息数据库,只要对应的驾驶模拟器进行一次选择,就接收一次信息,为避免反复的选择,造成主控机数据库的存储量过大,主控机应及时地刷新数据库的记录。

分布式汽车驾驶仿真系统的“分布”体现在该系统中不设中央计算机,其计算能力是分布的,各模拟器(客户机/驾驶员机)在本计算机上完成驾驶视景系统、驾驶操作数据的采集系统、专家系统、评价系统、音响系统的指令,而服务器(实验者机)则完成各学员在可见距离内本车辆位置数据的传输,其网络是一种瘦服务器/肥客户机形式,可以极大减少数据的传输量,提高系统的实时性。明确服务器(实验者机,以下称为服务器)和模拟器(客户机/驾驶员机,以下称为客户机)的功能与要求后,主要的工作是实现网络通信,并保证系统的实时性。

面向连接的并发服务器的交互和处理请求往往比较复杂,不是一来一去的请求应答所能解决的。本例采用的并发服务器,连接的步骤如下:

(1)等待一个客户的请求的到来。

(2)启动一个新的服务进程来处理客户的请求,而原来服务器的进程则继续检测是否有新的客户请求到来(如果有,则再进行一次第二步的处理操作)。客户的请求处理结束后,这个新的进程被终止。

(3)返回到第一步。

分布式服务器的工作描述如图 4.35 所示。网络连接技术现在比较成熟,客户端是面向实际用户的,就像大多数软件一样,应该把友好的界面以及完善的功能要求放在首位。单从总体设计与技术实现角度来讲,用户端的工作量庞大,必须注意与服务器通信格式兼容、准确地接收和传输数据等。由图 4.35 可以看出,客户机与服务器的关系是不对称的。

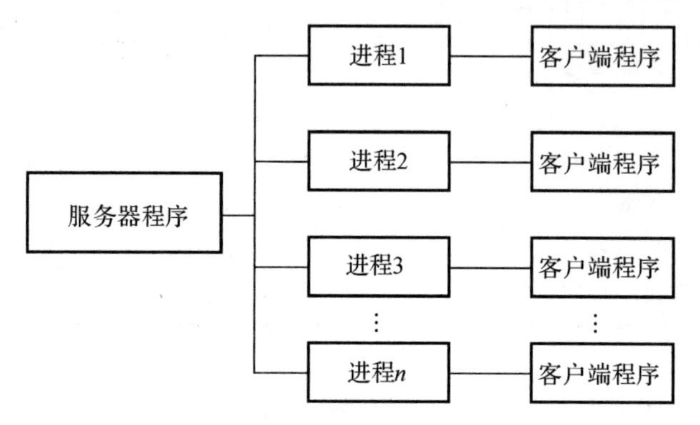

图 4.35 分布式服务器的工作描述

C/S 模型中实现面向连接的 Socket 通信流程见图 4.36。

首先,服务器启动,通过调用 Socket ( )建立一个套接字,然后调用 Bind( )将该套接字和本地网络地址联系在一起,再调用 Listen( )使套接字做好侦听的准备,并规定其请求队列的长度,然后调用 Accept( )接收连接。客户机在建立套接字后就可以调用 Connect()和服务器建立连接,连接一旦建立,客户机和服务器之间就可以通过调用 Write( )和 Read( )来发送和接收数据。最后,等待数据传送结束后,双方调用 Close( )关闭套接字。

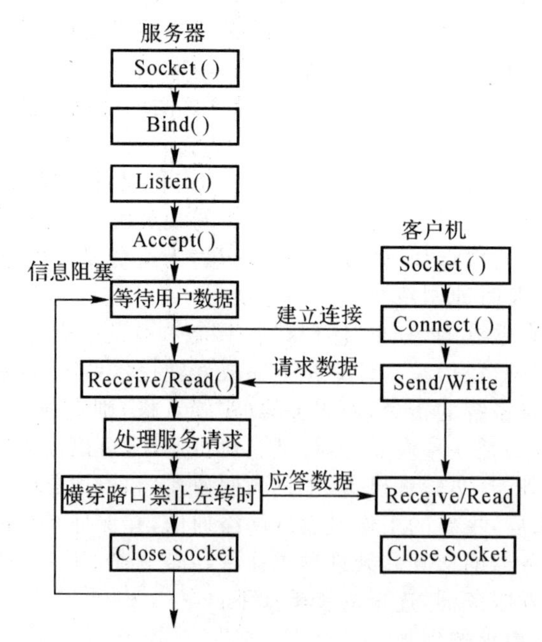

图 4.36 C/S 模型中实现面向连接的 Socket 通信流程图

Socket 之间的连接可以分为三个过程:

(1)客户端连接:即客户端的 Socket 提出连接请求,要连接的目标为服务器端的 Socket。为此,客户端的 Socket 对服务器的 Socket 地址和端口号进行探测,如果找到定位服务器端的 Socket,则向服务器提出连接请求。如此时服务器端 Socket 正处于就绪状态,则立即向客户端 Socket 发出“允许连接”信号。至此,客户端 Socket 与服务器端 Socket 的连接建立就绪。在创建客户应用程序时,必须知道服务器计算机名或其 IP 地址(存于 RemoteHost 属性)及服务器计算机进行侦听的端口(存于 RemotePort 属性),然后调用 Connect 方法。

(2)监听连接:服务器端如监听到客户端 Socket 的连接请求,即响应客户端 Socket 的请求而建立一个新的 Socket 句柄与客户端连接。而服务器端 Socket 则继续处于监听状态,准备接收其他客户端 Socket 的连接请求。

(3)服务器端连接:当服务器端 Socket 接收到客户端 Socket 的连接请求后,若已经处于就绪状态,就把服务器端 Socket 的描述信息发给客户端,一旦客户端确认了此描述,连接建立。作为服务器,需要有一专用于接听的 Socket,以便随时接收从客户端发送来的信息,CSocket 类的 Listen 本身支持多线程,故而不必为其开辟新的线程。典型的做法是为每一个 Client 端的连接创建一个 CSocket 对象,只需要管理一个 CSocket 的链表在 Client 断开之后,做些清理工作就可以了。数据的收发在服务端 CSocket 派生出的类中完成,CSocket 是靠消息驱动的,多个 CScoket 并存且可以同时工作。创建服务器应用程序时,就应相应设置一个侦听端口(LocalPort 属性)并调用 Listen 方法。当客户机需要连接(connect)时,就会发生 ConnectionRequest 事件。

2. 客户机(驾驶员)通信程序的算法

编写基于对话框的应用程序,使用面向连接协议的 C/S 模式。

算法与流程图如图 4.37 所示,程序的循环过程中,不断接收来自监控服务器的命令和发送模拟器运行中的信息。

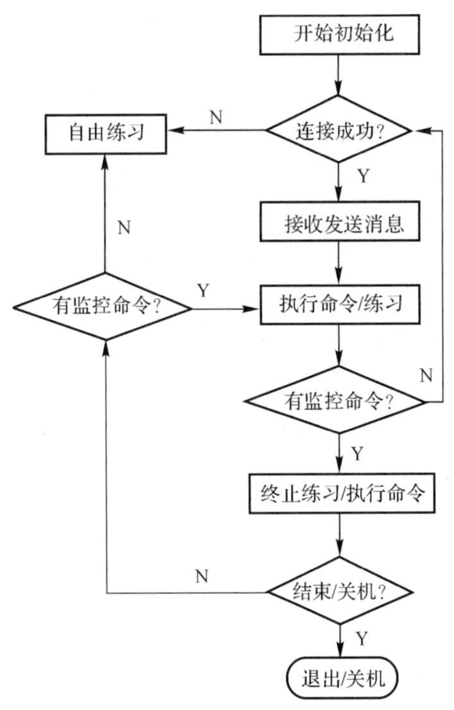

图 4.37　网络通信程序流程

窗口类 CClientTestDlg 主要负责和用户的交互,设置端口和服务器的地址、管理发送和接收的数据以及关闭与监控服务器的连接。同时还生成客户 Socket(CClientSocket)与服务器的连接,即管理客户 Socket 的产生、连接和销毁。数据的发送和接收是客户 Socket(CClientSocket)来完成的。

实现的程序段:

```
……
void CClientTestDlg::OnNetLink()
{
  if(m_pSocket)
  {MessageBox("已经连接到服务器了","错误信息",MB_OK);
return;
}
CLinkDlg m_LinkDlg;
if(m_LinkDlg.DoModal()==IDOK)
{         m_strServerName=m_LinkDlg.m_strAddress;
          m_nPort=m_LinkDlg.m_nPortNumber;
          m_pSocket=new CClientSocket(this);
          if(!(m_pSocket=ConnectServer()))
          {delete m_pSocket;   return;}
  }
}
void CClientTestDlg::OnNetSend()
{         if(! m_pSocket)
  {       MessageBox("还没有进行服务器的连接","错误信息",MB_OK);   return;}
CMessageDlg m_MessageDlg;
if(m_MessageDlg.DoModal())
{      char pMsg[10000];

sprintf (pMsg,"%s",m_MessageDlg.m_strMessage.GetBuffer(10000));
        //调用自定义的 CSocket 派生类的发送函数
        m_pSocket->Send(pMsg,strlen(pMsg));
        }    }
CClientSocket * CClientTestDlg::ConnectServer()
{CClientSocket * pTempSocket=new CClientSocket(this); //生成客户端的 Socket
  if(!(pTempSocket->Create()))
  {      delete pTempSocket;
         MessageBox("生成 Socket 出错","错误信息",MB_OK);
         return NULL;
}
```

```
//进行服务器的连接
if(! pTempSocket－＞Connect(m_strServerName,m_nPort))
{       delete pTempSocket;
        MessageBox("和服务器进行连接时出错","错误信息",MB_OK);
        return NULL;
}
```

3. 服务器(实验者机)网络通信的算法

监控服务器程序开发的框架与客户机是一致的，主要功能是创建监听 Socket 进行监听，在有客户机进行连接请求时会创建一个新的接收 Socket 来处理这个客户的数据的发送和接收。其工作流程图如图 4.38 所示。

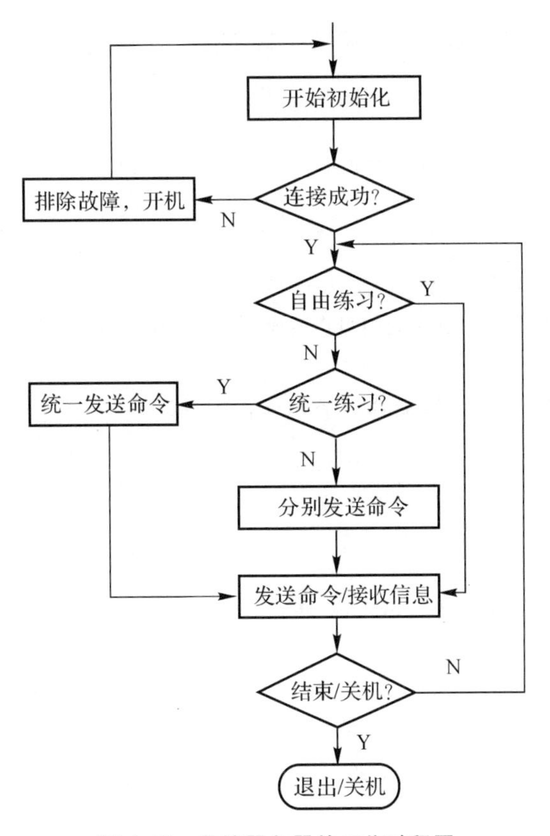

图 4.38　监控服务器的工作过程图

编写从 Socket 派生的类 CListenSocket 作为服务器负责监听的 Socket，类 CAcceptSocket 作为服务器负责接收客户请求的 Socket。

窗口类对象添加两个成员变量：

CListenSocket＊ m_pListenSocket;//一个监听 Socket

CptrList m_pAcceptList;//一个接收 Socket 的队列

CServerTestDlg 主要负责和用户的交互，同时负责接收用户设置的端口、生成监听 Socket 和维护接收 Socket 队列，监控服务器的连接，同时还生成客户 Socket(CClientSocket)与服务器的连接。也就是说，管理客户 Socket 的产生、连接和销毁。数据的发送和接收由客户 Socket(CClientSocket)完成。

```
……
m_pListenSocket=new CListenSocket(this); //创建监听 Socket
if(m_pListenSocket->Create(m_SetPortDlg. m_nPort))
  {     if (! m_pListenSocket->Listen(50))//监听 50 台客户机
        { MessageBox("设置监听 Socket 失败","错误信息",MB_OK);
        delete m_pListenSocket;
        }
}
else
{       MessageBox("生成 Socket 错误","错误信息",MB_OK);
        delete m_pListenSocket;
}
void CListenSocket::OnAccept(int nErrorCode)
{       ……
        CAcceptSocket * pSocket=new
CAcceptSocket(m_pServerTestDlg); //生成一个接收 Socket
    //如果接收函数操作成功,则通过窗口类的成员变量把接收 Socket 放入接收 Socket 队列
if(Accept( * pSocket))
    m_pServerTestDlg->m_pAcceptList. AddTail(pSocket);
else
    delete pSocket;
……
}
void CAcceptSocket::OnReceive(int nErrorCode)
{       do
        {ByteCount=Receive(tempMsg,1000);
            if(ByteCount>1000 || ByteCount<=0)
            {       AfxMessageBox("接收数据出错",MB_OK);   return;
        }
        else
            if(ByteCount<1000 && ByteCount>0)
                EndFlag=1;
            tempMsg[ByteCount]=0;
            strcat(pMsg,tempMsg);
}while(EndFlag==0);
//发送回传信息
Send(AnswerMsg,strlen(AnswerMsg),0);
}
```

4. 驾驶场景内车辆之间交互通信算法

服务器(实验者机)在分布式汽车驾驶仿真系统中起着监督和管理的作用,因此它可以实时监控每台模拟器(客户机/驾驶员机)。

汽车驾驶虚拟实验(仿真)平台是汽车驾驶模拟器(客户机/驾驶员机)和服务器(实验者机)组成的局域网,数据的交换和数据共享是实现分布式交互驾驶虚拟实验的关键。

在整个系统中,服务器(实验者机)负责对整个网络的管理和监控,并接收网络中的驾驶模拟器(客户机/驾驶员机)发送的车辆信息,并向其他驾驶模拟器(客户机/驾驶员机)发送相关的车辆信息,例如:同路段可见车辆的运动状态;网络中的各驾驶模拟器(驾驶员机)定时向服务器(实验者机)发送自己的运行状态,这包括行驶的路线与路段、车速、车辆所在位置坐标;而接收服务器(实验者机)发送的除本车以外在同一路段的其他车辆的运动状态。各驾驶模拟器(驾驶员机)还承担处理和调用相应的驾驶场景、其他车辆和运动物体(行人等)在场景中的相互运动(会车、超车等)、操作系统的数据采集与处理、驾驶评价与专家系统的运行等任务,所以,在整个系统中的通信数据流量不大,但对实时性的要求较高。图 4.39 是车辆之间交互的基本通信算法。

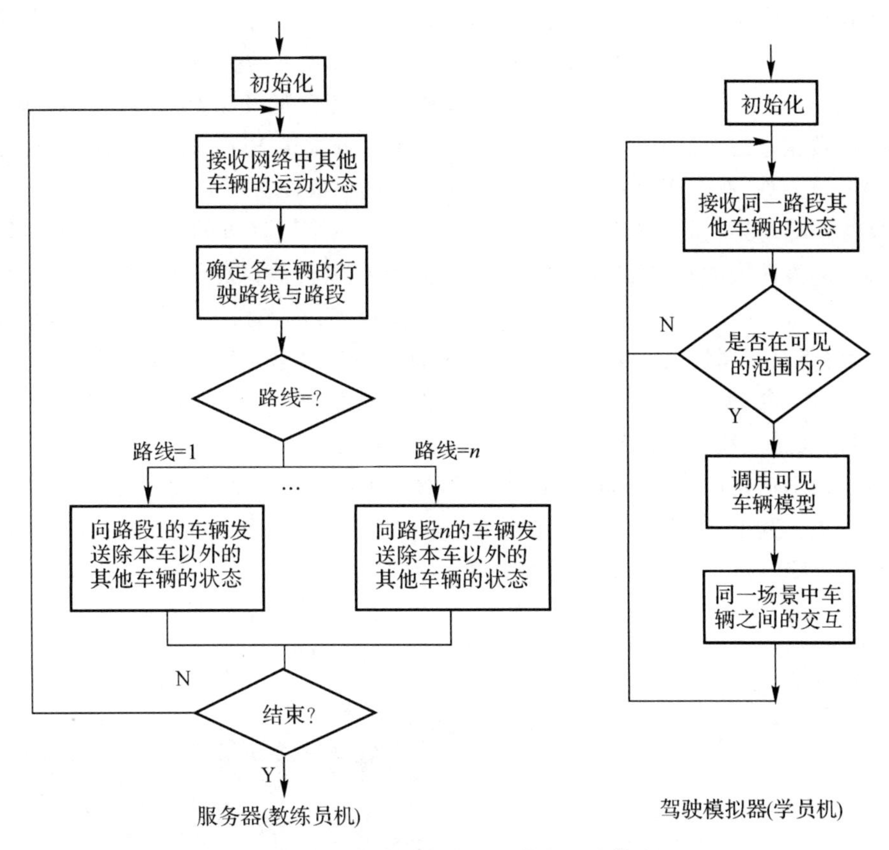

图 4.39　车辆之间交互的基本通信算法

图 4.39 本质上是一个基于 DIS 的数据同步算法。在此基础上,我们还着重研究了以下问题:

1) 由于标准 DIS 系统中采用固定的 PDU 封装格式,所以只要实体的某个状态超过阈值,就要发送整个 PDU。

2）在主对象端，无须向其他副本端发送所有状态，也并非所有的副本端在任何场合下都对主对象的所有状态变化感兴趣。

3）标准 DIS 中通常只提供不可靠的 UDP 传输，不提供可靠的 TCP 传输，但实际上有时需要保证某些关键数据必须被收到。

4)对某些特殊的实体状态很难进行 DR 推算，例如特殊情形下急停、急转的处理，车辆姿态属性会发生突变，即便采用高阶 DR 模型也仍然难于对这种突变进行精确预测。

对于第 1)个问题，可以采用 VPDU 方法降低发送 PDU 包的大小。对于第 2)个问题和第 3)个问题，借鉴 HLA 中的一些思想，设计了一种简单的数据过滤机制和分类别的数据分发方法，并结合 DR 算法实现对象同步。对于第 4)个问题，采用的方法是：在主对象端和副本端都不进行 DR 推算，只要主对象端的属性当前值与前一时刻的属性值不相等，就进行属性同步，同时，适当加大这类属性的通信频率，保证仿真精度。

(1) 数据过滤机制。在每一个仿真终端，都可以预先设定一个订购区域和一个感兴趣的对象集合。一般地，订购区域与视点相关，不在订购区域内的对象可以不要求更新。如果订购区域和感兴趣区域中的对象集合发生了变化，则各仿真终端会将改变量以广播的方式向其他仿真终端发布。在发送端，只有当订购区域和感兴趣对象二者的交集中的对象状态超过阈值时，才向其他感兴趣的仿真终端发布。在采用 VPDU 技术降低发送 PDU 包大小的基础上，由于同时采用了数据过滤机制和 DR 技术，可以进一步降低发送 PDU 包的个数，从而有效地降低发生拥塞的可能性，有助于增强仿真终端之间的数据一致性。

(2) 数据分发方法。在每个仿真节点上，都建立了一个可修改的属性发布队列和一个属性检测线程。属性队列的基本结构为：{对象名；属性名；属性值；数据分发类型}。属性检测线程定时工作，仅对属性发布队列中的成员进行属性值检查：首先利用 GetPropValue 函数获取当前属性值，再将其与属性发布队列中的属性推算值进行比较，如果二者之间的差异超过阈值，就将该属性值按数据分发类型分别送入不同的发送缓冲区(数据分发类型为 1，表示组播通信，送入组播发送缓冲区；数据分发类型为 2，送入点对点发送缓冲区)。最后，当属性发布队列中所有记录都被轮循检查一遍之后，将两个发送缓冲区中的内容以合适的方式向其他仿真节点发送出去。其中，组播缓冲区中的内容以组播方式发送；而点对点的发送方式表示将建立一个可靠的 TCP 连接，以可靠的方式发送关键数据。

通过通信算法，实现汽车驾驶虚拟实验中虚拟车辆间的交互，如图 4.40 所示。

图 4.40　汽车驾驶模拟器(各虚拟车辆)之间的交互

操纵驾驶汽车的过程是一个复杂的心理和生理的工程，在操纵控制汽车的过程中，汽车-驾驶员-环境(道路)是互相影响、互相作用的，汽车驾驶虚拟实验平台(系统)的构建应该把汽车-驾驶员-环境(道路)作为一个闭环系统来考虑。

首先，本章描述了汽车驾驶行为，用驾驶员特性模型、驾驶控制模型以及汽车-驾驶员-道路闭环系统模型描述了汽车的驾驶控制过程，为我们设计构建汽车驾驶虚拟实验平台提出了功能目标的要求。

然后，对汽车驾驶虚拟实验平台进行了设计，强调虚拟驾驶操纵仿真过程对沉浸感、交互感 、实时性、交互性的要求，同时，还关注其道路场景、其他道路交通参与者(人、车)对驾驶者的影响。笔者设计的驾驶虚拟实验平台包括视景系统、音响系统、仪表系统、操作系统、数据采集、汽车模型、评价系统等几大部分。

接着，着重对汽车虚拟实验及平台构建中的技术关键，包括汽车驾驶视景的组织、视景数据库建模、多通道立体显示、多视口显示的汽车视景控制、分布式汽车虚拟驾驶的实时网络通信算法等进行了详细介绍。

本章所设计构建的汽车驾驶虚拟实验平台能够满足汽车虚拟实验的要求，笔者在该平台上开展了相关的汽车驾驶控制的研究与应用。

参 考 文 献

[1]　陈家瑞. 汽车结构[M]. 北京：人民交通出版社，2002.

[2]　余志生. 汽车理论[M]. 3 版. 北京：机械工业出版社，2002.

[3]　郭文婷，尹念东. 虚拟智能驾驶仿真平台的设计与实现[J]. 湖北理工学院学报，2020，36(2)：9-13.

[4]　尹念东，夏萍，何彬. 高速公路汽车驾驶控制的分布式虚拟实验研究[J]. 黄石理工学院学报，2012，28(1)：1-4.

[5]　尹念东. 分布式汽车驾驶仿真系统的研究与开发[R]. 武汉：武汉理工大学，2007.

[6]　郭文婷. 虚拟复杂交通场景下的汽车驾驶行为研究[D]. 武汉：湖北工业大学，2021.

[7]　陈定方，尹念东. 分布交互式汽车驾驶训练模拟系统[M]. 北京：科学出版社，2009.

[8]　董浩明. 基于汽车模拟驾驶器的三维视景交互式优化建模研究[D]. 武汉：武汉理工大学，2006.

[9]　李勋祥. 基于虚拟现实的驾驶模拟器视景系统关键技术与艺术研究[D]. 武汉：武汉理工大学，2006.

第5章　汽车驾驶控制的虚拟实验

上一章，以汽车驾驶虚拟实验为例，构建了虚拟实验平台，该平台具有分布性、实时性、交互性、知识性、沉浸性和扩展性的优点，可以广泛地用于汽车驾驶训练、微观交通仿真、驾驶员控制模型、高速公路虚拟设计和检验及评价、交通事故再现的研究和应用。由于汽车驾驶过程的高速、危险、复杂、耗能等特点，采用虚拟实验技术对汽车驾驶过程进行研究具有独特的优势。

本章主要在所构建的虚拟实验平台基础上，研究复杂交通环境对汽车驾驶员的影响、汽车的节能驾驶控制和汽车驾驶训练的评价。汽车驾驶虚拟实验的系统结构如图5.1所示。

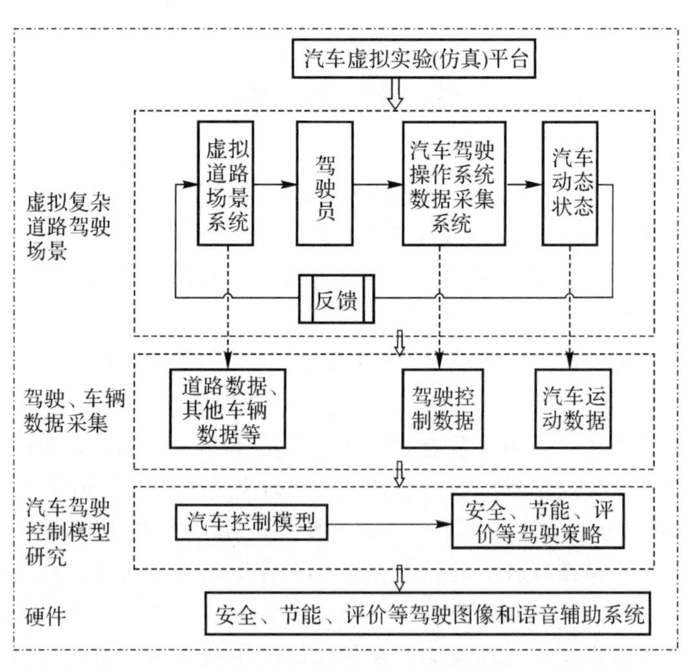

图5.1　汽车驾驶虚拟实验的系统结构

5.1　复杂交通环境对汽车驾驶员的影响

复杂交通环境是指在不同类型驾驶员参与的高速、多车、恶劣天气以及交通参与者的不良驾驶行为等交织在一起的驾驶环境。复杂的交通环境对驾驶员的影响表现为对驾驶行为的影响。当面对复杂交通环境时，不同类型的驾驶员在“人-车-路”驾驶系统中，会受到不同的影响，表现出不同的驾驶特性及行为。

汽车驾驶虚拟实验平台不仅能完全控制实验所需环境因素，而且，虚拟的复杂交通场景能够把具有各种性格、各种情绪的驾驶员在面对高速、危险、拥挤等环境时的生理应激反应激发与表现出来。此外，虚拟实验运行成本较低，可反复地对复杂交通场景下驾驶员在不同环境及心理、生理状况下所做出的驾驶行为选择进行深入研究，分析复杂交通环境对汽车驾驶员的影响，以控制、预防和减少交通事故，保证车辆安全驾驶。

5.1.1　虚拟复杂交通场景

在上一章建立的汽车驾驶虚拟实验平台基础上，利用平台软件接口，我们基于图像与图形相结合的建模技术、实例技术、纹理映射技术、视景特效技术等生成复杂道路交通场景。

1. 道路视景模型的建立

(1)道路的建模。在城市道路建模时，道路模型可以根据实际地图建立，也可以根据驾驶培训的需要定制。这里以某城区地图为原型，设计了如图 5.2 所示的汽车驾驶虚拟实验视景系统城市道路模型。

图 5.2　汽车驾驶虚拟实验视景系统城市道路模型

(2)房屋建筑的建模。房屋建筑与路面一起构成了驾驶虚拟实验视景系统的主要道路环境。由于驾驶虚拟实验视景系统对房屋模型的仿真度要求较高，场景中的大部分房屋模型都需要通过手工创建。不管是使用模板还是通过手工创建，在软件 MultiGen Creator 3.0 房屋建模的主要过程都可以概括为：模型设计→制作纹理贴图→创建多边形→多边形拉伸成体→细节处理→贴纹理。图 5.3 是房屋模型的建立过程。

(3)树和路标的建模。树和路标的建模在原理上是相同的，除非有特别的要求而需要进行精细建模，通常都是在建立的平面上贴上带通道的透明纹理，然后设置面的属性为双面显示。

树木的建模如图 5.4 所示。

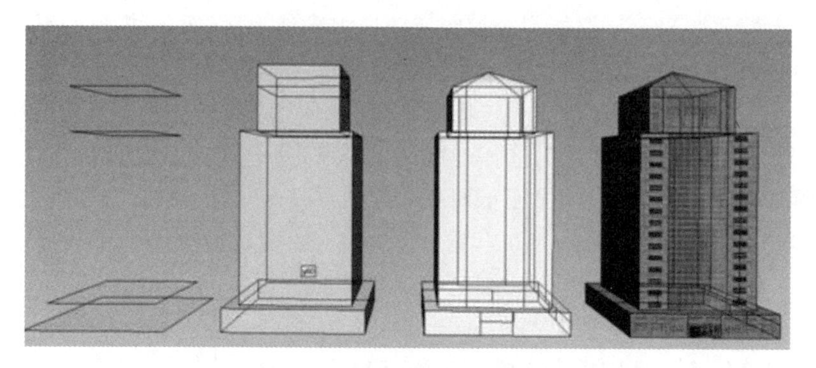

图 5.3　房屋模型的建立过程

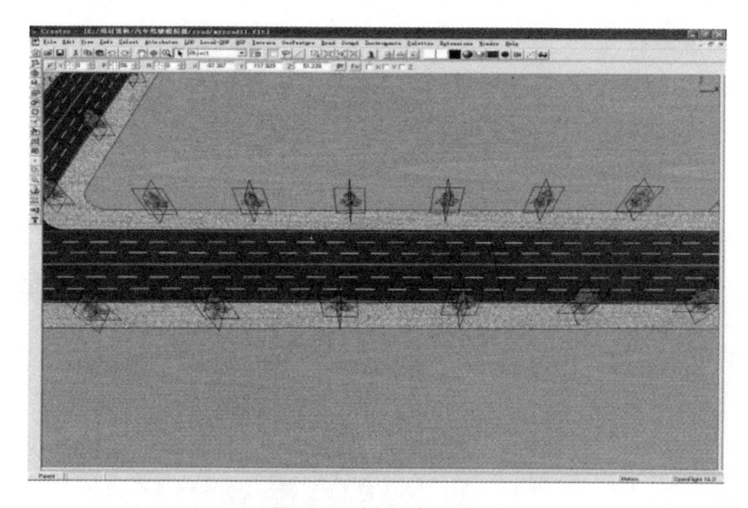

图 5.4　树木的建模

(4)路、桥、隧道的建模。汽车驾驶虚拟实验视景系统场景模型，很多都涉及路、桥、隧道的建模，这些建模工作可以在 Maya 中完成。图 5.5 是道路、隧道的几何模型。

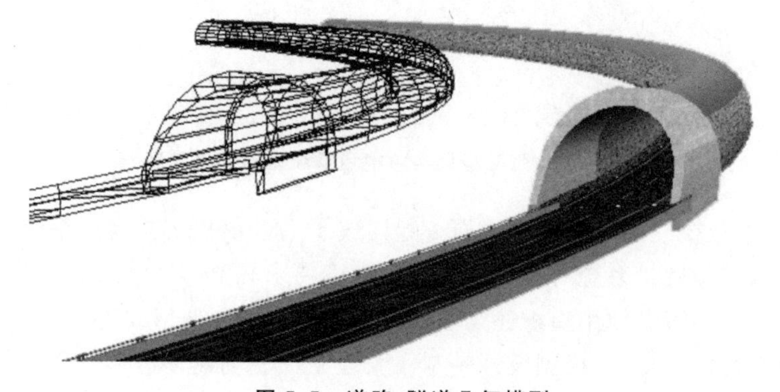

图 5.5　道路、隧道几何模型

(5)三维等高线地形模型。利用航测高程数据，生成等高线三维地形。本例子中，场景采用卫星航测数据生成等高线三维地形，该地形从新疆赛里木湖到果子沟口段，全程约 50 km，面积约 400 km^2，该场景最终用于汽车虚拟驾驶仿真的视景系统。图 5.6 是基于矢量绘制的新疆赛里木湖至果子沟口段的等高线三维地形，图 5.7 是最终的视景系统三维场景。

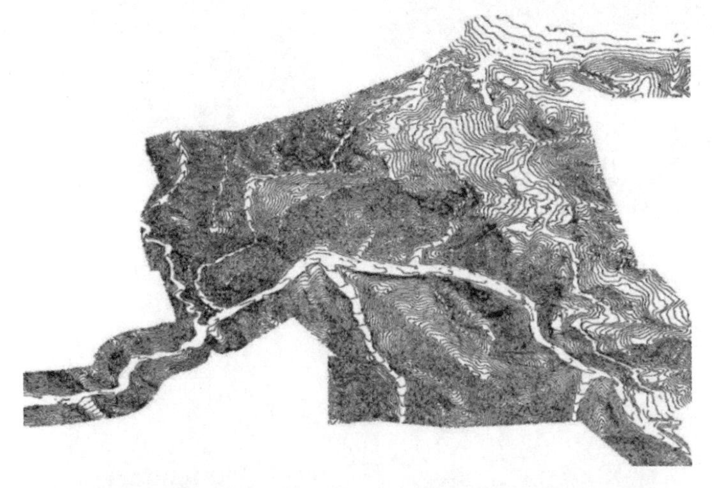

图 5.6　基于矢量绘制的新疆赛里木湖至果子沟口段的等高线三维地形

图 5.7　新疆赛里木湖到果子沟口段的视景系统三维场景

(6)图像与几何相结合的建模。图像与几何结合的建模技术可以最大限度地挖掘建模的潜力，把高仿真度的图像映射至简单的几何模型，在保证三维模型真实度的情况下，可以极大地减少模型的网格数量。图 5.8 是几何建模与图像建模的汽车、车轮模型。

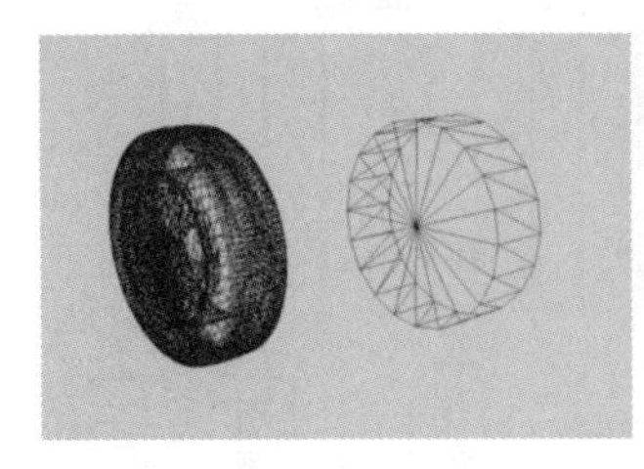

图 5.8　几何建模与图像建模的车轮、汽车模型

(7)视景特效。汽车驾驶视景系统采用环境的粒子特效(如雾、雨、雪)技术，以及烘焙渲染

等技术，模拟有雾、下雨、降雪等天气的驾驶场景。图 5.9 是仿真下雨的效果。

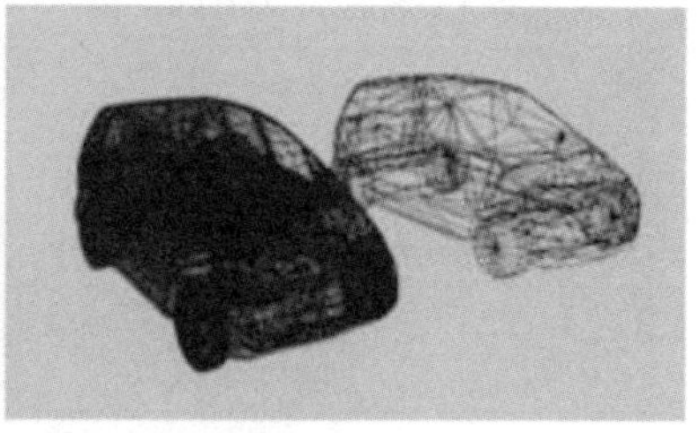

续图 5.8 几何建模与图像建模的车轮、汽车模型

图 5.9 下雨时的虚拟驾驶场景

2. 道路三维视景结构

采用实例技术，道路三维视景的数据结构可设计为一个层次结构，视景或子视景中实例的位置和方位是相对于该实例的视景或子视景而言的。因此，同一视景中可以包含许多相同的子视景，只是这些子视景所处相对位置和相对方位不同而已。用搭积木方法可以大大提高建造视景的效率，当需要改变视景时也有足够的灵活性。在道路交通三维场景中，往往会有同一物体多次出现的情况，这时，只需要在计算机内存中存放一个实例，并通过几何变换而得到其他位置的物体。图 5.10 是汽车驾驶场景中三维视景采用实例技术的层次关系。

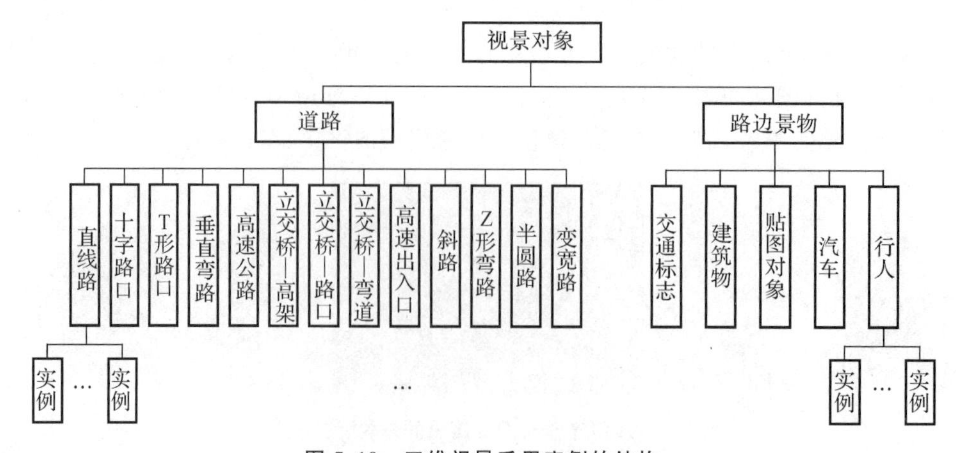

图 5.10 三维视景采用实例的结构

3. 生成的虚拟驾驶场景

图 5.11～图 5.15 是虚拟形成的各种汽车交通道路驾驶场景。

图 5.11　有雾的虚拟驾驶场景

图 5.12　驾驶场景中的车辆

图 5.13　城市道路驾驶场景

图 5.14　住宅道路驾驶场景

图 5.15　虚拟的高速公路驾驶场景

5.1.2 汽车动力与运动模型

汽车驾驶操作控制的研究离不开相应的汽车模型，本虚拟实验研究复杂交通环境对汽车驾驶员的影响，采用小型汽车模型，根据车辆的质量、轴距、悬架参数、动力学响应特性等物理参数建立在场景中运动的三维模型车辆微分方程数学模型，根据输入的车辆方向盘转角、制动及油门信息，编制程序完成实时解算，输出车辆驱动轮的驱动力和转向轮的运动姿态，导入至视景仿真驱动控制模块。

通过建立车辆动力学模块对车辆运动进行模拟仿真，该模块主要涉及车辆数据模型、车辆动力学模型、车辆操纵模型等。根据实验的需求，将车辆动力与运动学系统离散成物理和功能相对独立的模块，主要包括发动机、传动系、转向系、制动系、车轮及车身等模块，在接受驾驶员操控指令后，模块之间的传递过程以及相互关系如图 5.16 所示。

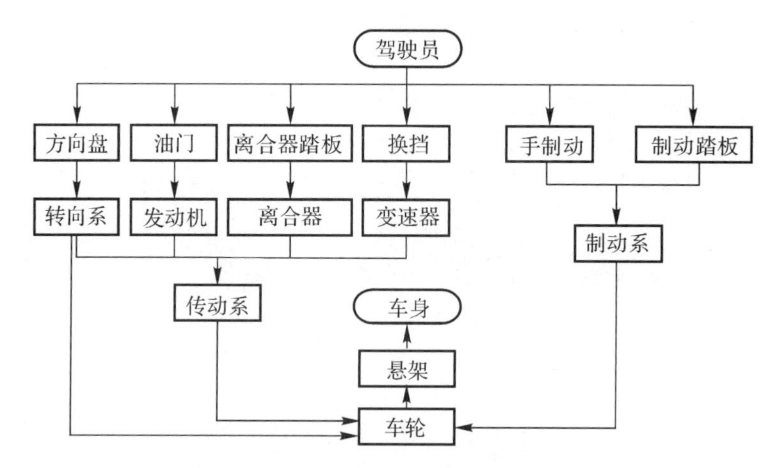

图 5.16 车辆动力和运动学模块构成

虚拟车辆根据标准车辆比例设置，如 1 t 重的汽车，有 4 个轮子，所有的轮子都与汽车的质心完全对称。将车辆骨架创建为两轴，轴距 2 m，宽度 2 m，车辆骨架如图 5.17 所示，虚拟车辆模型如图 5.18 所示。

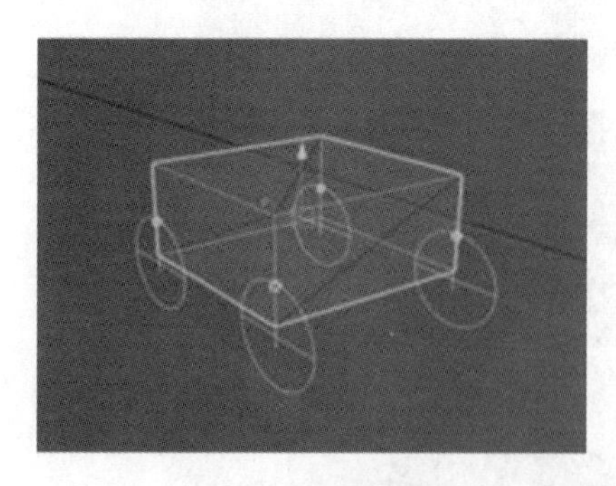

图 5.17 车辆骨架

图 5.18 虚拟车辆模型

我们还用实车实验为虚拟实验系统提供数据支持和校正。采用实车实验方法，对同一个汽车驾驶员行驶过程中的各类信息进行分别的采集和记录，对虚拟实验结果的准确性、可靠性、合理性进行检验、评价和修正。实车实验系统与虚拟实验系统通过车载网络通信，可实现数据共享。根据真实场景数据的分析结果设计出逼真的驾驶模拟环境，使得虚拟实验系统反过来也为实车实验过程提供了参考，从而提高了实验的可靠度和仿真精度。实车实验系统如图 5.19 所示。

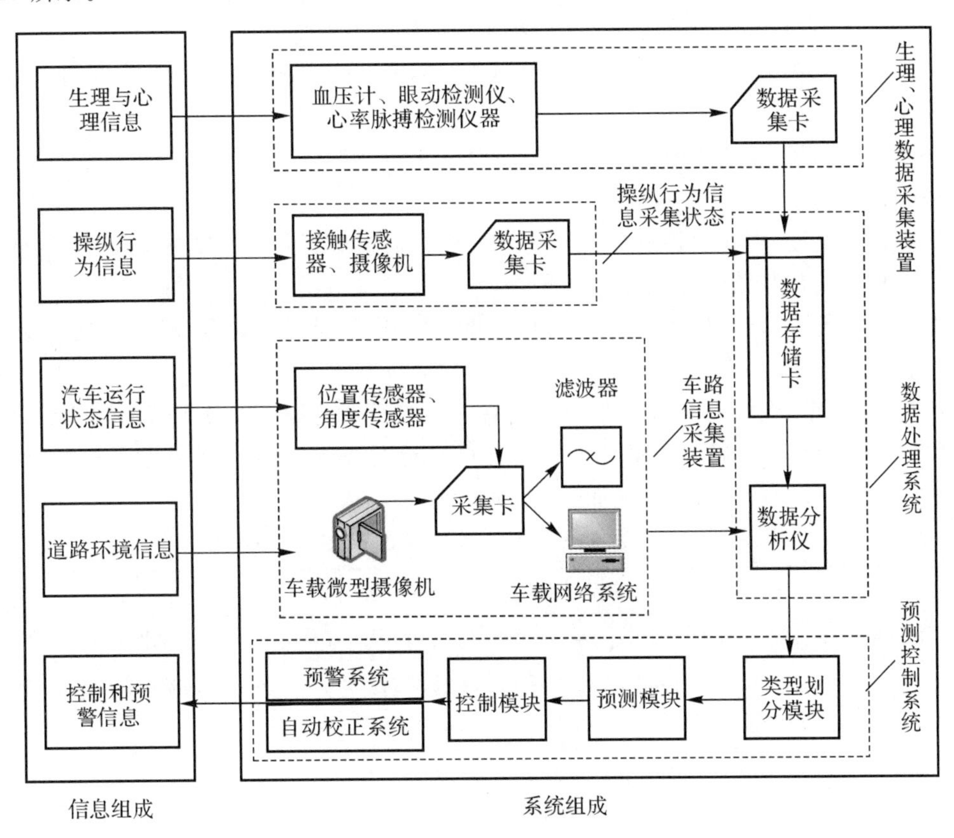

图 5.19　实车实验系统

5.1.3　汽车驾驶控制影响的评价

1. 驾驶行为特性描述

汽车驾驶员只是在操纵汽车的实践中，通过自己对汽车的操纵和对汽车的观察与感受，逐渐地掌握其规律，从而稳定地控制汽车。驾驶员对汽车的认识建立在模糊认识的基础之上，如对汽车速度的认识就是很快、快、较快、较慢、慢，对汽车转向时的侧倾角度大小的理解就是侧倾角大、较大、中、较小、小，对汽车的转向操纵是左大、左小、零、右小、右大等，对汽车驾驶员的特性采用谨慎、温和、激进进行描述，这是一种模糊的评价，本章基于模糊理论对汽车驾驶员进行评价。

车辆的运动过程基本可以由转弯、直行、加速、减速、变道五个方面来表达整个运动状态，实验时，驾驶员在汽车驾驶虚拟实验平台上进行驾驶，通过汽车模型采集汽车的速度波动、横向滑移、纵向滑移等驾驶数据，并提取驾驶特性指标，记录驾驶员在驾驶时的数据，对比各项指标数据的特性，同时将驾驶员行为特性分为三个标准(谨慎型、温和型、激进型)，代入模糊数学模型，用模糊数学的办法对受到多方面影响的行为进行综合评价，为驾驶能力评估和实时驾驶能力的研究提供科学依据。

通常，为了区分驾驶特性，我们常常对比多维度驾驶风格量表(Multimensional Driving Style Inventory, MDSI)，MDSI 定义了四种比较广泛的驾驶特性：

(1)冒险型驾驶，指故意违反安全驾驶规范，驾驶时寻求刺激，具有速度快、非法超车等特点。

(2)焦虑型驾驶，指驾驶时的感觉、情绪易受到外部紧张环境的影响，并伴随着驾驶过程中无效的放松活动。

(3)愤怒型驾驶，指在道路上有激惹、暴怒、敌对的态度和行为，并伴有攻击性行为倾向，如诅咒、向其他驾驶员频繁闪灯(挑衅)。

(4)谨慎型驾驶，指一种适应性风格，包括事前规划、注意路面信息、耐心、谦让、冷静并服从交通管理。

参考上述类型，设定一定的阈值，在三项评测标准下对驾驶员的驾驶行为进行综合评价，根据驾驶数据统计结果，把驾驶员分为 A、B、C 三种类型，依次从谨慎驾驶员逐渐过渡到激进驾驶员。三种驾驶行为特性描述如表 5.1 所示。

表 5.1　驾驶行为特性描述

等　级	描　述
谨慎型驾驶	行驶良好，速度波动较小(0～5 m/s)，侧向力缓慢增长，滑移率较小(0～0.2)
温和型驾驶	驾驶行为良好，均在正常范围，速度波动正常(5～10 m/s)，滑移率正常(0.2～0.5)，驾驶平稳
激进型驾驶	急加速、急减速产生较大速度波动，达 10 m/s，车辆与路面产生的侧向力过大，即横、纵滑移过大直至车辆开始纯滚动(0.5～1)

2. 模糊评价模型

由于驾驶员在驾驶行为上存在着主观性与模糊性，影响车辆行驶过程中的行为因素非常多，同时往往难以去量化，本例引入一种基于模糊数学的综合评价方法，它将驾驶员行为特性的定性评价转化为定量评价，分析时所需要的数据量不多，但能明确表达问题所包含的要素及其相关关系。其评价模型如下：

(1) 评价要素论域：$U=(u_1,u_2,u_3)=$(速度、横向滑移、纵向滑移)。

(2) 评价等级论域：$V=(v_1,v_2,v_3)=$(谨慎型、温和型、激进型)。

(3) 确定各评价要素的权系数：引入一个关于 U 的模糊因子 $\Omega=(\omega_1,\omega_2,\omega_3)$，其中 $\omega_i>0$，且 $\sum\omega_i=1$，ω_i 表示第 i 个要素 u_i 的权系数。

(4)考核评分列向量 $\boldsymbol{E}=$(谨慎，温和，激进)。

又令 $\boldsymbol{R}$ 为 $\boldsymbol{U}$ 的模糊转换矩阵，$\boldsymbol{W}$ 为对应的权重量系数，$\boldsymbol{A}$ 为评价结果对评语集合的隶属度，因此，建立模糊综合评价模型为

$$V=\Omega\boldsymbol{R}=\boldsymbol{W}\begin{bmatrix}\mathbf{A}_1\\ \mathbf{A}_2\\ \mathbf{A}_3\end{bmatrix} \tag{5-1}$$

3. 驾驶实验分析

对某一驾驶员通过虚拟仿真驾驶平台进行驾驶试验，实时采集大量驾驶数据，记录并对这些仿真数据进行汇总处理，将该驾驶员一个状态下的速度、横纵滑移值设为一组实验数据，提取 50 组相关有效数据为一小组，相关数据如图 5.20～图 5.22 所示。

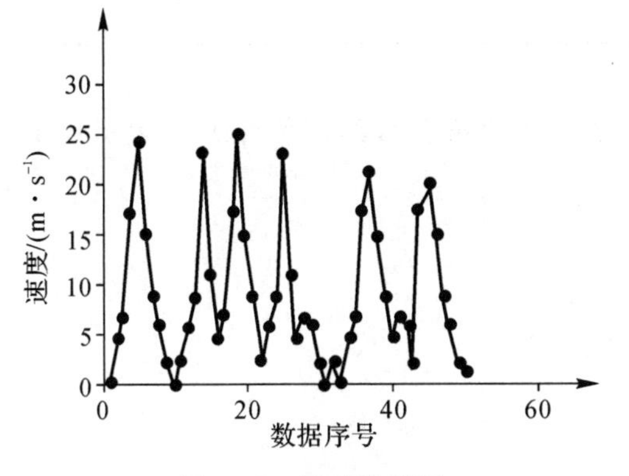

图 5.20　速度波形图

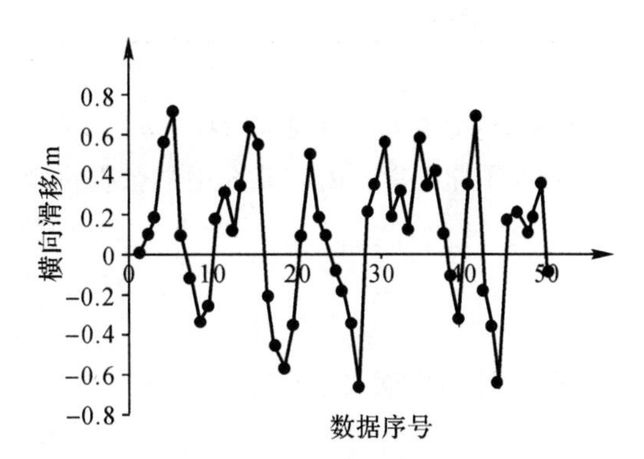

图 5.21　横向滑移数据分布图

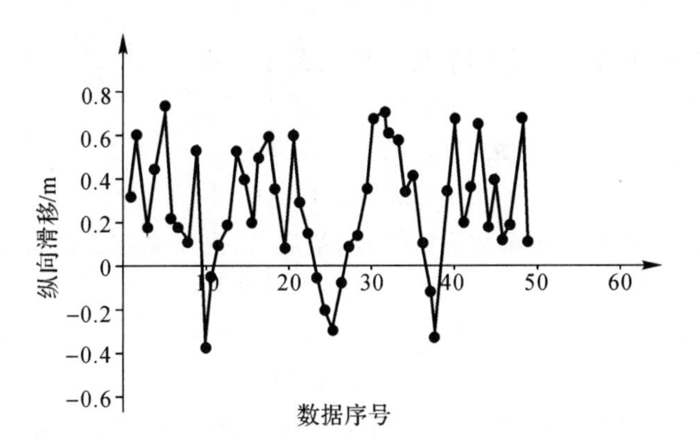

图 5.22　纵向滑移数据分布图

对在虚拟仿真驾驶环境中评测驾驶员行为特性的每个评价要素在 0～10 范围内给出重要度表达（打分）。之后计算均值和权重得到各评价要素统计表。将结果进行整理，如表 5.2 所列。

表 5.2　权重统计表

评价要素	速　度	横向滑移	纵向滑移
平均分值	5	4	1
权重	0.5	0.4	0.1

根据表 5.1 的三种行为特性状态下的描述对图 5.20～图 5.22 的实验数据进行分类，结果如表 5.3 所示。由驾驶员对各评价要素的评价情况可确定其模糊关系矩阵。通过在模糊关系矩阵上进行权系数加权得到模糊综合评价结果，与虚拟驾驶情况进行比较分析。

表 5.3　实验数据分类表

评价要素	评价要素权系数	评价等级分类			数　据
		谨慎型	温和型	激进型	
速度/($m \cdot s^{-1}$)	0.5	11	29	10	50 组有效数据
横向滑移/m	0.4	6	24	20	
纵向滑移/m	0.1	15	20	15	

首先，建立初步评价矩阵 $\boldsymbol{D}=(d_{ij})$，式中 d_{ij} 表示各评价要素的评价等级，i 表示评价等级，j 表示评价要素。由表 5.3 中的数据可得

$$\boldsymbol{D}=\begin{bmatrix}11 & 29 & 10\\ 6 & 24 & 20\\ 15 & 20 & 15\end{bmatrix} \tag{5-2}$$

然后，计算模糊关系矩阵：

$$\boldsymbol{R}=(r_{ij})$$

式中：

$$r_{ij}=d_{ij}/\sum_{j=1}^{n}d_{ij} \tag{5-3}$$

模糊关系矩阵中的元素 r_{ij} 归一化，得到模糊关系矩阵：

$$\boldsymbol{R}=\begin{bmatrix}0.22 & 0.58 & 0.20\\ 0.12 & 0.48 & 0.40\\ 0.30 & 0.40 & 0.30\end{bmatrix} \tag{5-4}$$

对以上模糊关系矩阵乘上权系数进行加权，最后，得出模糊综合评价结果：

$$S=\Omega\boldsymbol{R}=(0.5\quad 0.4\quad 0.1)\begin{bmatrix}0.22 & 0.58 & 0.2\\ 0.12 & 0.48 & 0.40\\ 0.30 & 0.40 & 0.30\end{bmatrix}=[0.188\quad 0.522\quad 0.290] \tag{5-5}$$

实验结果表明，在对驾驶员驾驶行为特性的分析评价中，18.8%的概率认为该行为特性属于谨慎型驾驶，52.2%的概率认为该驾驶属于温和型驾驶，29.0%的概率认为其属于激进型驾驶。在实际操纵虚拟汽车时，该实验的汽车驾驶员表现冷静，无碰撞、飞车等情况出现，行车平稳，与模糊综合评价所得结果不存在较大冲突，因此，该模型模糊评价与实际情况一致。

5.2　汽车的节能驾驶控制

随着我国汽车保有量的逐年递增，驾驶人员的成分更加复杂，公路交通呈现出车流密集化和驾驶员非职业化的特点，提高汽车运行的燃油经济性对于实现汽车节能势在必行。汽车运行时的燃油经济性除了与汽车自身特性、道路交通状况有关外，还和驾驶员的操纵水平及习惯

有关。据统计，专业运输企业汽车驾驶员之间的燃油消耗水平相差 7.146%～22.135%，而驾驶员的驾驶行为对汽车燃油消耗的影响，可在不增加旅途时间的前提下节油 14%。汽车驾驶过程具有时变性，会受到多种不确定因素的影响，对汽车驾驶进行节能控制必须要解决控制的精度和实时性问题。也就是说，如何在不确定性因素的影响下保持良好的控制性能，以便及时、准确地规范驾驶行为，实现节能驾驶是亟待解决的难题。驾驶员的操纵行为可以通过实时的汽车运行状态信息反映出来，汽车运行状态的实时数据和信息则直接决定着汽车燃油(燃气)消耗的瞬时和累计变化，实现汽车节能驾驶控制的关键就是要在燃油(燃气)消耗、汽车运行状态以及驾驶行为三者之间建立起一种内在的关联，即通过汽车运行状态的实时数据和信息预测燃油(燃气)消耗的变化，根据燃油(燃气)消耗的变化规范驾驶人员当前的驾驶行为，控制其进一步的驾驶行为，从而达到节能驾驶的目的。所以，研究汽车节能控制模型，规范驾驶行为，实现节能驾驶是汽车节能的必然途径。本实验主要目标是建立汽车节能驾驶实时控制模型，主要内容包括：

(1)从典型工况下的汽车能耗(燃油或燃气消耗)模型入手，提出汽车节能运行计算模型的构建方法。

(2) 围绕在线优化、预测控制等环节，建立汽车节能驾驶实时控制模型。

(3)针对所建立的模型，研究虚拟实验和实车实验技术，以评价、修改和完善所建立的模型。

5.2.1　汽车节能运行计算模型的构建

汽车驾驶控制是多约束、多目标、非线性的复杂时变过程；汽车节能控制应根据汽车运行的实时状态数据，实现汽车节能驾驶过程的预测和实时控制，以达到对驾驶行为规范和校正的目的。因此，汽车节能控制模型可从汽车节能运行计算模型和汽车节能驾驶实时控制模型两个方面进行构建。

汽车节能运行计算模型是面向汽车节能而建立的多工况下能耗最优模型，是构建汽车节能驾驶实时控制模型的前提，该模型的建立须从分析汽车运行能耗入手。汽车节能运行计算模型将优化结果作为汽车节能驾驶实时控制模型的输入变量约束，为其在线优化提供参照，因而，构建汽车节能运行计算模型首先必须建立能耗模型，具体步骤如下：

(1)分析汽车行驶工况。汽车能耗和特定行驶工况密切相关，汽车典型工况主要有等速行驶、加速行驶、减速行驶、怠速停车、换道、刹车等，不同工况下能耗区别较大，因此，对于汽车节能驾驶而言，可选择能耗较大的工况建立能耗模型。

(2)建立典型工况下的能耗模型。以燃油汽车为例，参照百公里燃油消耗量构建典型汽车行驶工况下的能耗模型，如表 5.4 所示。

表 5.4　典型汽车行驶工况下的百公里能耗(燃油消耗)模型

序　号	行驶工况	燃油模型	模型描述
1	等速行驶	$Q_e=\dfrac{Pg_e}{1.02u_a\rho g}$	P 为发动机输出功率，g_e 为燃油消耗率，ρ 为燃油密度，u_a 为汽车行驶速度

续表

序 号	行驶工况	燃油模型	模型描述
2	加速行驶	$Q_a = \frac{\int_0^t Q_t \mathrm{d}t}{1\ 000} = \int_0^t \frac{Pg_e}{3\ 671 u_a \rho g} \mathrm{d}t$	符号含义同上
3	减速行驶	$Q_d = \frac{u_{a2} - u_{a3}}{36 \frac{\mathrm{d}u}{\mathrm{d}t_d}} Q_i$	Q_i 为怠速单位时间燃油消耗量，u_{a2} 和 u_{a3} 分别为减速过程起始和终了速度
4	怠速停车	$Q_{id} = 0.1 Q_i t_s$	t_s 为怠速停车时间
5	循环工况	$Q_s = \frac{\sum Q}{s} = \frac{Q_e + Q_a + Q_d + Q_{id} + \ldots}{s}$	s 为整个循环的行驶距离

(3)约束分析。约束是构建汽车节能运行计算模型的必要条件，从安全性、平稳性、准时性及其他约束条件分析汽车行驶中的约束类型，可以进一步得到限速约束、限时约束、停车约束、工况转换约束和其他约束。

(4)汽车节能运行计算模型构建。面向能耗最小设置优化目标函数和约束，建立类似如下形式的能耗最小优化模型，即汽车节能运行计算模型。

$$\min Q = f(Q_e, Q_a, Q_d, Q_{id})$$
$$\text{s.t.}\ UC, TC, SC, GC, OC \tag{5-6}$$

式中：Q 表示汽车运行中的总能耗；Q_e、Q_a、Q_d、Q_{id} 含义见表5.4；UC、TC、SC、GC、OC 分别表示限速约束、限时约束、停车约束、工况转换约束和其他约束。在建立汽车节能驾驶实时控制模型时，可将汽车节能运行计算模型所计算出的最小能耗作为约束变量，进行汽车能耗在线优化，不仅可提高预测模型的精度，也使得汽车节能驾驶的控制更具鲁棒性。

5.2.2 汽车节能驾驶实时控制模型的构建

汽车节能驾驶实时控制模型主要功能是在线优化和预测，构建节能驾驶实时控制模型的步骤如下：

(1)分析汽车驾驶行为与能耗影响因素的关联性。结合汽车运行状态和道路因素，分析加速、停车、车速变化、操纵行为不当、发动机转速过大等因素对能耗的影响，从驾驶行为中(加速、减速、换向、换道和刹车等)提取影响汽车节能的性能指标，通过建立驾驶行为与汽车节能性能指标之间的关联，确定在线优化和预测模型中输入、输出数据的类型以及关键变量的特性。

(2)建立能耗在线优化模型。根据汽车驾驶行为与能耗之间的关联，综合考虑汽车节能性能指标和仿真数据的类型，建立能耗在线优化模型，可设当前 t 时刻的能耗值 $Q_{(t)}$ 及其后 N 步的能耗值系列为 $\{Q_{(t+1)}, Q_{(t+2)}, \cdots, Q_{(t+N)}\}$，其后 N 步的速度(或加速度)系列为 $\{AV_{(t+1)}, AV_{(t+2)}, \cdots, AV_{(t+N)}\}$，以二次型目标函数 $I_{(t)}$ 最小为指标，建立如下在线优化模型：

$$\min I_{(t)} = \sum_{i=1}^{N} W_{AV}(AV_{(t+i)} - r_d)^2 + \sum_{i=1}^{N} W_Q(Q_{(t+i)} - Q_{(t+i-1)})^2$$

$$\text{s.t.}\ \Delta Q \leqslant \Delta Q_{\max},\ Q_{\max} \geqslant Q_{(t)} \geqslant Q_{\min}$$

$$a \geqslant f(AV) \geqslant b,\quad c \geqslant G(t, AV) \geqslant d \tag{5-7}$$

其中，式(5－7)为考虑行驶安全性、平稳性以及交通规则等因素而建立的目标函数和约束，W_{AV}、W_Q 为对应权重，r_d 为标准值，$\Delta Q_{\max}$ 为参照式(5－6)理论最小能耗而得到的差值，且 $\min Q = Q_{\min}$。

(3)构建预测模型的神经网络结构。针对预测模型的特点，选取 BP 或 RDF 网络作为预测模型，由当前 t 时刻的能耗值 $Q_{(t)}$ 及其后 N 步的能耗值系列$\{Q_{(t+1)}, Q_{(t+2)}, \cdots, Q_{(t+N)}\}$构建当前时刻后 N 步的预测模型为

$$AV_{(k+i)} = g(AV_{(k+i-1)}, \cdots, AV_{(k+i-N_1)}, Q_{(k+i)}, Q_{(k+i-1)}, \cdots, Q_{(k+i-N_2)}) \tag{5-8}$$

其中，$0 \leqslant i \leqslant N$。

根据式(5－8)，以汽车行驶的实时状态数据作为样本，其中能耗值作为输入，速度(或加速度)作为输出，并设置包括神经元层次、数量等在内的网络性能参数；选取合理的实车样本进行训练和仿真，得到预测模型的神经网络结构。

(4) 建立汽车节能驾驶的反馈校正模型。利用仿真结果与实际输出相关数据之间的对照，根据上一时刻实际输出与模型输出之间的差值 $\delta(t+1)$来建立汽车节能驾驶的反馈校正模型，可参照以下公式：

$$\delta(t+1) = \alpha(\overline{AV}_{(t)} - AV_{(t)}) \tag{5-9}$$

通过仿真和实验，确定出修正系数 α，从而建立汽车节能驾驶的反馈校正模型。

(5)构建汽车节能驾驶实时控制器。针对汽车行驶控制问题，设计面向节能运行的实时控制器，如图 5.23 所示。控制器以仿真计算为基础，建立系统输入输出模型，通过现实约束条件分析，辅以推理决策，得到节能控制输入域，选取优秀个体作为参考控制量，在滚动时域内进行前推预测，再根据预测控制性能评价指标确定当前时刻的控制输入，其中，能耗差值是当前实际能耗与理论最小能耗相比而得到的差值。

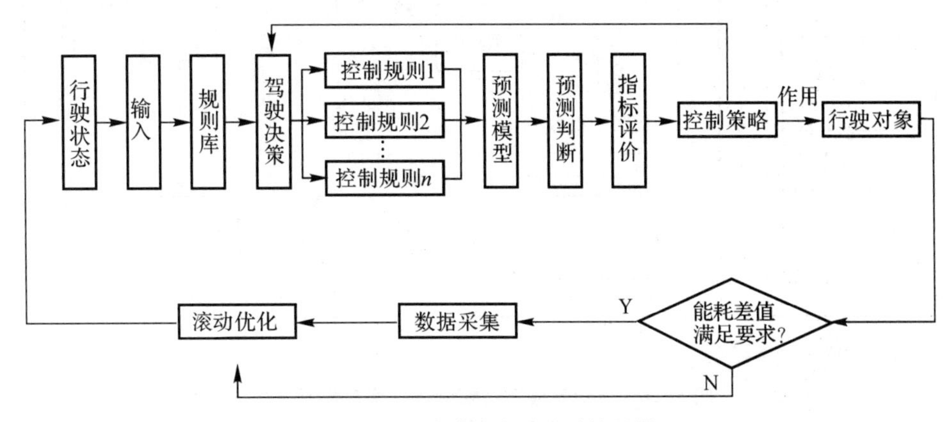

图 5.23　汽车节能驾驶实时控制器

5.2.3 汽车节能驾驶实时控制的验证

汽车节能驾驶实时控制模型须经过虚拟实验和实车实验的反复验证，才能最终得到完善。汽车节能驾驶实时控制虚拟实验过程如下：

首先，基于汽车节能驾驶仿真平台，采集汽车驾驶操纵控制数据、车辆运动状态数据、道路信息数据等，进行虚拟实验，验证汽车节能驾驶预测模型和汽车节能驾驶实时控制模型。

其次，设计接口程序，将汽车节能驾驶仿真平台与 MATLAB 中神经网络工具箱进行连接，在汽车节能驾驶虚拟实验环境下，通过 MATLAB 神经网络工具箱，完成在线优化模型训练和仿真，实现多源信息实时采集与融合处理。

然后，完成汽车节能驾驶实时控制模块设计与安装，并检验其性能，同时，对汽车节能驾驶预测与控制模型进行验证，将控制结果与实际输出进行对比分析，改进和完善汽车节能驾驶实时控制器。

最后，通过实车实验，将虚拟实验仿真平台中已经训练好的汽车节能驾驶预测与实时控制模块内置于实车实验系统中，及时输出规范信息，校正驾驶行为，最终评价、验证和修正所构建的汽车节能控制模型，完善所提出的方法。图 5.24 是节能驾驶实时控制模型实车实验系统。

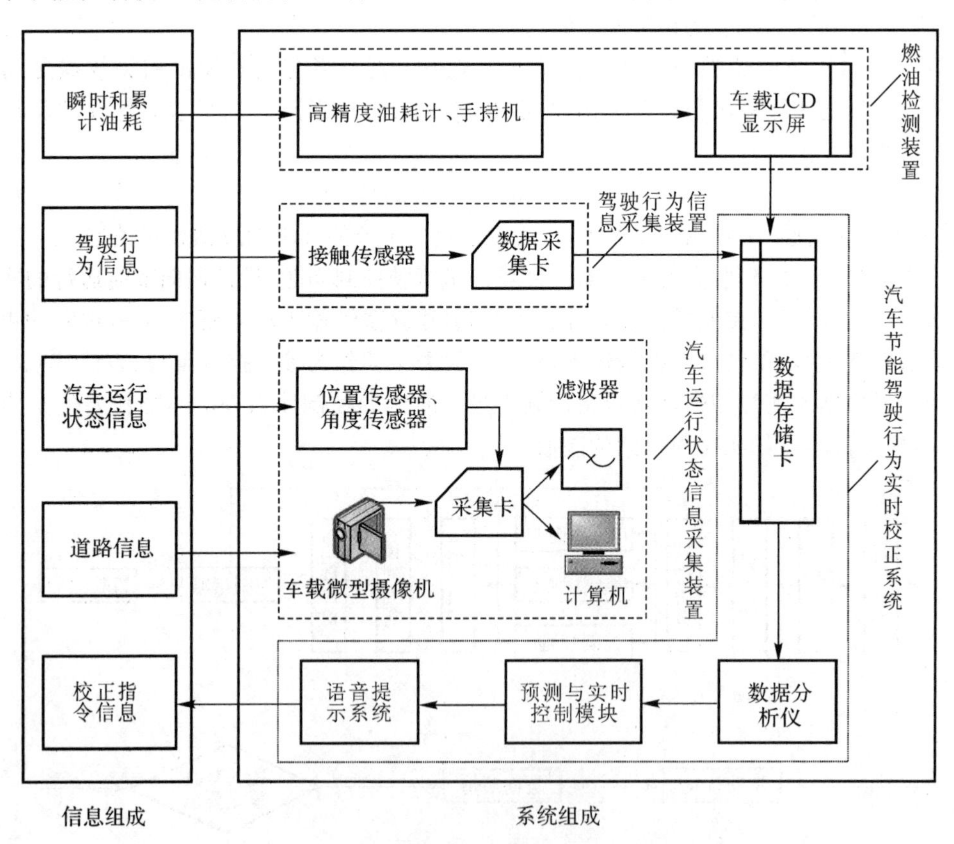

图 5.24　节能驾驶实时控制模型实车实验系统

本例汽车节能驾驶实时控制模型的实车实验系统主要由实验车、燃油检测和数据存储装置、驾驶行为信息采集装置、汽车运行状态信息采集装置、汽车节能驾驶行为实时校正系统等构成。其中,实验车选择不同排量、不同配置的燃油类乘用车,实际道路和交通场景则根据虚拟实验仿真平台中模拟的路况特点进行选配。

燃油检测和数据存储装置采用 TT13AGPRS 高精度油耗计,以实时采集瞬时油耗和累计油耗,通过车载 LCD 显示屏显示,并使用手持机进行读取和数据存储。

总之,本例初步研究了汽车节能驾驶实时控制模型构建过程中的虚拟实验和实车实验方法,以下几个方面仍值得进一步研究:

(1) 在线优化预测模型的预测精度。如何提高在线优化结果精准性、时效性和对比性,将汽车节能驾驶理论能耗最优值同预测模型有机结合,从而提高预测精度,实现最优控制。

(2) 汽车节能驾驶的实时控制算法。根据实时运行数据,如何设计汽车能耗变化预测和控制算法、综合驾驶状态和路况信息等,如何建立汽车节能驾驶实时控制与仿真模型,从算法上实现汽车节能驾驶的实时控制。

5.3　汽车驾驶训练的评价

汽车驾驶的过程就是在遵守道路交通规则的原则下,按照汽车驾驶的操作规范动作,完成汽车的操纵过程,对汽车驾驶训练的评价就是评价驾驶员是否遵守交通规则、操作是否规范。

5.3.1　虚拟满足交通标志与交通规则的驾驶场景

汽车驾驶训练系统要实现其功能,首先,必须要有完整的交通体系,即完整的道路体系和交通的标示。道路包括场地障碍驾驶道路(左右单边桥、双边桥、高架桥、“8”字形路、连续凹凸路、横断路、涉水路、坡道弯路、直坡、“N”形路、“S”形道路、渐窄路等)、一般道路(平原、山地、丘陵、乡村)、复杂道路(城镇、市区、环线、高速公路、夜间、雨雪);而交通规则由分道行驶的原则、各种交通标志与交通标线、路口交通控制策略等来体现。

1. 分道行驶的原则

(1)右侧通行的原则。

1)驾驶车辆必须遵守“右侧通行”的原则,即以道路中心线为界,中心线以右为规定通行区;

2)当通行区发生阻碍而影响正常通行时,可例外地借左侧道通行,但在借道通行时,应当让在此道内行驶的车辆优先通行;

(2)左侧通行的原则。

1)当道路施工,右侧无法通行时,可使用道路左侧通行;

2)在无超车道的道路上超车时,可使用道路左侧即被超车的左侧通行超越;

3)急转弯时,为减缓弯道曲率,在不影响安全的前提下,可使用道路左侧通行;

4)单行线的道路中,可使用道路左侧通行;

5)有左侧通行标志的道路;

6)道路幅宽不足以右侧通行或没有划分中心线的道路,可占用道路左侧居中通行。

(3)标志线指示的通行区分。

1)二车道的区分通常分为小型机动车道和大型机动车道。中心单实线表示不准车辆跨越超车或压线行驶,中心虚线表示在保证安全的原则下,车辆超车和向左转弯时,可以超线行驶;大型机动车道的车辆,在不妨碍小型机动车道的车辆正常行驶时,可以借道超车,小型机动车道的车辆低速行驶或遇后车超越时,须改在大型机动车道行驶。

2)在高速路上三车道的区分,通常分为行车道和超车道。右侧两幅车道为行车道,左侧车道为超车道。在超车时,可以驶入超车道,但超车后须回行车道,不得长时间使用超车道,影响其他车辆正常超越行驶。

3)行进导向车道的区分,用来分隔同向行驶的车辆。在交叉路口处,表示不准车辆变更行驶方向。

(4)混合交通的通行原则。在没有划分中心线和区分机动车道与非机动车道的道路上,机动车在中间通行,非机动车靠右边通行。

1)超车时,车辆只能从被超车的左侧超越。

2)交会时,应靠向路的右侧通行。

3)行驶中,要注意保持与非机动车和行人的安全距离。

2. 交通标志与交通标线

(1)交通标志。道路交通的标志是用图形符号和文字传递特定信息,指示道路情况,提醒驾驶者应注意和遵守的事项,在汽车驾驶仿真专家系统中是必备的知识。在驾驶训练时,应随时注意观察,并严格执行。道路交通标志分为主标志和辅助标志两大类。

1)主标志。按其作用分为指示标志、禁令标志、警告标志和指路标志四种:①指示标志。指示车辆、行人行进的标志。形状为圆形、长方形和正方形,颜色为蓝底白图案,共 17 种 (25 个)。②禁令标志。禁止或限制车辆、行人交通行为的标志,形状分为圆形和顶角向下的等边三角形,颜色除个别标志外,均为白底、红圈、红杠、黑图案、图案压杠,共 35 种 (35 个)。③警告标志。警告车辆、行人注意危险地点的标志。其形状为等边三角形,顶角朝上,颜色为黄底、黑边、黑图案,共 23 种 (32 个)。④指路标志。传递道路方向、地点、距离的标志。形状除地点外,均为长方形和正方形。一般道路标志为蓝底白图案,高速公路标志为绿底白图案,共 20 种 (56 个)。

2)辅助标志。辅助标志是附设在主标志下起辅助说明作用的标志,共 5 种。

(2)交通标线。交通标线有车行道中心线、车道分界线、停车线、导向箭头、左转弯导向线、停车让行线、导流线、减速让行线、人行横道线、接近路面障碍物标线、停车位标线、最高速度限制标记等。

3. 道路组成

(1)城市道路系统:城市道路交通规划应符合人与车交通分行以及机动车与非机动车交通分道的要求。城市道路应分为快速路、主干路、次干路和支路四类。市中心区规划的公共交通线路网的密度应达到 $3\sim4\ km/km^2$;城市边缘地区应达到 $2\sim2.5\ km/km^2$。

(2)自行车道路系统:自行车道路网规划应由单独设置的自行车专用路、城市干道两侧的自行车道、城市支路和居住区内的道路共同组成一个能保证自行车连续交通的网络。自行车与机动车分道行驶,自行车道路路面宽度应按车道数的倍数计算,车道数应按自行车高峰小时交通量确定。自行车道路每条车道宽度宜为 1 m,靠路边的和靠分隔带的一条车道侧向净空宽度应加 0.25 m。自行车道路双向行驶的最小宽度宜为 3.5 m,混有其他非机动车的,单向行驶的最小宽度应为 4.5 m。

(3)步行交通系统:人行道、人行天桥、人行地道、商业步行道、城市滨河步道或林荫道的规划,应与居住区的步行系统,与城市中车站、码头集散广场,城市游憩集会广场等的步行系统紧密结合,构成一个完整的城市步行系统。

人行道宽度应按人行带的倍数计算,最小宽度不得小于 1.5 m。在城市的主干道和次干道的路段上,人行横道或过街通道的间距宜为 250～300 m。

当道路宽度超过四条机动车道时,人行横道应在车行道的中央分隔带或机动道与非机动车道之间的分隔带上设置行人安全岛或人行天桥与地道。人行天桥或地道设计应符合城市景观的要求,并与附近地上或者地下建筑物密切结合;人行天桥或地道的出入口处应规划人流集散用地,其面积不宜小于 50 m^2。

(4)商业步行区:商业步行区距城市次干道的距离不宜大于 200 m;步行区进出口距公共交通停靠站的距离不宜大于 100 m。道路的宽度可采用 10～15 m。

道路分类:城市道路系统由快速路、主干道、次干道、支路、小区道路、步行街组成。根据使用和交通管理分为机动车专用道、非机动车专用道、公交专用道、客运车辆专用道、单行道等。

在汽车驾驶仿真系统中,主要的道路为单层式,包括一般城市道路的各种元素,如快速路机动车道及变速车道、集散车道、连续停车道、中央分隔带、两侧分隔带、辅路(机动车道、非机动车道、人行道)和绿带等部分。

所有这些,笔者通过汽车驾驶虚拟实验平台的软件接口,在视景系统中设计并实现,在这里不赘述。

5.3.2　汽车驾驶道路违章情况判断处理

汽车驾驶评价系统不仅要训练驾驶学员能够较熟练地操作汽车,还要对他们在操作过程中的失误和不当操作进行准确判断,并做出提示和评价,以帮助驾驶者养成正确的驾驶和行车习惯。系统中对于驾驶者及其控制的虚拟场景中车辆的违章和操作错误分开处理,分为汽车在路面行驶时违反交通规则的道路违章和驾驶者操作不当或错误两类情况。

由于交通规则和驾驶操作规程相对稳定,很少发生变更,因此在系统中可以看作固有规则,不需要使用者根据实际驾驶情况进行自行设定,因而在系统开发时便将这些规则固定于程序中。考虑到程序执行的效率和初级驾驶训练的规则并不十分复杂,这些规则主要表现为一些判断处理,而不采用数据库存储。尽管采用数据库操作系统的维护修改容易,可读性好,但对数据库进行操作相对而言会消耗系统的资源和时间,因此程序中的规则为一系列判断规则。在程序运行过程中实时监控被控车辆的运行情况和驾驶者的每一个操作,当判断出这些操作过程与判断规则不一致时,调用相应的错误处理模块进行处理。

1. 驾驶违章行为的判断处理

根据汽车驾驶训练评价系统的要求,程序可以对一些主要违章行为做出判断,如越中线、逆行、出边界、闯红灯和撞车等。根据设定的驾驶违章处理的优先级,这部分放在空闲处理部分。当系统从渲染线程切换到主线程时,由于系统的消息队列中除了间隔较长时间会有一个定时器消息外,消息队列一直处于空闲状态,因此在主线程处理时间片内会不断地执行空闲处理中设定的工作,直到系统切换到渲染线程。违章处理的流程如图 5.25 所示。

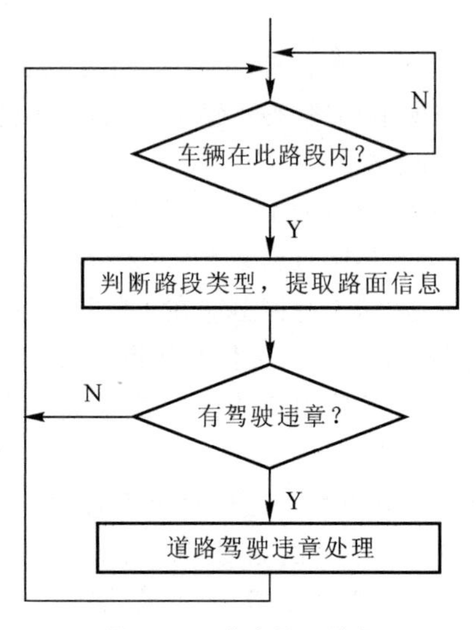

图 5.25 违章处理流程

程序对于这些违章行为的处理与道路类型等信息联系在一起。有些错误在任何路段上都可能发生,如将车驶出路面;有些对应于特定路面,如在十字路口和丁字路口闯红灯。

系统主要对驾驶学习者进行初级驾驶操作训练,而不是玩游戏或体验某些极限驾驶状况所带来的刺激,因此系统要求驾驶者操纵受控车辆稳定行驶在正常路面上,将车驶出路面也被视为违章错误。判断操作者将车辆驶出路面后,为了不影响驾驶训练的继续进行,程序将受控车辆限制在出路面位置上,在进行错误处理的同时,要求操作者用相反的挡位将车重新驶入路面,继续进行训练。

有些违章行为发生在特定的路段上。如:当受控车辆行驶在直线路段上,根据场景模型提供的路面信息,路面中线是虚线还是实线,虚线允许受控车辆行驶过程中在一定时间内越线行驶,如是实线或双实线则不允许车辆越过中线或压线行驶,否则判断为逆行或越线。当受控车辆进入十字路口或丁字路段时,则还要根据对面路口红绿灯信息和受控车辆是否直行或左转判断车辆是否闯了红灯。

(1)典型处理判断过程的实现和处理优化。由于驾驶者违章和操作失误的判断处理是训练虚拟驾驶必不可少的功能,因此系统运行中除了要保证渲染线程的运行和屏幕画面的运行流畅外,也要保证系统能够对发生的违章和操作者做出的错误操作进行监控和反馈处理。为了不影响训练的效果,系统对违章和操作错误的判断处理也应尽可能做到实时性,这就要求系统程序在处理上要保证屏幕渲染,同时采取措施兼顾判断处理。道路违章和操作错误判断处理比较分散,运算较为复杂,因此要求采用灵活的判断处理和高效的计算方法相结合,以最大限度地节省处理时间。

(2)典型路段处理。每一次处理循环当中,对于车辆是否违章等情况的判断处理依赖于三个前后相关的判断过程,其中前两个判断过程也构成了视景控制时当前可视场景的判断处理:首先判断这一十字路口路面是否在视野范围内;如在,判断受控车辆是否位于这个路段的路面行驶;如果车辆是位于这个十字路口路面上行驶,还需要判断车辆有没有出现驶出路面等违章行为。

程序中对车辆的运动和违章判断处理都和车辆当前所在路段有关。在一个处理循环中要完成是否在视野范围内、是否为当前所在路段、是否违章等判断处理,计算量较大。为了尽可能简化各步判断的算法,减少处理时间,程序采用了先粗略后精确、先简后繁、先大体估算后精确计算的,基于预测的处理过程,从而有效地减少遍历各个路段进行处理时的计算量。

在这三个判断处理过程中,前两个判断过程并不需要太精确。在判断路段是否在视野内的过程中,观察者的视野有一定的深度范围,当视野远边缘处某段路面因粗略计算的误差而未能或提前显示在视景中时,由于距离远以及场景足够复杂,不会对视觉效果和下一步的判断处理产生不良影响。在判断被控车辆(视点)是否位于某段路面上时,因为车辆不会同时位于两个路段上,只要判断出车辆是位于与其他路段不重合的当前路段范围内,就可以排除其他路段的相同处理。这两个过程只为后面的判断处理做准备,并不立即给出操作评价,因此可将这两个判断过程简化。例如,程序中在判断车辆是否位于这个路段判断范围内时,只要比较本车框架帧当前的位置是否位于路段矩形 $O_1O_2O_3O_4$ 内部,就可以断定受控车辆目前是否位于这个路段内或这个路段的周边范围,如图 5.26 所示。同时,即使在这个路段运行中受控车驶出了路面,只要还在路段的矩形平面内,程序仍然可以判断出车辆所在路段并进行相应处理,否则程序不能确定当前所处路段,就会丢失受控车和当前路段的关联信息,只能刷新场景而不能进行判断处理了。

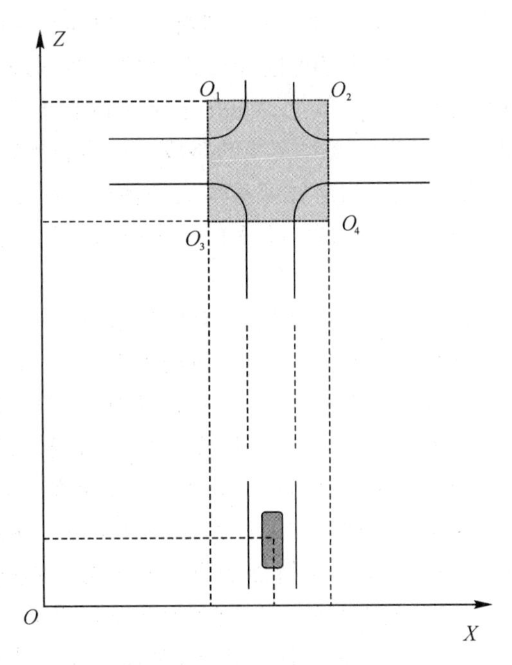

图 5.26　车辆路段位置判断

当确定被控车辆位于某段路面后,就要对车辆的运动和违章等行为进行判断处理,比如要判断车辆有没有驶出路面,这时必须精确地判断出车辆位置是否出界。

以对十字路口的处理为例,如图 5.27 所示,图中白色方块代表在路面内行驶的车辆,黑色方块代表驶出路面的车辆,R_t 为弯道的半径,R_c 为车辆距转弯半径的距离,图中深色部分代表车辆可以行驶的路面。

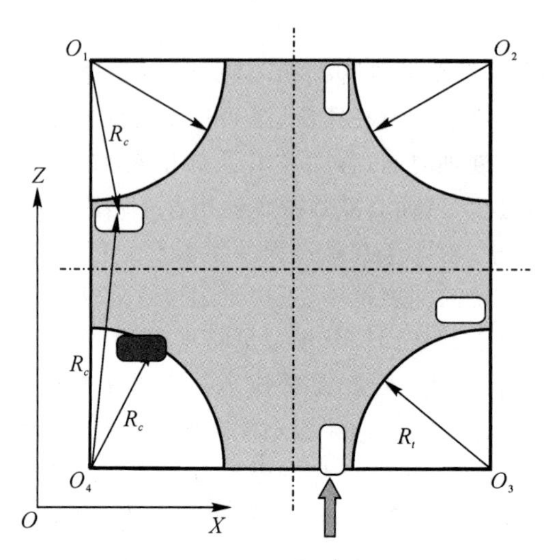

图 5.27 十字路口车辆位置示意图

车辆进入十字路口内，由于路段边界为弧形，因此判断车辆是否出界时的几何区域是以路边界为限的圆形；车辆到 4 个弯道中心点的距离 R_c 当中没有小于弯道半径 R_t，则可以判断车辆在这个弯道路面内行驶。在这个过程当中要做 4 次两点之间距离的运算。

以上以十字路口路段为例介绍了出边界违章判断。出边界是在所有类型路面上都可能发生的违章，因此不论车辆位于何种路段都要进行出边界的判断处理，处理过程思想与上面相似。一些违章行为发生在特定类型的路段上，如：在十字路口和丁字路口，车辆可能会违反交通信号指示闯红灯；在路面中线是实线或双实线的路段上可能会越线行驶；在某些单行线路段上逆行；等等。根据场景的地形特点，判断处理基本上是将车辆简化到 XOZ 二维平面上并利用车辆位置和场景位置的几何信息进行的。下面以十字路口（丁字路口）闯红灯的判断处理为例简要介绍其实现过程。

如图 5.28 所示，场景中，在十字路口的四边设有信号指示灯标志，信号的变化由定时器控制，当前信号状态保存在变量中。当车辆从某个方向进入十字路口时，系统提取信号灯的标志信息，如果是绿灯，则没有必要再进行判断处理，节省处理时间；如果此时信号标志是红灯（或黄灯），因为车辆在路口有三种可能的运动方向，即左转弯、直行和右转弯，而右转并不违反交通规则，左转和直行此时却不允许，所以这时应当根据驾驶者控制车辆接下来的运动情况进行判断，如左转或直行，则判定为违章处理。这一过程的关键是对车辆运动行为的判断，这里并没有采用一些复杂的行为判别算法（如人工智能的方法），因为当驾驶者操纵车辆在十字路口路段上运行时，由车辆的运动模拟模块保证了车辆在十字路口路面空间不可能做超出实际车辆运动能力太多的复杂运动，如原地回转或连续转向，因此可以采用忽略中间行为过程判断行为结果的方法。当车辆在对面红灯信号的情况下进入十字路口时，无法预知车辆将如何转向，所以先不做是否违反交通指示的结论；当车辆在三个可能方向上越过了判断边界线（图 5.28 中标识为判断起始边界框的四个边）时，由于此时车辆的正常运动行为已基本确定，除原地掉头外不可能转向其他两个方向，此时则可以判断车辆的运动方向是直行、左转还是右转，以此判别车辆最终是否违反了交通信号指示。这样，在运算上也最终简化为车辆位置和路面地形信息的二维坐标值比较运算,大大简化了计算量。

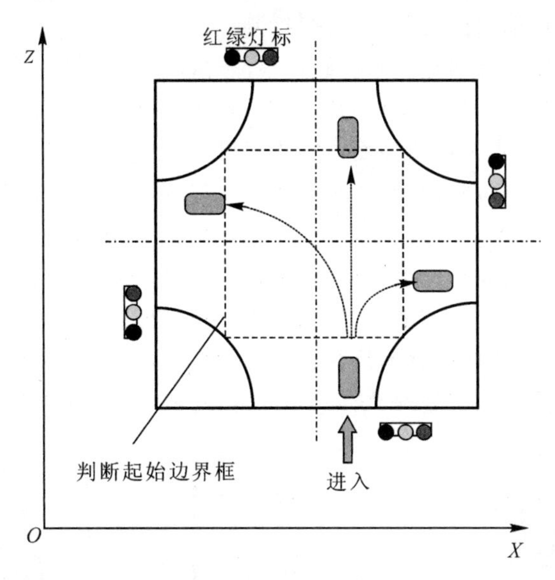

图 5.28　车辆闯红灯判断示意图

以上两个判断处理的概要流程见图 5.29 和图 5.30。

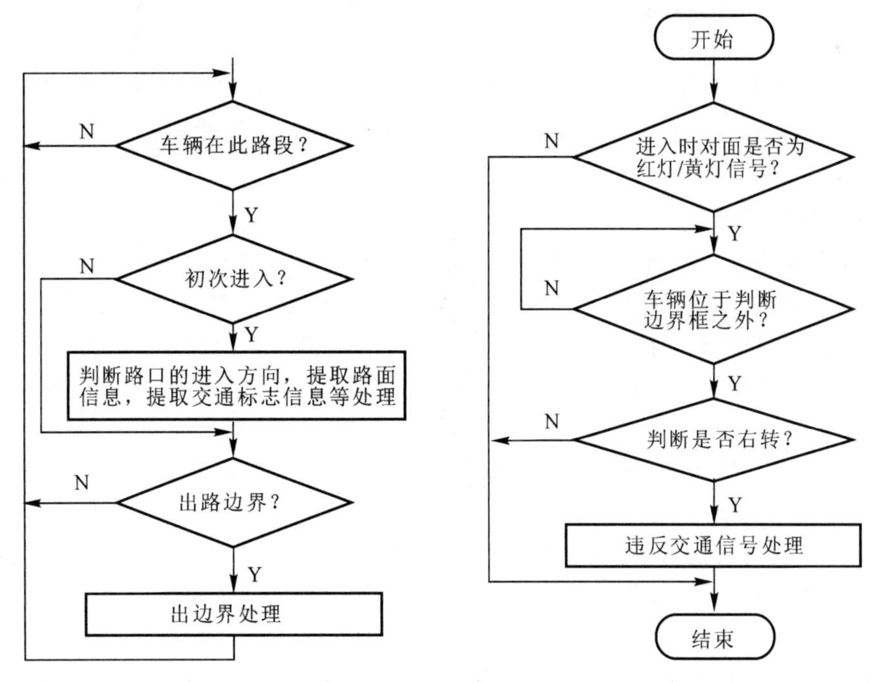

图 5.29　十字路口出边界判断处理流程　　图 5.30　十字路口闯红灯判断处理流程

(3)碰撞检测和响应。视景系统中的碰撞是指被控车辆与场景中的其他实体的接触碰撞。驾驶训练者操纵车辆正常运行时,车辆在地面的运动不应该与其他物体(除地面外)发生接触,如果有接触,则判定发生错误。这种碰撞包括被控车辆与场景中路面其他运动物体的碰撞,以及被控车辆与路边界限及障碍物的碰撞。当要精确判断车辆是否驶出路面时,也就是要判断车辆是否与路边线发生碰撞,称为图形的碰撞检测。

程序中车辆与运动物体和路边界限的碰撞检测可以利用相同的过程实现。判断采用简化的“包围盒”碰撞检测方法(如图 5.31 所示),将车辆、障碍物看作是由其最大和最小尺寸决定的长方体方块(本系统场景中都是凸多面体实体,只用各个方向最大尺寸表示)包围盒子,如果两个形状规则的包围盒相交,即可判断两实体碰撞。根据本系统的场景实体特点,进一步简化为两包围盒在平面上投影的相交的判断,路边界在短距离上可以简化为一段直线段。由于两物体在碰撞前会有一定相对运动速度,所以包围盒投影还可以再简化为正方形。判断处理过程最终简化为通过三维实体在二维平面上投影(两个正方形或正方形与直线段)的重合相交来判断是否发生了碰撞接触,这样虽然不是百分之百的精确,但对于本系统中的车-运动体和车-路边界等实体间碰撞检测和响应处理,结果是可以接受的,而且节省了处理时间和系统资源。

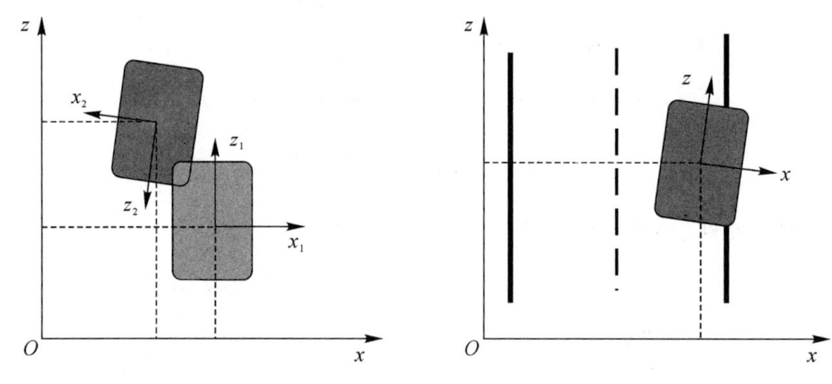

图 5.31 碰撞的简化处理

2. 训练过程的管理

(1)驾驶者操作行为管理。对于驾驶训练的逼真性和有效性的影响,不仅与显示系统提供的视景逼真程度有关,而且还受制于操作过程中形成的感觉和习惯。与实际驾驶车辆不同,模拟驾驶的操纵部件虽然采用实车配件,但其安装和使用是相互独立的,因此会产生一些在实际驾驶中不会遇到的问题;同时,对于一些实际驾驶过程中可能会产生危险的操作方法,必须给予及时纠正,以免驾驶训练者养成习惯,使驾驶训练产生负面效果。

在驾驶训练者的操作处理中,可以粗略地将驾驶者的操作错误分成两类:一是在实际驾驶行为中可能发生的错误,例如换挡时没有踩离合等不符合驾驶操作规程的操作错误;另一类是特定驾驶模拟系统机制使驾驶者可能发生的错误或错误效果,如没有打开点火开关便开始驾驶、从倒挡直接变为五挡行驶等。系统应当给予类似错误操作或错误效果正确的反应和处理。对于第一类实际驾驶过程中也可能产生的错误,程序中除了正常模拟所引起的视觉效果外,还必须将这一错误进行提取和记录处理,使程序能对驾驶者的驾驶训练水平给予正确的评价,同时,训练管理者也可通过这些记录来分析和提示操作者,避免实际驾驶中重复错误。对于第二类只可能在驾驶模拟训练上产生的错误,还应当限制其产生视觉和运动控制效果,以免影响驾驶训练逼真性和效果。

(2)驾驶训练错误处理。在程序判断出驾驶训练中发生了路面违章或操作错误后,便执行相应的错误处理模块。错误处理的主要工作是模拟错误产生的后果(包括视觉效果和运行控制效果)，记录错误发生的相关信息，提示驾驶训练者做出应有的改正等。

图 5.32 表示了程序中出边界错误处理过程概要。出边界后，程序将此时的运行状态信息和错误信息提取出来，然后通过变量传递给相关处理模块，使渲染处理可以按照要求将车辆原地停住；在显示屏幕上提供提示信息，使驾驶训练者能够了解驾驶的错误，并根据提示信息改正；将错误发生的信息存入数据库，留待对驾驶训练进行评价。其他错误处理过程所完成的工作与此类似。

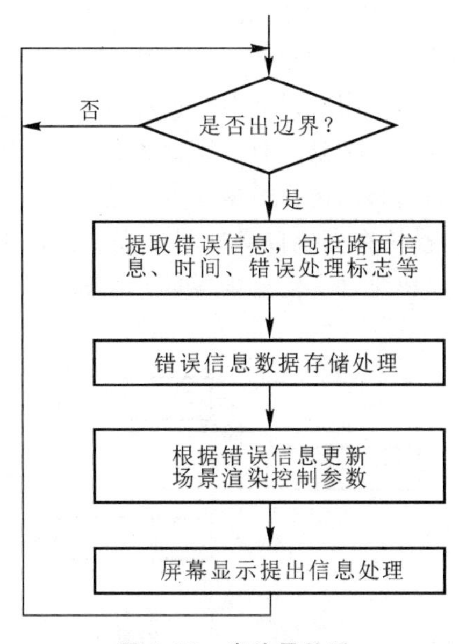

图 5.32　出边界处理

程序中，在显示屏幕上提供给驾驶训练者的信息不仅是错误提示信息，还包括当前车辆的一些控制信息，以帮助初学驾驶的训练者了解驾驶过程中的车辆状态。由于采用实车的操纵部件和面板设计，一些主要车辆运行信息由车辆自身的仪表和指示设备提供，如车速、转速、转向指示等信息；显示屏幕提供其他辅助信息，如点火开关状态、当前挡位信息等。这些信息对于熟练的驾驶员来说没有必要，但对于刚接触汽车的驾驶训练者熟悉操作过程是有帮助的。程序初始化完毕后，渲染引擎设定了独占窗口显示模式，这样可以最大限度地利用 DirectDraw 的渲染能力。此时屏幕显示的文字或图形如果采用传统的 Windows GDI 来实现，则可能发生错误，并且会影响到渲染的执行效率。因此，这些文字和图形信息的输出显示利用了 DirectDraw 提供的离屏表面(off-screen surface)翻转渲染机制实现，将要输出的图形和文字先发送到离屏表面，由渲染引擎在渲染处理时将内容通过后备缓冲区(backbuffer)渲染到主表面(primary surface)，并在显示屏幕上显示出来。

3. 驾驶训练数据处理

本程序中，驾驶训练信息(包括驾驶者信息、运行记录和错误信息等)随时存入数据库文件中，留待驾驶训练结束后进行评价等处理。数据库管理系统与 VC++之间的连接方式采用的是 32 位 ODBC(开放数据库连接)。ODBC 是 Microsoft 公司发布的一种用于访问数据库的标准接口。由于它被广泛采纳，现已成为工业标准。ODBC 标准接口使许多前端工具(比如 VC++)可以连接外部数据库，通过 ODBC 能够编写不依赖于数据的应用程序。

(1)基于 ODBC 的数据处理。ODBC 应用程序编程接口提供了一组标准的函数调用,这些函数是通过数据库厂商提供的动态连接库(DLL)来实现的。这些函数解决了嵌入式 SQL 接口非规范化的问题。它们基于 SQL 语言提供了 SQL 和应用程序的标准接口,解决了应用程序随数据库改变而改变的问题。

MFC 包括了可以为数据库提供简单 C++接口的几个类,主要有 3 种:CDatabase 类,用来与一个数据源相连;CRecordset 类,用来处理从数据库返回的一组数据纪录;CRecordView 类,简化从 CRecordset 对象中得到数据的显示。在基于 MFC 的应用程序框架中,不需要直接从 CDatabase 类中派生出相关的类,只需要直接对 CRecordset 类进行操作,CRecordset 类提供了应用程序与数据交换的实质,它用来封装对数据库的查询,包括加入、修改、删除等。

(2)驾驶训练数据存储处理。驾驶模拟时分别处理各类驾驶训练信息,将这些信息存储在数据库文件中;监控主机通过网络获取运行数据库内的这些信息,由监控系统程序给出驾驶训练的评价。这些信息由各功能模块在完成自身处理过程中提取出来并暂时保留在变量中,当需要或可以处理时,再由处理模块对含有信息内容的模块进行处理。驾驶训练信息类型如图 5.33 所示。

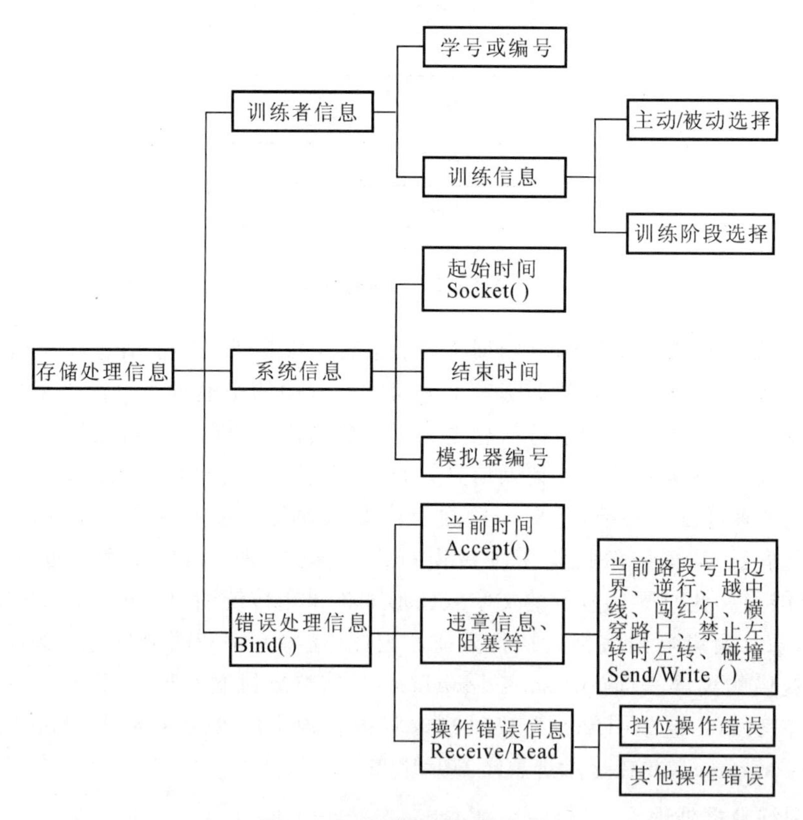

图 5.33 驾驶训练信息类型

在数据库的管理和操作中,将以上驾驶训练信息存放在库文件 Simulator. mdb 中单独的数据表 car peccancy 里,每个处理的信息内容对应表中的一个字段。为了实现对数据信息的管理,程序中从 CRecordset 类派生一个类 CCarPeccancySet,实现过程摘要如下:

```
class CCarPeccancySet : public CRecordset
```

```
{
    public:
CCarPeccancySet(CDatabase * pDatabase = NULL);
DECLARE_DYNAMIC(CCarPeccancySet)
  // Field/Param Data
      //{{AFX_FIELD(CCarPeccancySet, CRecordset)
    long     m_indexID; //代表错误记录索引号的变量
    long     m_driverID;  //操作者编号的变量
    BOOL    m_out_road;  //出边界判断变量
    BOOL    m_stem;   //逆行判断变量
    ……
 DECLARE_MESSAGE_MAP()
};
```

然后为它创建一个对象 CarPeccancySet，来实现所需的管理功能。例如，当车辆运行控制模块判断出车辆与路边界碰撞驶出路面时，在出路边界违章处理模块中调用违章信息处理功能，将提取出来的违章信息和其他相关信息通过数据库操作存储在数据库文件中，典型过程的数据存储概要处理流程如图 5.34 所示。

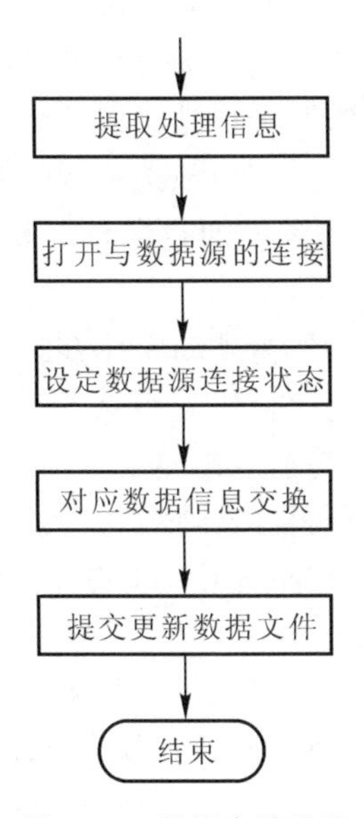

图 5.34　数据存储流程

5.3.3　智能物体的实现

为了丰富驾驶训练的场景，使虚拟场景更接近实际的道路交通环境，提高系统的逼真性和沉浸感，可在场景中加入智能体，智能体包括汽车、人和自行车等。本节介绍智能汽车在汽车驾驶场景中的实现，行人和自行车的控制策略与汽车基本一致。

不同的道路具有各自的特点，如城市道路中的汽车流量大，十字路口、环岛立交比较多；山路中坡度较大、转弯多，是超车、会车事故的多发地段；农村道路中，交通法规没有得到严格的贯彻执行，行人横穿马路、骑自行车者占道行驶等情况时有发生。所以在培训驾驶员时，不仅要注重交通法规和驾驶技能的学习，也要培训驾驶员对某些突发事件的紧急处理能力。为了使开发的虚拟驾驶视景系统，能客观地反映道路交通环境，使驾驶员的培训工作进入一个实用化的阶段，有利于促进汽车驾驶员培训工作的规范化、科学化，必须考虑智能车辆。

从人机系统的理论研究证明，驾驶员-车辆-道路交通环境三者之间的协调是车辆安全行驶的关键问题，因为驾驶员是可塑、有思维、行为复杂的人，可以根据道路交通的具体情况进行动态调整驾驶。在进行实车驾驶时，由于车辆具有不同的操作和行驶特性，道路交通环境比较复杂（涉及行人、气候、路面状况、交通标志设施等因素），众多随机因素必然对其产生影响，特别是在初学者对车辆的性能还没有把握的时候，容易出现危险，教练的工作强度比较大，同时耗费大量人力、物力。所以设计能反映实际道路交通环境的汽车驾驶训练仿真系统，是当前汽车研究领域内比较热门的问题，也是汽车驾驶训练仿真系统实用化必须考虑的问题。

1. 面向智能体技术

智能体（Agent）是一个具有控制问题求解机理的计算单元，这种定义是建立在普遍意义的基础上的，它可以指一个专家系统、一个模块、一个过程或求解单元。但就 Agent 的本质而言，其与对象的概念仍然是一致的，只是一种在性能上做了改进的对象。当单一智能体要完成一个任务时，如果要处理大量信息或其本身不具备解决全部问题的知识和相关信息，它就需要与其他智能体进行合作，通过智能体之间的全面合作就可实现整体的系统功能。

智能车辆是用计算机程序来控制的，即根据具体的交通环境来对车辆发出控制命令，例如当车辆系统检查到前方有障碍物或车辆时，应该减速行驶或做转向超车等动作，实际车辆的这些操作都是连续的，如驾驶员在观察周围的通过条件时抬起油门踏板、踩下脚制动踏板来减速，同时控制方向盘等。

在传统的面向对象技术里，对象是作为被动实体存在的，有消息才会有响应，同时其消息传递机制也很原始，因而在处理对象间的合作方面就不那么得心应手了。故可以把传统意义上的对象进化为智能对象，即智能体，将消息传递发展为对象协议，从而把传统意义上的面向对象技术改进为面向智能体技术。面向智能体技术是改进的面向对象技术，与面向对象技术相比，其改进之处主要体现在：基本组成单元由对象进化为 Agent，用于定义基本组成单元的参数发展为信念、承诺、能力、决定等。

智能车辆（Agent Car）参照本车的行驶状态和视野范围，确定是否在当前的场景范围可见，如果可见，即由控制模块计算其移动和旋转的偏移量，改变其相对于本车和视景的位置，在渲染线程中显示，一旦开出视野就删除。该方案的优点是灵活、节约时间。考虑到计算机的性能，我们只在场景的当前视野范围内产生汽车。具体的策略如下：

（1）随机地在前视野生成与本车相向行驶或在后视野生成与本车同向行驶的智能车；

（2）对场景中的每辆汽车，根据汽车当前的状态和所在路的类型，调用不同的运动策略；

（3）在行驶方向前面有行人、人行横道线路的红绿灯处在不同位置情况下，车辆的运行要按照指示的方向进行转弯或减速停车等；

（4）当汽车开出视野范围时，重新设置该辆车的位置。

训练时系统首先生成主场景，初始化智能体的生成和调度管理模块，然后进入模拟程序运行驾驶训练的循环，调用智能体调度模块，刷新每个智能体的状态和位置。运行控制模块的流程如图 5.35 所示。

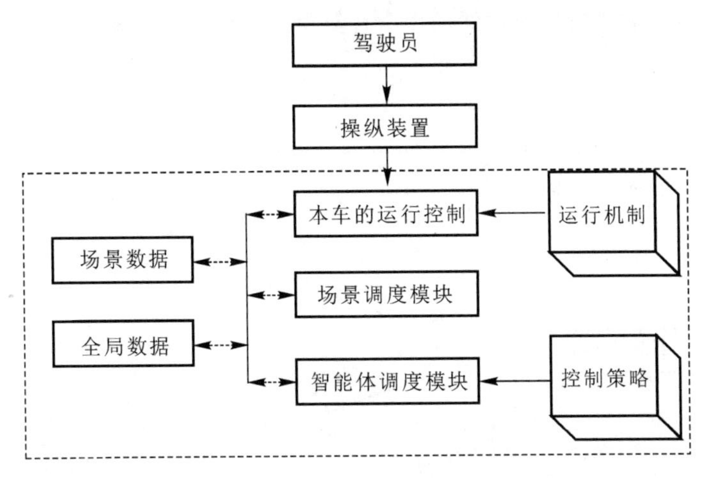

图 5.35 运行控制模块的流程

2. 影响智能车辆控制的因素

在驾驶虚拟实验平台系统开始运行后，训练者选择不同的场景和车流密度，初始化场景中的智能汽车，汽车的密度可以进行调节。运行控制模块根据汽车动力学模型和当前路况(智能车周围的行车条件)计算汽车的速度和加速度，并根据操作规则进行操作判断。

道路驾驶训练是在各种道路上进行的，如直线路、曲线路、城市道路、山路、高速公路等，系统中随机生成的智能物体(如汽车、自行车、行人)和本车(学员操作的车)均应该遵守相同的交通规则，但是随着训练项目和车辆所在路段的不同，智能车辆和驾驶员应该遵守的交通规则和行驶规则也不一样。比如，在环岛路面，车辆进入环岛和驶出环岛的方式不同。在虚拟驾驶视景系统中，必须指定各自的控制策略。因为智能车辆在仿真环境中行驶时，路面的类型不同，行驶路线也就要根据具体的道路情况变化，这时程序要在判断出智能车辆所在路段和路的类型以后，进入相应的状态控制模块。

```
switch(PRoad－＞m_RoadStyle)
    {    case 1://直线路段 LineRoad
         case 2://十字路口 CrossRoad
         case 3://T 形路口
         case 4://弯道
         case 5://高速路
         case 6://立交桥高出部分
         case 7://高速路进出口
         case 8://斜路
         case 9://Z 形路弯道
         case 10://半圆路
         case 11://宽窄过渡路段
         case 12 ://立交桥接口段
         case 13://立交桥弯路
    }
```

汽车驾驶员在进行会车、让车、超车、停车、躲避行人、绕过障碍物等操作时，外面的车辆、行人和自行车的移动，这些看似简单的动作由计算机实现时却需要复杂的控制策略，其控制流程如图 5.36 所示。

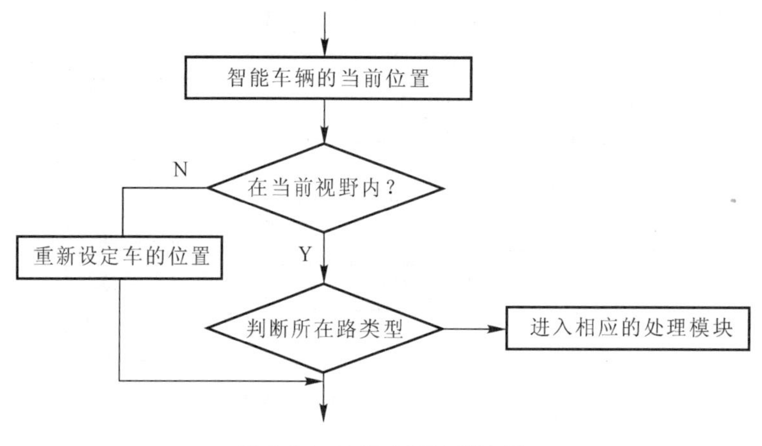

图 5.36　智能车辆控制流程

5.3.4　控制策略

1. 交叉路口的控制策略

在道路的交叉路口按照红灯停、绿灯行和黄灯等待或通过的规则组织交通。交叉车道数量不同，其停车、转向和等待的方式就不一样。在双向四车道的路口，车辆如果要直行，则停靠行车道，左转弯停靠超车道。汽车通过交叉路口时，必须在停车线以外 100～50 m 处减速，并变换车道。例如，高速车辆在交叉路口右转弯换入慢车道；低速车左转弯换入快车道。

2. 指示标线

车行道分界线为白色虚线，用来分割同向行驶的交通流。在保证安全的情况下，允许车辆越线变换车道行驶。一般在高速公路、一级公路和城市快速路，车道分界线在路的中心划线不同时，是否可以越线行驶也是由路的类型决定的。所以应该根据路的类型决定控制方式。双向两车道路面中心线，为黄色虚线，用于分割对向的行驶交通流，在保证安全的情况下，允许车辆越线超车或向左转弯；中心黄色双实线，表示严格禁止车辆跨越超车或压线行驶；中心黄色虚实线，为一条实线和一条与其平行的虚线组成的标线，表示实线一侧禁止车辆越线超车或左转弯，虚线一侧准许车辆越线超车或左转弯；中心黄色单实线，表示不准车辆越线超车或压线行驶。白色实线是禁止变换车道线，用于禁止车辆变换车道和借道超车。

3. 车辆之间的相对位置

智能汽车的运动其实就是根据周围的环境，与其他车辆、行人、路边建筑、交通规则等之间的交互，不断调整自己的行车路线、加减速和变换车道等。智能车辆与其他车辆相互之间的位置可以大体分成两类：同向行驶和相向行驶。在同向行驶的过程中，又根据具体的条件，按照道路不同的车道划分，确定汽车是在同一条车道，还是分别处于不同车道等情况；相向行驶的情况下，要看道路中间有没有隔离带，或者路中线的划分情况等。智能车辆在检测到自己所处的位置和相互之间的位置关系后，确定下一步动作，然后进行几种相应的变换：正常行驶、岔路口左转、岔路口右转、岔路口直行、停车等待、超车等操作行为。

同向行驶车辆之间的相互状态，其位置可以分为六种，如图 5.37 所示，根据不同车辆的位置，传入到控制函数的不同信息，可以控制智能车辆位置。

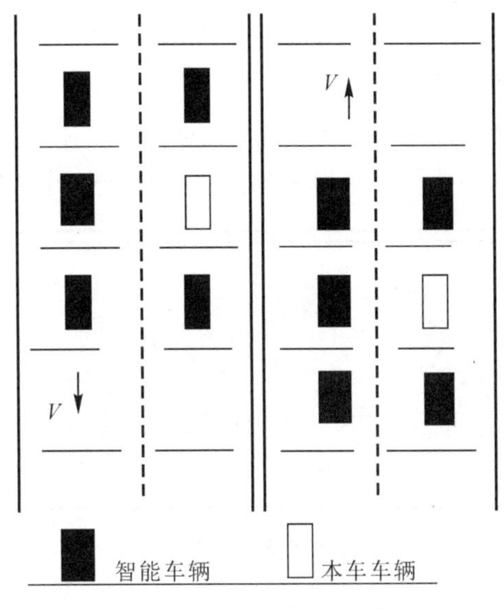

图 5.37　车辆位置示意图

4. 超车的控制策略

由于在道路上行驶的车辆很多，汽车运行过程中，因驾驶员的经验和车况的不同，行驶车速彼此不同，所以在运行过程中经常出现超车现象。尤其在城市道路和交通要道，车辆密集的地方更为普遍。在超车时如果违反了规则，经常会出现事故，所以处理好超车问题意义重大。驾驶员在路上行车的时候，超车的情况比较频繁。由于超车是在高速行驶的条件下进行的，危险性较大，必须具备一定的超车条件才能进行。在智能车辆的超车和避让过程中，可以训练驾驶员的驾车技巧。

汽车行驶过程中，超车是一个复杂的运动过程，超车中，有的是等速超车，即两辆车的行驶速度保持不变，后车的速度大于前车，经过一段时间的行驶即可完成超车动作。有的超车是不等速超车，要超车的后车加速行驶，被超车的前车减速行驶，这里又有等加速和等减速行驶，不等加速和不等减速问题。所以在本系统中，研究超车仿真是真实表现实际道路情况的重点。通过对车辆在路上的驾驶行为进行分析，在超车的一系列操作中，基本合成了驾驶车辆的大部分动作，观察道路的前后左右情况、加减速、变换车道等，其他智能车辆的控制策略可以在此基础上经过变换后确定。下面介绍超车的检测和控制。

5. 超车的方法

在路上行驶时，取得智能车辆和其他车辆的位置，检测前后车辆的距离，如果此距离在当前车速下适合超车且前面道路允许，即开始跟车，待前车让路直至横向距离符合超车的条件后，再从左边超越。超越后必须在距离后面的车辆合适的距离时，再驶入正常线路。不允许超越后作紧急停车，也不允许过早地驶入行车道。部分代码如下：

```
//取得练习者驾驶的本车的全局坐标位置
g_lpCameraframe－＞GetPosition(g_lpScene，&g_CurrentPosition)；
//取得第一辆同向车的全局当前的坐标位置
g_lpMovingCarAlong1－＞GetPosition(g_lpScene，&g_AgentCara1CurrentPosition)；
//同向智能车辆 AgentCara1 与练习者驾驶的本车的纵向距离
if(fabs(g_CurrentPosition.z－g_AgentCara1CurrentPosition.z) ＞30)
```

6. 超车距离和超车时间

一次超车要行驶多长时间和多大的距离，每个驾驶员必须要有数量概念，只有心中有数，才能作好超车的思想准备和创造良好的超车条件。超车示意图如图 5.38 所示。

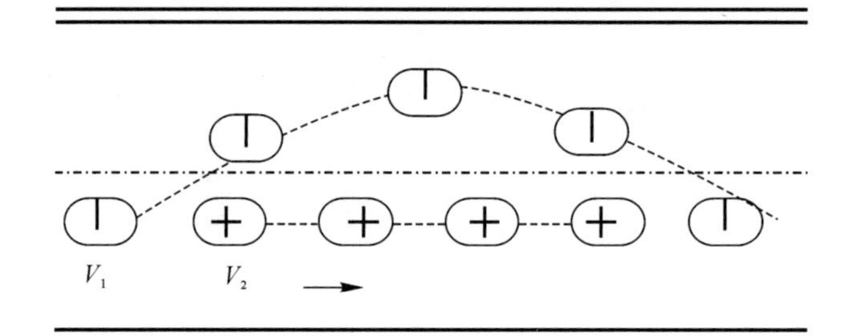

图 5.38 超车

等速度的超车距离可以用下边的公式计算：

$$S_u=2S_V\frac{V+\Delta V}{\Delta V} \tag{5-10}$$

超车时间用以下的公式计算：

$$t_u=2\times\frac{S_V}{\Delta V} \tag{5-11}$$

式中：V 为被超车（前车）行驶的速度（m/s）；$V+\Delta V$ 为超越车（后车）的行驶速度（m/s）；S_V 为车辆行驶的间距（m），由行驶的车速决定；S_u 为超车距离（m）。

例如：$V=40$ km/h，$\Delta V=10$ km/h，$S_V=20$ m

则

$$S_u=2S_V\frac{V+\Delta V}{\Delta V}=2\times20\times\frac{\frac{40}{3.6}+\frac{10}{3.6}}{\frac{10}{3.6}}=200(\text{m}) \tag{5-12}$$

$$t_u=2\times\frac{S_V}{\Delta V}=2\times\frac{20}{\frac{10}{3.6}}=14.4(\text{s}) \tag{5-13}$$

在一般情况下，超车时需看清道路长度的两倍才可视为安全，所以在上例的超车过程中必须看清 400 m 左右的距离。

7. 等加速和等减速的超车过程问题

因为超车中不能立即超车完毕，需要一定时间，待条件允许，即可加速超车，或者被超车进行相应的减速行驶。如果超车的加速度或减速度不变化，其超车的距离和时间可以用以下的公式计算：

$$S_U=2V\sqrt{S_V\ \frac{a_2-a_1}{a_2a_1}}+2S_V \tag{5-14}$$

$$t_u=2\sqrt{S_u\ \frac{a_2a_1}{a_2-a_1}}\times\frac{a_2-a_1}{a_2a_1} \tag{5-15}$$

式中：S_U 为超车距离(m)；V 为前面被超越的汽车的行驶速度(m/s)；a_1、a_2 分别为后面车和前面被超越车的加速度(m/s^2)。

通过以上分析，可以看出，在超车的过程中有加速和减速，有跟车超越，还有插入队列等车辆运动。不仅要控制好自己的车辆，而且要随时注意被超越的车辆动态，还要观察前面来车及后面车辆的情况，超车时可假定前面被超越车辆的行驶意图是确定的，不考虑太多的随机复杂事件，避免程序陷入一些无穷无尽的判断和检测中。

超车时速度需要加快，但是超车速度不能超过交通管理部门对该路段所规定的速度上限，在有限速标志时，一般不要超车。如果是在较窄的没有划分车道的公路上行驶，对面有车时不能超车。在超越区域视线受到限制时，如汽车转弯时不能超车。

在直线路上时，判断车辆所在的车道是超车道还是行车道，如果是在超车道做左转向时，必须要遵守交通规则中道路指示标线的规定，如果是在行车道或是在路的最右边做右转向时，不能越出路边线。智能车辆在行车道和超车道的控制流程分别如图 5.39 和图 5.40 所示

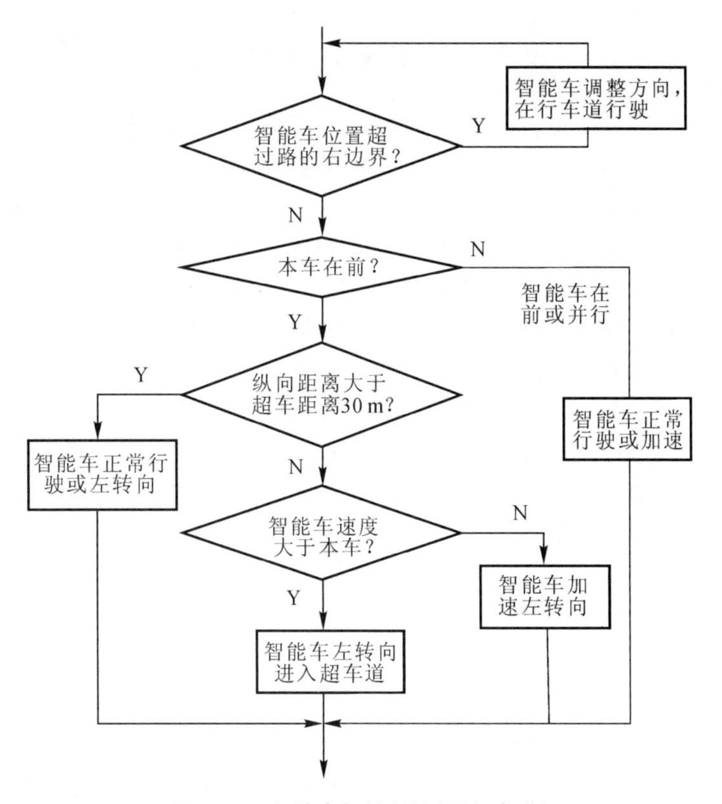

图 5.39　智能车辆控制流程(行车道)

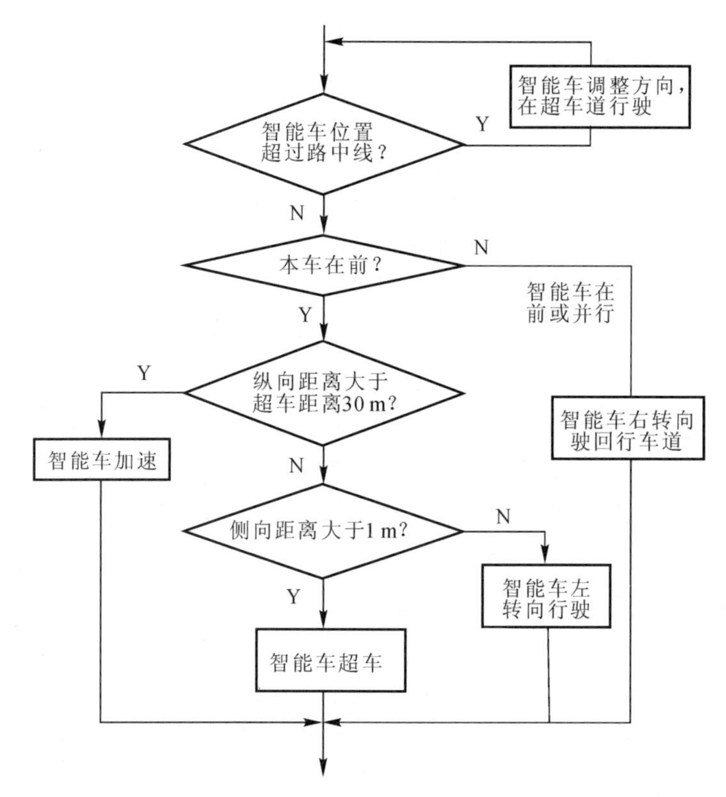

图 5.40 智能车辆控制流程(超车道)

本章在所建立的汽车驾驶虚拟实验平台上，针对不同的实验要求，通过软件功能和硬件接口的扩展，完成了复杂交通环境对汽车驾驶员的影响研究、汽车的节能驾驶控制以及汽车驾驶训练评价等三类虚拟实验。

基于汽车驾驶虚拟实验平台，利用虚拟实验的数据，通过分析驾驶员在复杂交通环境下产生的驾驶控制行为影响因素及其规律，基于概率模型和模糊控制理论，综合汽车驾驶员的生理、心理、驾驶技术等特性，针对特定的复杂交通环境，将驾驶特性划分、不良行为的预测以及实时控制和预警有机地衔接，对驾驶员驾驶行为特性进行分析评价。在多模型驱动下实现对驾驶员在下一阶段可能发生的不良驾驶行为的及时校正，对驾驶行为的预测、校正策略和控制方法展开研究，提出复杂交通环境下因性格、心理和情绪产生的不安全驾驶的事前校正和预警模型，以实现驾驶特性和对应驾驶行为关联与求解，保证驾驶行为控制过程的安全性和有效性。在不同类型驾驶员参与的高速、多车、恶劣天气以及不良驾驶行为等复杂交通环境的影响下，这对避免恶性交通事故的发生具有十分重要意义。

基于汽车驾驶虚拟实验平台，建立类似真实的驾驶模拟环境，逼真地再现多车、混合复杂交通环境(场景)，实现对汽车行驶状态、驾驶员行为、道路数据的实时采集、处理与获取，研究驾驶行为对汽车运行能耗的影响，从分析典型汽车行驶工况入手，根据不同行驶工况下的汽车能耗模型，以能耗最小为目标，构建了汽车节能运行计算模型，基于模型预测、神经网络等理论，提出了面向汽车节能驾驶的燃油消耗在线优化、预测控制和反馈校正方法，建立了汽车节能驾驶实时控制模型，描述了汽车节能驾驶虚拟实验平台和实车实验系统的基本框架，以实现汽车节能驾驶实时控制模型的评价、验证和优化规范驾驶行为，为实现节能驾驶提供了一种途径。

基于汽车驾驶虚拟实验平台，在建立驾驶训练仿真的交通道路和交通规则体系的基础上，对驾驶违章行为的判断处理、训练过程的管理、驾驶训练数据处理与存储提出算法与流程，并在系统中实现，对虚拟驾驶训练系统的智能物体的产生、影响因素、控制的策略等进行研究，使驾驶仿真更接近实际的道路交通环境，提高了系统的“真实感”和“沉浸感”。主要实现了三方面的功能：一是指导汽车驾驶学员遵守道路交通规则，规范操纵汽车的运动；二是在汽车驾驶学员违反交通规则和不按照规范的动作驾驶车辆时，进行提示、警告、处罚（严重的交通事故时，驾驶训练仿真系统停止运行）等；三是对学员的驾驶训练过程进行评价。

参考文献

[1] 尹念东，陈定方，李安定. 基于 OpenGVS 的分布式虚拟汽车驾驶视景系统设计与实现[J]. 武汉理工大学学报（交通科学与工程版），2006，30(6)：984 - 987.

[2] 尹念东. 汽车驾驶模拟器研究现状与技术关键[J]. 湖北汽车工业学院学报，2002，16(4)：7 - 10.

[3] CHENG J P, YIN N D, CHEN D F. Research of vehicle simulator based on distributed virtual reality technology[C]//IEEE. Proceedings of the Ninth International Conference on Computer Supported Cooperative Work in Design. Washington DC：IEEE，2005：623 - 626.

[4] 郭建明，张科，李言俊. 基于 OpenGVS 的三维仿真软件的开发研究[J]. 计算机仿真，2005，22(12)：270 - 271.

[5] 夏萍. 基于虚拟现实技术的复杂城市道路交通仿真平台研究[D]. 武汉：湖北工业大学，2011.

[6] 翟丽平. 基于 MultiGen 的虚拟现实三维建模技术研究与实现[D]. 重庆：重庆大学，2005.

[7] 陈涛. 人-车-路（环境）联合运行虚拟仿真理论与实现技术研究[D]. 西安：长安大学，2006.

[8] 王朝辉. 计算机视景仿真技术的研究[D]. 上海：同济大学，2007.

[9] 王伟，吴超仲，严新平，等. 汽车驾驶模拟器动力学仿真建模[J]. 武汉理工大学学报，2005，27(1)：135 - 138.

[10] HOPPE H. View-dependent refinement of progressive meshes[A]. New York：ACM Press，1997.

[11] OpenGVS Programming Guide (Version 4. 4)[Z]. USA：Quantum3D Inc. ，2001.

[12] 邢卫卫，李凤霞，战守义. 基于 OpenGVS 的城区漫游系统的开发[J]. 计算机应用，2005，25(3)：727 - 728.

[13] 尹念东，何彬，郭文婷，等. 复杂交通环境下汽车驾驶特性建模与控制[J]. 湖北理工学院学报，2018，34(3)：1 - 5.

[14] CLAPP J D，OLSEN S A，DANOFF-BURG S，et al. Factors contributing to anxious driving behavior：the role of strew history and accident severity[J]. Journal of Anxie-

ty Disords, 2011, 25(4): 592 - 598.

[15] 祝站东,荣建,周伟. 不良天气条件下的驾驶行为研究[J]. 武汉理工大学学报(交通科学与工程版),2010,4(5):1040 - 1042.

[16] HORBERRY T, ANDERSON J, REGAN M A. The possible safety benefits of enhanced road markings: a driving simulator evaluation [J]. Transportation Research Part F: Traffic Psychology and Behavior, 2006(9):77 - 87.

[17] DOGAN E, STEG L, DELHOMME P. The influence of multiple goals on driving behavior:the case of safety, time saving, and fuel saving[J]. Accident Analysis & Prevention, 2011, 43(5):1635 - 1643.

[18] 陶鹏飞. 基于心理场理论的驾驶行为建模[D]. 长春:吉林大学,2012.

[19] 卞晓华. 基于驾驶行为的车辆运行安全特性及其模型研究[D]. 青岛:青岛理工大学,2012.

[20] HAKKERT A S, GITELMAN V, COHEN A, et al. The evaluation of effects on driver behavior and accidents of concentrated general enforcement on interurban roads in israel[J]. Accident Analysis and Prevention. 2001, 33 (1): 43 - 63.

[21] 何彬,尹念东.汽车节能驾驶实时控制模型的构建与实验方法研究[J]. 机械设计与制造,2013(9):237 - 240.

[22] 尹念东. 分布式汽车驾驶仿真系统的研究与开发[D].武汉:武汉理工大学,2007.

[23] 罗栩豪,王培,李绍华,等. 汽车辅助驾驶系统动态目标检测方法[J]. 计算机工程,2018,44(1):311 - 315.

[24] 郭文婷. 虚拟复杂交通场景下的汽车驾驶行为研究[D]. 武汉:湖北工业大学,2021.

[25] 黎铁良,孟昭福. 汽车驾驶与安全[M]. 北京:人民交通出版社,1999.

[26] YIN N D,CHEN D F. Research and development of distributed interactive vehicle simulation system for driving training[C]//IEEE. Proceedings of the 2007 11th international conference on computer supported cooperative work in design. Washington DC:IEEE,2007:1082 - 1086.

[27] 赵亚男,赵福堂,刘碧荣. 汽车燃油经济性的计算机仿真[J]. 农业机械学报,2007,38(5):39 - 42.

[28] 李勋祥. 基于虚拟现实的驾驶模拟器视景系统关键技术与艺术研究[D]. 武汉:武汉理工大学,2006.

[29] 于晓辉. 汽车驾驶智能模拟培训教程[M]. 北京:机械工业出版社,2003.

[30] 吴江. 驾驶训练模拟器视景控制系统的研究与开发[D]. 北京:中国农业大学,2002.

第6章　成套装备虚拟实验

高端成套装备的自主创新研制是《中国制造 2025》提出的五大建设工程之一。由于高端成套装备制造是集机械、电子、控制、信息、材料和管理等学科于一体的新兴交叉学科，具有综合性、复杂性、系统性、创新性和连续性等特点。利用虚拟实验的可重复、无危险、不消耗实料、不占用设备、试验费用少等独特优势，进行多人、多任务、多空间的高端成套装备制造的虚拟实验，可以对产品的功能、结构、性能、可制造性和经济性等方面的潜在问题进行分析和预测，实现产品设计、过程规划、加工制造、性能分析和质量检测等制造环节的优化和控制，从而增强制造过程的可靠性和决策能力，缩短产品设计周期，提高设计效率，降低成本，增强创新能力。

虚拟实验可应用于先进制造技术的各个领域，本章介绍大型折弯成形成套装备、智能输送系统的虚拟实验。

6.1　大型折弯成形成套装备虚拟实验

大型折弯成形成套装备是金属成形加工的重大设备(其主机公称压力在 36 000～80 000 kN，加工长度 12 000～16 000 mm，加工壁厚 35～80 mm，钢管折弯直径可达 1 200～1 600 mm)，是高强度板材实现高精度折弯成形不可缺少的关键设备，在造船、军工、汽车、电力、能源和工程机械等行业应用广泛。

大型折弯成形成套装备集成了机、电、液、光、材料加工及检测等各种先进技术，其主机质量和尺寸都非常大，通常情况下，主要部件质量在数吨到数十吨不等，且体积尺寸大，存在着装配过程复杂、安装空间大(现场安装时甚至需要拆除屋顶)等问题，设备价值超过数亿，甚至数十亿元人民币，图 6.1 所示为湖北三环锻压设备有限公司在生产中的大型折弯成形成套装备。然而，大型折弯成形成套装备属于专用设备，往往是单套生产，采用传统的制造方式很难快速地设计、制造出客户满意的产品，加大了大型折弯成形成套装备的设计计算、加工制造、实验评价的难度和风险，不能够满足市场快速发展的需求，采用先进的虚拟实验的理论和方法对其进行研究与开发势在必行。

目前，Pro/E、ANSYS、ADMS 等产品设计、非线性动力学仿真以及工艺制造和产品全生命周期管理等软件在大型折弯成形成套装备的设计制造过程中已经广泛应用，但总的来说，有必要与产品设计制造与实验相关的各种过程信息与先进技术集成在一个统一的、三维动态的仿真真实过程的实体数字模型之中，进行虚拟的实验，预测、检测、评价产品性能和产品的可制造性、可靠性，建成一个虚拟实验仿真平台是有效和可行的途径。虽然，Pro/E、ANSYS、ADMS 等产品设计、非线性动力学仿真以及工艺制造和产品全生命周期管理等软件在大型折弯成形成套装备的设计制造过程中已经广泛应用，但总的来说，设计、制造和实验等过程相对独立和分散，还没有实现在一个统一模型之下对其进行集成，将与产品制造与实验相关的各种过程与先进技术集成在三维的、动态的仿真真实过程的实体数字模型之中，进行虚拟的实验，预测、检测、评价产品性能和产品的可制造性、可靠性，建成一个虚拟实验仿真平台是有效途径。

图 6.1　制造中的大型折弯成形成套装备

笔者在湖北三环锻压设备有限公司研制大型数控折弯成形机床装备的基础上，构建面向设计制造、实验、评价集成化的大型折弯成形成套装备的虚拟实验平台(软、硬件平台)，完成大型折弯成形成套装备的虚拟设计、制造、装配、实验以及折弯成形运动与变形三维动态仿真的过程，通过虚拟折弯机与实际折弯机的数据映射，实现大型板材折弯成形工艺涉及的板料的成形力、回弹量、回弹成形曲线、最佳上模曲线、最佳重叠量、折弯补偿量等折弯变形理论问题的分析和工艺过程中各种工艺参数的最佳匹配，创建大型板材折弯成形工艺模型，为产品的研发提供先进的仿真和实验平台。

6.1.1　大型折弯成形成套装备虚拟实验平台

针对大型折弯成形成套装备折弯加工过程及工艺特点，基于先进的三维视景系统、建模与分析软件，面向设备应力、应变和材料成形过程的数据采集系统，建立与大型折弯成形成套装备实际加工过程相同的三维实时仿真场景，实现实时性、交互性和沉浸感强的大型折弯成形成套装备加工场景，以及能够对折弯成形运动和工艺流程进行三维虚拟仿真的双向数据映射系统，进行大型板材折弯成形中关键问题的工艺虚拟实验(仿真)，分析设备软硬件和工艺及设计参数对折弯成形的影响，并形成折弯成形工艺方案，创建大型板材折弯成形工艺模型，同时对大型折弯成形成套装备的可靠性开展研究，为研制拥有自主知识产权的大型折弯成形成套装备提供理论和技术的支撑。

大型折弯成形成套装备虚拟实验平台的构成如图 6.2 所示。

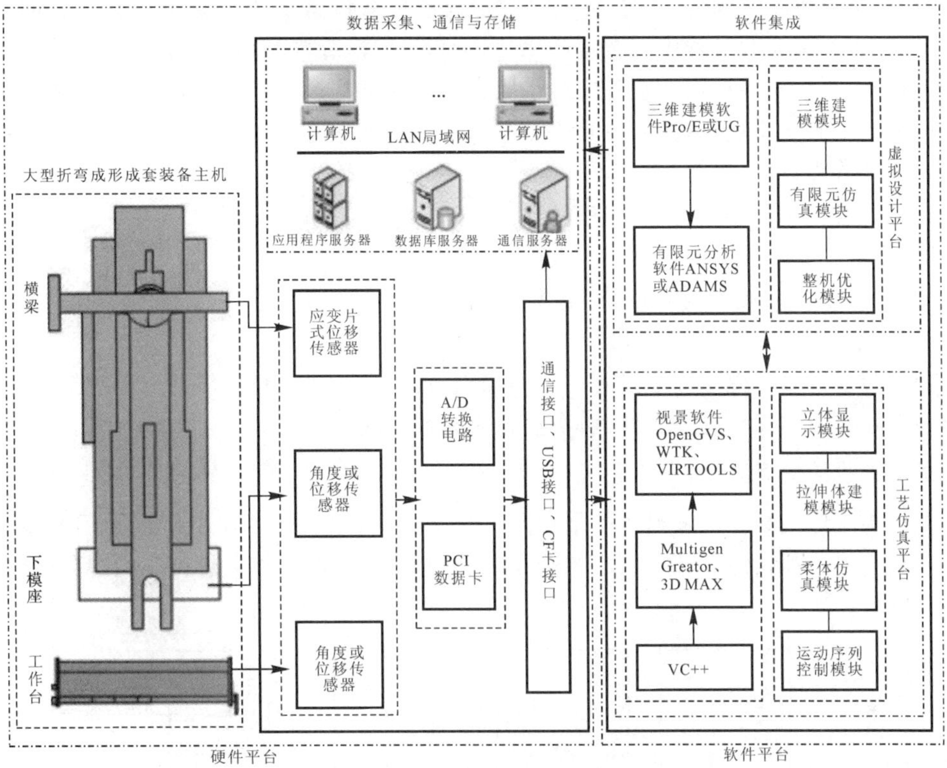

图 6.2　大型折弯成形成套装备虚拟实验平台

虚拟实验平台集成了三维建模、立体显示、场景建模、有限元仿真分析、数据采集处理、网络通信等技术，构建一个半实物仿真的大型折弯成形成套装备虚拟实验平台，如图 6.2 所示。

虚拟实验平台由大型折弯成形成套装备、数据的采集处理与通信、软件分析系统三大部分组成，形成一个半实物虚拟仿真实验平台。

大型折弯成形成套装备可以是已经建成的装备或者正在制造过程中的设备，也可以是正在应用的设备，还可以是虚拟(数字)设备。

数据的采集处理与通信主要由安装在大型折弯成形成套装备横梁、下模座以及工作台等位置的力、角度与位移传感器、数据采集与处理系统、接口电路、通信系统等组成。

软件分析系统则集成了包括 Pro/E、ANSYS、ADAMS 等在内的虚拟设计与实验分析软件、视景仿真模块、数据通信子模块等软件与子模块。视景仿真模块主要通过对图形模型设计、纹理的设计制作、场景构造、场景调度和场景管理等，实现大型折弯成形成套装备虚拟或者实际加工过程三维场景；数据通信模块把加工过程的运动数据、工艺参数和状态信息等传递给场景调度模块，并完成对场景进行仿真驱动。网络通信系统将分布在平台中的各模块连接起来，在统一模型之下，实现对大型折弯成形成套装备的设计、制造和实验等过程的集成，完成设备制造和运行的仿真。

虚拟实验平台的具体的功能如下：

(1)完成大型折弯成形成套装备及主要部件的结构优化、虚拟制造和装配过程，发现上游问题，减少设计缺陷；

(2)面向工业现场实际应用，建立大型折弯成形成套设备实体与虚拟实验平台的数据映射，包括设计、加工、实验过程中的数据的采集、分析、处理、存储和传送等；

(3)基于大型折弯成形成套装备实际加工过程真实数据和工艺参数，构建能反映其加工实际情况的三维实时仿真场景，能够仿真大型折弯成形成套装备运动控制、折弯成形、材料变形过程以及工艺流程；

(4)完成设计、工艺参数、控制程序的评价。

6.1.2 大型板材折弯成形模型的映射

虚拟实验平台要实现与加工过程一致的控制、运动、加工、材料变形的三维虚拟仿真，使虚拟实验与实际实验结果具有一致性，解决虚拟实验数据映射是关键。

1. 虚拟实验的数据流

大型折弯成形成套装备虚拟实验平台是一个半实物仿真平台，在工作过程产生形成包括设计、运动、模型、控制、仿真、监测、工艺等在内的各种数据，形成整个虚拟实验过程的数据流，如图 6.3 所示。

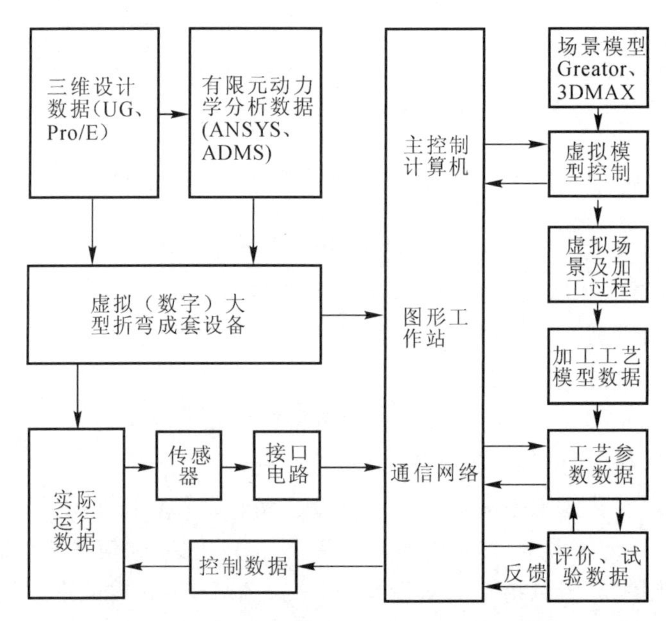

图 6.3 大型板材折弯成形虚拟实验的数据流

2. 工艺模型

根据大型板材折弯成形过程中的下模自动变距控制、板厚误差、材质差异补偿、变曲率圆弧折弯，以及工作台和滑块挠度补偿等参数，进行工艺仿真，得到各自的控制或修正模型等，形成工艺参数求解模型，建立客户需求与工艺方案之间的映射，构建大型板材折弯成形的工艺模型，工艺模型的基本框架如图 6.4 所示。

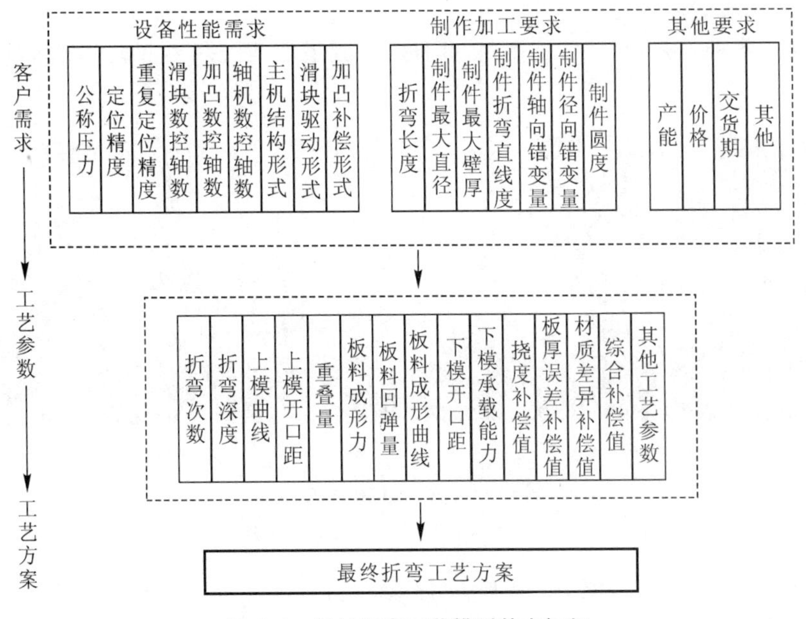

图6.4 板材折弯工艺模型基本框架

3. 三维虚拟场景模型建立及数据映射

虚拟实验平台必须构建基于实际场景图形的虚拟仿真系统，才能实现与加工过程相同的运动、控制、材料变形、折弯、加工的三维虚拟仿真，建立起三维虚拟场景模型与折弯加工、材料成形、加工工艺数据之间的映射，利用模型导入、实时渲染、视点控制、场景管理、碰撞检测、数据通信等方法，实现大型板材折弯成形虚拟实验过程。虚拟实验中的数据也可以转变为随时间和空间变化的、以图形信息表示的折弯成形过程控制数据，数据映射过程如图6.5所示。

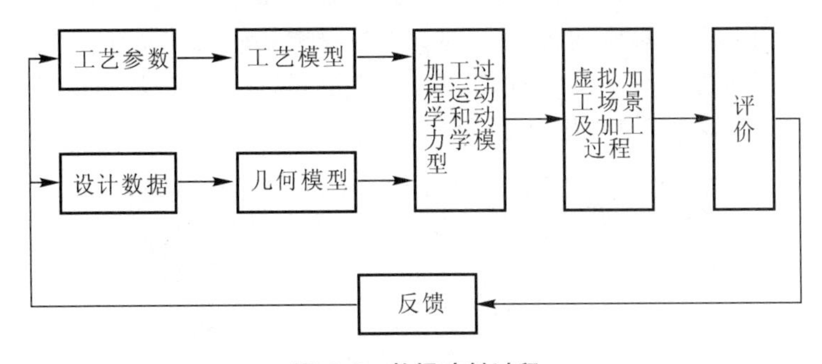

图6.5 数据映射过程

6.1.3 板材折弯成形工艺分析的虚拟实验

确定大型板材折弯成形优化工艺参数之后，对影响工艺参数的相关工艺问题进行分析，针对大型板材折弯成形过程中的变曲率圆弧折弯、下模自动变距控制、板厚误差及材质差异补偿以及工作台和滑块挠度补偿等工艺问题展开研究，并规划虚拟实验过程。

(1)变曲率圆弧折弯过程。大型板材由于板厚(50～80 mm)，折弯时多为变曲率圆弧折弯，目前还没有现成的适合变曲率圆弧折弯的工艺软件，因此，折弯时往往根据经验，采用多次试压的方法确定各种工艺参数，费工费料，并很难达到最佳匹配。大型板材折弯过程如图6.6所示。

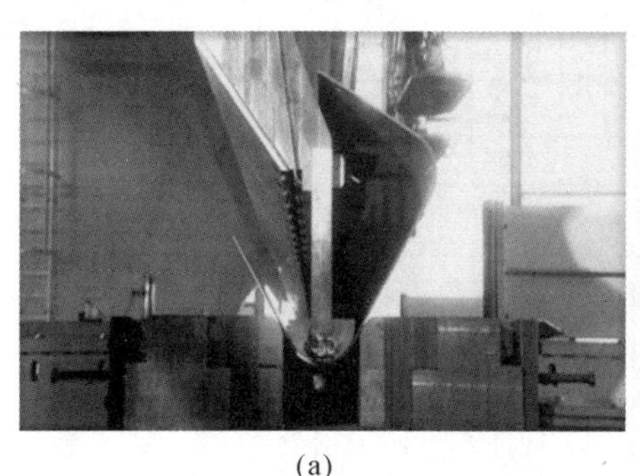

(a)

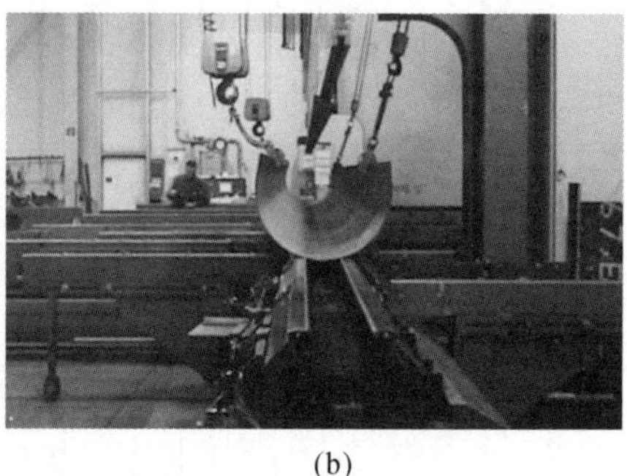

(b)

图6.6 大型板材折弯过程

(a)单角圆弧折弯；(b)变曲率圆弧折弯

在变曲率逐步折弯成形过程中，弯曲的板料处于非对称重叠折弯状态，如何选择优化的上模曲线、下模开口距、重叠量、折弯次数和折弯深度等工艺参数，这些问题涉及板料的成形力、回弹量、回弹后的成形曲线、最佳上模曲线、最佳重叠量等塑(弹)性弯曲理论，以及工艺过程中各种工艺参数的最佳匹配。

采用ANSYS或ADAMS等非线性软件对逐步重叠折弯成形进行模拟仿真，并结合工艺试验数据，修正试验材料的非线性强化模型，并进一步修正和完善仿真过程，创建板料或管材折弯成形的参数优化模型。

(2)自动变距控制下模三维模型。折弯不同厚度、不同圆角的工件需要更换或调节下模开口距，人工更换或调节不仅劳动强度大、效率极低，而且存在人身和设备安全隐患。因此，需要解决自动变距下模开口距的控制问题，并满足大型板材重载荷成形时的承载能力。

可通过构建自动变距下模三维模型，如图6.7所示，结合虚拟场景和实测数据进行下模开口距控制过程的仿真，得到最终下模自动变距控制模型。

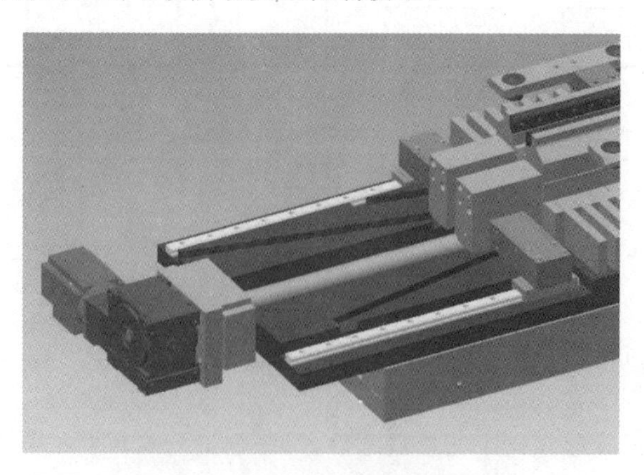

图6.7 自动变距下模三维模型图

(3)板厚误差及材质差异补偿虚拟实验。同一批钢板的厚度和机械性能存在较大的差异，即使是同一张钢板，其厚度和机械性能也存在较大的不均匀性。在折弯过程中，即便压下深度相同（$Y_1 = Y_2$），但由于存在厚度和机械性能的不均匀性，使有效折弯深度和回弹角度有较大的差异，最终导致全长 12 000 mm 的钢板折弯角度差别很大（$\alpha_1 \neq \alpha_2$），可通过虚拟实验展示和分析板厚及材质不均匀对折弯角度的影响，如图 6.8 所示。

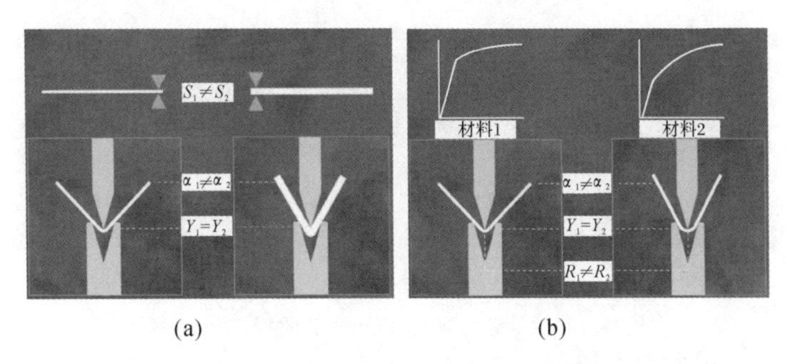

图 6.8　板厚和材质不均匀对折弯角度的影响的虚拟实验

（a）板厚不均匀对折弯角度的影响；（b）材质不均匀对折弯角度的影响

传统的加凸补偿工作台只能补偿工作台和滑块的挠度变形，但对于板材的板厚和材质的局部误差却无法补偿。必须具备独立分段补偿功能才能补偿板材误差造成的局部角度差异，从而实现高精度的折弯。因此，对板厚误差及材质差异补偿进行虚拟实验时，应集成工作台和滑块挠度补偿和板厚误差及材质差异补偿仿真过程，如图 6.9 所示，通过实测值与仿真数据之间的比较与控制，建立修正模型，得到最终的补偿模型，以提高仿真精度。

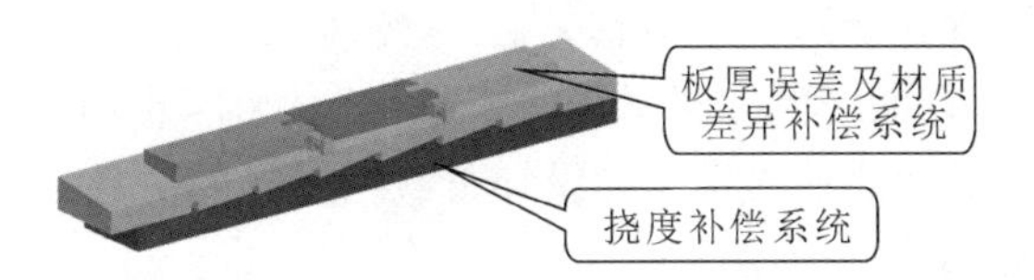

图 6.9　虚拟实验中板厚误差及材质差异补偿系统

（4）实物实验验证。除了虚拟实验的手段之外，也可采用实物测试的方法，如对板材差异的实物检测，可在现有的基于激光测距的折弯全位置在线检测系统上进行。该系统安装在下模两边滚动导轨上的两个微米级的激光测距传感器，由伺服电机驱动，沿下模长度方向同步运行，全长多点检测工件预折弯和回弹后的角度，从而为数控系统和板厚误差及材质差异补偿系统提供全长角度的检测数据。实物实验可对虚拟实验过程和精度进行验证，从而校正和完善虚拟实验结果，检测过程如图 6.10 所示。

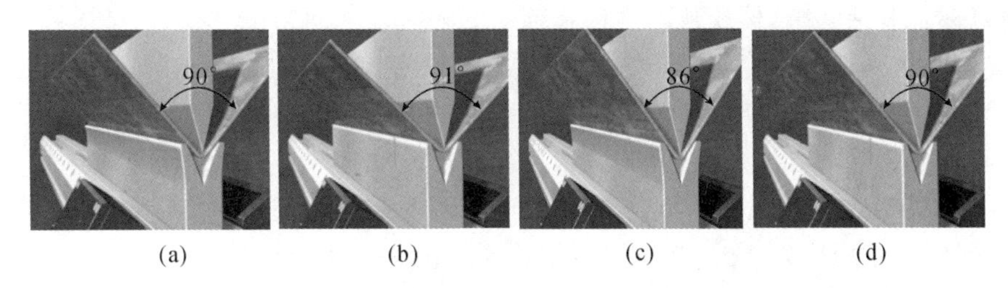

图 6.10　激光在线检测、补偿、全闭环控制的虚拟实验过程

（a）预折弯、检测；（b）卸载，再检测；（c）补偿，再折弯；（d）卸载，工件成形总之，根据折弯虚拟实验的要求，在 Visual C++环境下，以 MultiGen Creator 作为图形建模工具，以 OpenGVS 视景开发软件为平台，构造逼真的虚拟实验仿真过程，并遵循从实际加工分析到虚拟实验再到实物实验验证的步骤，来实现大型折弯机成套设备虚拟实验过程，如图 6.11 所示。

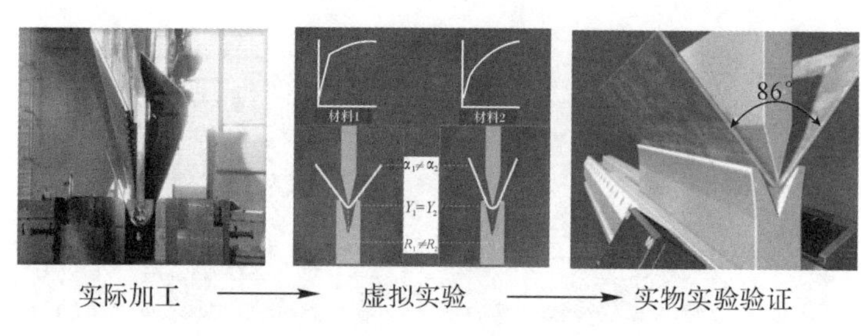

图 6.11　大型折弯机成套设备虚拟实验过程

6.2　智能输送系统的虚拟实验设计

6.2.1　概述

虚拟设计是虚拟实验的一种，从某种意义上讲，虚拟实验的实质就是虚拟设计，虚拟设计是一种数字实验。本节讨论的智能输送系统的虚拟实验设计，也属于智能输送系统虚拟实验范畴，通过软件平台来完成智能输送系统的设计、构建、运行的仿真。

1. 智能输送系统解决的主要问题

智能输送系统起源于传统的物料搬运输送机械和仓储机械系统，是现代信息技术、自动控制技术和柔性制造技术发展的必然产物。智能输送系统是现代生产制造系统的重要组成部分，是大型自动生产线的核心。根据统计，在产品生产的整个过程中，真正用于加工的时间很短，占比小于整个生产周期的 10%，90%以上的时间则处在存储、装卸或运输状态。同时，在制造成本上，物料输送费用占到了总成本的 15%～40%，因此，智能输送系统设计是决定产品生产效率和成本的基础与关键。尽可能降低产品加工中的输送成本，缩短工件送达时间，随时掌握工件在输送过程中的状态，是评价大型自动生产线质量的重要方面，也是智能输送系统设计的主要目标。概括起来，构建智能输送系统主要解决以下问题。

(1)输送的准确性。智能输送系统的功能就是在正确的时间将正确的对象输送到正确的地方，保证输送物体传输的准确性是智能输送系统设计的前提。一般来说，智能输送系统主要分地面输送系统和空中输送系统，智能输送系统传输的准确性主要取决于系统的结构布局、控制方法和调度策略。如何设计科学的结构和控制调度策略，合理利用作业时间，满足不同工艺、生产车间整体布局等方面的约束条件，使得工件能在准确的位置和时间实现输送，是智能输送系统设计中需要考虑的首要问题。

(2)自动输送(生产)线的平衡。作业负荷均衡、所有工位得到充分利用的状态称为生产线平衡。输送(生产)线的平衡是一种提高生产能力的行之有效的思路，是流水线型生产企业所追求的主要目标，其实质是工艺流程的改进和优化，输送(生产)线的平衡一般涉及以下问题：

1)解决人力、设备的负荷平衡，提高设备和工时的利用率。

2)优化自动生产线的循环时间和工作站数量，提高输送效率。

3)通过平衡，合理分配资源，使产品单件成本最低。

智能输送系统作为输送(生产)线的重要组成部分，是解决输送过程中阻塞和闲置问题的关键，对整个生产线的平衡起着不可替代的作用，上述输送(生产)线的平衡问题也是智能输送系统设计中必须考虑的问题。

(3)结构布局的优化。智能输送系统必须结合生产车间的空间以及自动生产线的整体配置，合理地进行布局，其结构和布局决定了输送线的长度和数量以及各种设备、人力等资源的分布。智能输送系统结构布局的优化是在尽可能缩短输送时间、提升输送效率和降低成本的基础上，充分考虑空间的约束，实现生产和经济效益最大化。

传输的准确性、自动输送(生产)线的平衡和结构布局的优化三者之间也是相互关联、互为制约和相辅相成的，解决上述问题的关键除了要有先进的设计方法和理念，还需要科学的实验支撑，智能输送系统设计的好坏只有得到实际运行过程的充分验证，才能不断改进和完善，并最终投入使用。

2.虚拟实验设计的问题目标

采用虚拟实验设计是解决智能输送复杂系统问题的最有效途径和先进方法，其主要的目标是：

(1)虚拟设计，虚拟实现。构建智能输送(生产)系统具有设备投资大、工艺流程长、运行连续不断等特点，所以，智能输送系统设计中无法采用成本高、安装难度大、运行时间长的现场试验进行验证。特别在做出一些重大的改变和调整，如增加产量、更换设备、改变生产流程的时候，由于时间、资金和人力限制，是不能直接在输送(生产)线上先行试验的，一旦试验失败，则结果是不可逆的，损失是不可避免的。由于虚拟实验设计不受外部环境的影响而且安全、效率高，所以，虚拟实验设计不仅可以最大限度接近真实实验，还可以缩短设计时间，快速完成现实中的实验，从而节约各种设计与实验的资源，大大降低生产和设计成本。

(2)发现问题，优化系统。智能输送(生产)系统设计过程需要解决传输的准确性、输送(生产)线的平衡以及结构布局的优化等关键问题，由于各个环节之间存在复杂的依赖和制约关系，设计中难免会出现各种矛盾。通过虚拟实验设计，可以将智能输送系统的运行过程、效率和布置准确地反映出来，并实现有机统一，在设计和规划阶段可对智能输送系统的静、动态特性进行充分的分析和预测，及时发现系统布局、生产线平衡、资源配置和调度、控制策略方面的问题，从而更快、更好地改善系统设计，避免因设计不合理而对系统投产后实际运行效率产生的不利影响，以及造成智能输送系统无法投入使用。同时，在智能输送系统的设计阶段，通过研究系统仿真模型在不同物理配置情况和不同控制策略下的运行特性，预先对系统进行分析、评价和改进，以获得较佳的资源配置和较优的控制策略。

(3)模拟生产，信息管理。通过虚拟实验，模拟智能输送(生产)系统生产状况和过程，用仿真模型代替生产运行中的输送装置、加工检测设备和操作人员，根据实验过程和结果，估算不同环节和区域的输送速度、效率、加工能力、产品数量等所有实际生产中的重要参数，得到系统配置布局和生产流程的最优化模型，以此指导实际生产。同时，生产企业还可以通过虚拟实验监测物流存储、改善库存状况、简化程序、强化管理及节约成本，以保持市场竞争力。

(4)数字运算,高效运行。智能输送系统所支持的自动输送(生产)线平衡、布局和优化问题涉及大量的运行数据和信息处理,通过虚拟实验,利用计算机强大的内嵌技术支持进行建模仿真,模拟运行,实现数值计算,能够避免大量烦琐的人工计算。同时,企业通过计算机高效的计算基础,使仿真优化达到更加优异的效果,从而可快速作出设计决策和长远的生产计划。

3. 虚拟实验设计的平台

智能输送系统的虚拟实验平台分为两类:

一类是对已有的智能输送系统进行运行调试、运行优化、运行验证、故障监测和监控管理的虚拟实验设计平台,平台由输送(生产)系统、实时数据采集硬件(传感器、数据卡、转换电路等)系统、输送(生产)系统软件等三部分组成。实际上,虚拟与实际输送(生产)系统可以同时运行,形成所谓的"数字孪生"。

另一类是仅对智能输送(生产)系统进行虚拟设计、仿真运行的虚拟实验设计平台,平台就是一套虚拟智能输送(生产)线的系统软件。一般来说,智能输送系统虚拟实验设计平台至少应具备以下功能:

(1)动态显示。智能输送(生产)系统的虚拟实验设计平台首先必须满足动态显示功能,不仅要能展示组成智能输送系统的各类三维实体,还要对其实际运行进行真实再现。因此,智能输送系统的虚拟实验设计平台对可视化技术、三维建模技术、动画技术提出了较高的要求,某些专用的智能输送系统仿真软件如 Flexsim、Unity3D、Automod 等,为了实现更为逼真的动态显示功能,往往结合了 Pro/Engineer、SolidWorks、UG 等软件的三维建模技术,OpenGL、OpenGVS、WTK、VIRTOOLS 等视景开发和可视化技术以及 3DMAX、Greator、Multigen 的动画渲染技术,在原有的基础平台上进行了拓展,如 Flexsim 可以导入几种类型的 3D 媒体,包括 3ds、wrl、dxf 和 stl 等多种三维模型文件,同时还可结合纹理和透明文件进行调整,从而达到逼真的效果,如图 6.12 所示,Flexsim 中导入 3D 媒体后,进行显示和渲染效果的编辑。

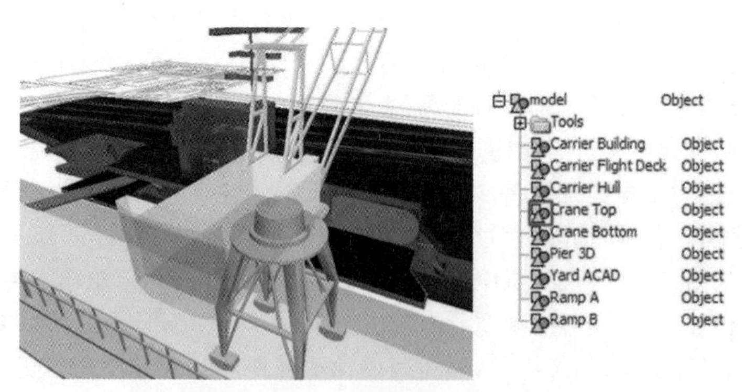

图 6.12　Flexsim 中 3D 模型的显示和渲染

(2)仿真运行。传输、平衡、优化是智能输送系统设计的基本问题,作为智能输送系统的虚拟实验设计平台,实现接近真实的仿真运行,是体现平台有效性的关键功能。通过智能输送系统虚拟实验设计平台的运行仿真过程,模拟实际生产中的传输路径和节拍,反映出生产线以及输送实体的平衡状态,形成系统结构布局和资源配置中的优化策略,从而起到等同甚至优于在真实实验环境中所获得的效果。良好的运行效果是三维可视化、模型驱动与移植、虚拟现实、动画影像、原始数据处理与拟合等多种技术的综合运用和体现,使得建立的仿真模型能够按照用户需求和实际生产情况实现特定功能。图 6.13 为某油漆自动生产线的运行仿真过程，较为真实地反映了各种输送装备以及油漆从产出到封装再到传递等多个环节的运行状态。

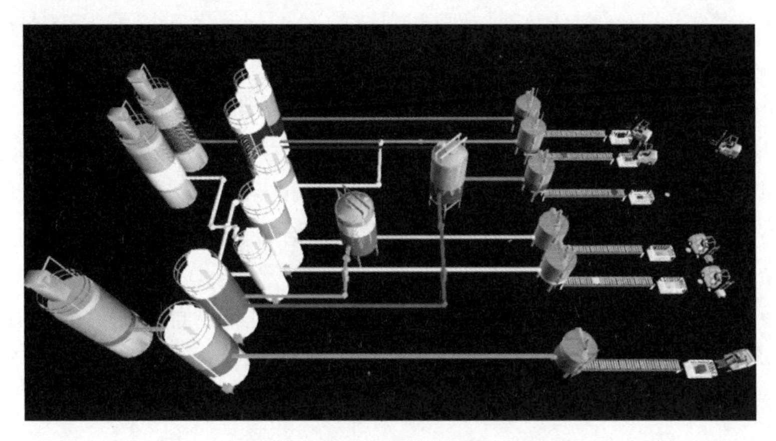

图 6.13　某油漆自动生产线的仿真运行

(3)并行计算与数据处理。智能输送(生产)系统虚拟实验的主体是离散事件系统的仿真。所谓离散事件系统，就是指随时间不断变化的系统，简单离散事件仿真数据量相对较少，人工计算理论上亦可完成，但是多数真实系统海量的待存储和处理数据是人工无法操作的，必须依靠计算机来实现离散系统仿真过程中的计算，尤其对于智能输送系统，在不同时间节点组成系统的各类实体的状态信息、参数信息、工艺信息、逻辑信息等形成了海量数据，必须要求智能输送系统虚拟实验设计平台具备高效的并行计算和强大的数据处理功能，以全面准确地实现进程推进、事件统计和状态变化等环节的处理和实施。

(4)交互协同。虚拟实验设计的重要特征就是参与者在虚拟环境中的沉浸感，用户与虚拟环境发生交互，如同置身于现实，从而获得与真实实验相同的效果。智能输送(生产)系统虚拟实验是以模型实体的运行进程为主线，因此，此类平台不仅要提供用户沉浸感，还需通过动态实体中的进程处理程序把实体在系统中所经历的事件及活动依时间顺序组合，模型建立者要实时掌握进程片段及其资源消耗等情况，及时实现进程交互。同时，还需要采用分布式仿真技术，在高层体系结构上，建立协同框架及规范，使分布在不同地域上的各种仿真系统实现互操作、数据重用和共享。

4. 智能输送系统虚拟实验设计的软件及接口

智能输送系统虚拟实验设计采用的软件有很多种，主要有物流系统仿真、分散型模拟仿真、三维实时图形和交互引擎等软件，如 AutoMod、Unit3D、Matlab、Promodel、Witness、Arena、Flexsim 等，但既能实现良好的三维动态显示，又能适应离散事件系统仿真的软件还不太多，主要有 AutoMod、Unity3D 和 Flexsim 等几种。

(1)AutoMod 是由美国 BrooksAutomation 公司推出的、目前市面上比较成熟的三维物流仿真系统。AutoMod 综合体现了仿真软件的快捷性和易操作性，以及强大的仿真语言编程能力与可扩展性，可以较为精确地模拟从手工作坊到全自动化设施的任何规模和任何精细程度的系统。AutoMod 提供较为接近真实的三维虚拟环境和灵活多变的动画，使仿真模型直观形象且易于理解，可以精确地规划加工制造、原料处理与传输系统的实际布局，主要包括物料处理 Kinematics 、AutoView、AutoStat、Modle Communication 等模块。

(2)Unity3D 是丹麦 Unity 公司开发的一款跨平台的、综合型游戏开发工具。Unity3D 主要的功能包含整合的编辑器、跨平台发布、地形编辑、着色器,可对脚本、网络、物理、版本控制等。由于具有强大的可视化、三维实时动画和交互的图形化开发环境等方面能力,Unity3D 也广泛用于人工智能、智能交通、智能物流、虚拟现实等领域。

(3)Flexsim 是美国 Flexsim 软件公司开发的新一代分散型模拟仿真软件,它最显著的特点是在图形建模环境中集成了 C++IDE 和编译器,是一个真正的面向对象的仿真软件。Flexsim 建模具有良好的可拓展性和开放性,可以直接导入 3DS (3D Studio)、VRML、3D DXF 和 STL 等类型文件,在 Flexsim 中可以用 C++语言直接创建和修改对象,也可利用 C++控制对象的行为活动。

笔者在这一章中,分别采用 Flexsim 及 Unity3D 软件进行智能输送系统的虚拟实验设计,前者用于汽车涂装自动输送线的虚拟设计,后者以一种智能输送系统虚拟设计为例,对开发过程及接口软件进行详细介绍。

6.2.2 基于 Flexsim 的智能输送系统虚拟实验设计

1. Flexsim 的仿真功能

在 Flexsim 中可以同时打开模型和动态仿真窗口,用户可以使用鼠标左、右、中键进行放大、缩小和改变图像的视角,交互性好,仿真过程非常流畅且速度快。Flexsim 拥有一个良好的建模环境,如图 6.14 所示,主窗口由主菜单、工具区、标准对象库区、工作区、运行控制按钮区几个模块构成。在对象的参数和特性内,可以修改对象和链接属性。主窗口将多种功能集成在一起,便于建模调试、数据的存储、文件导入导出以及仿真结果的处理等。

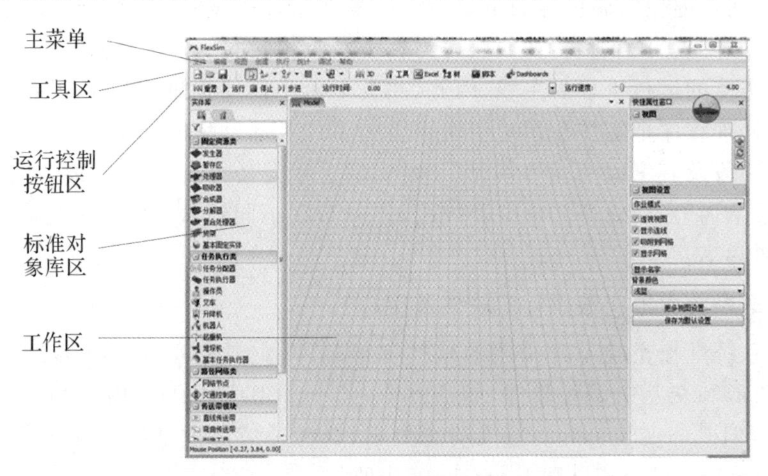

图 6.14 Flexsim 主窗口

Flexsim 的建模工具能满足用户的不同需求,其界面内自带标准对象库,为用户定义了多种常用的界面单元以及方便选取的行为操作模式。Flexsim 采用面向对象的建模方式,用户只需用鼠标将对象拖入工作区域,便可完成模型对象的构建,操作方便快捷。在实体对象建立后,依次用线将实体对象按照实际中的逻辑关系连接起来,通过对象之间简单的连接就能完成整个系统复杂的结构,对象的参数和特性可以在对应的窗口中设置和修改。Flexsim 里的实体端口一般不限制数量,实体之间的连线以端口为起始点,通过端口的连接体现不同实体的关联并传递信息,主要有三种类型的端口:输入端口、输出端口和中间端口。输入端口和输出端口是有方向的,可以用来演示托盘、货架等临时实体在模型中输送的方向;中间端口大多用在固定实体和运动实体之间,描述二者之间的相关性,固定实体包括发生器、生成器、处理器、货架、输送机、暂存区等,运动实体则包括堆垛机、叉车、起重机、升降机、运输机、机器人、操作员等。

Flexsim的优势在于对离散事件系统的仿真,智能输送系统的运行模式则属于典型的离散事件。Flexsim提供了生成器(Source)、处理器(Processor)、吸收器(Sink)、暂存区(Queue)等多种实体,用户只需对照实际输送装备和对象的特点和功能,从Flexsim标准对象库区中选用对应的实体模型,并进行合理的参数设置和模型连接,便可完成实体三维模型的构建。通过Flexsim可以实现生产流程的三维可视化,帮助企业实现资源最优配置,达到产能最大化、调度最优化、库存最小化和成本最低化。

2. Flexsim的基本流程

当Flexsim用于智能输送系统或由其主导的大型自动生产线的虚拟实验设计平台时,通常可分为以下几个步骤:

(1)结合智能输送系统或自动生产线,规划虚拟实验对象的生产工艺。在全自动生产线中,工艺流程中所有工序都是在输送线上或通过输送系统完成的,因此必须预先规划好工艺流程,才能考虑生产线的布局结构。

(2)计算主要设计参数,如整个输送线的生产节拍时间、输送线速度、平衡效率等,这些参数是虚拟实验过程中必须设置或重点考虑的因素。

(3)设置布局结构。综合考虑车间布局、生产工艺以及实际需求,设计自动生产线或输送系统的初始方案,在Flexsim窗口中,通过Visio工具进行布局,根据初始方案,用鼠标从相关资源库中选取对象到视图窗口中的适当位置,再通过对象端口的连接,将不同对象之间存在的逻辑关系建立起来,形成仿真模型的逻辑流。

(4)建立三维模型和仿真数据模型。从已有的实体库中选择实体模型,或导入Flexsim默认的外部三维文件格式直接生成三维模型,建立三维实体间的关联,并根据实际系统功能,设定模型参数。之后,构建仿真数据模型,通过采集和分析虚拟实验对象的状态或特性等数据,计算各种数据的均值和最值,得出近似数据的分布函数,再选择最佳的概率分布函数并确定其分布函数的具体参数。

(5)运行程序并输出结果。仿真程序具有较强的可拓展性,提高了Flexsim二次开发能力,同时增加了实体间的关联度。程序的编制是建模者个性化的想法和策略的体现,将程序引入仿真模型中,通过编译和运行,在透视图中可以通过三维动画的形式直观地显示系统的运行状况,还可以根据运行状态生成绩效运作报告,实现对系统运行效率影响因素的逐一分析。

(6)分析虚拟实验结果和改进方案。通过对运行结果的分析,找出影响输送线堵塞、效率、平衡以及布局等环节的瓶颈问题,对自动生产线或输送系统的初始方案进行改进,或针对效率或成本等问题进行优化,完善方案。

3. 汽车涂装自动输送线虚拟实验设计

我们以汽车涂装自动输送线为例,介绍Flexsim作为软件平台的整个虚拟实验设计过程。

汽车很多零部件表面为涂装面，如展示汽车外观的零部件，涂层决定了汽车的造型、耐腐蚀性和使用寿命，因此汽车涂装工艺直接影响汽车的市场竞争力。

目前，汽车零部件的涂装多采用自动化程度较高的输送线，汽车涂装自动输送线属于典型的智能输送系统，一条完整输送线的设计不仅要考虑路线、材料、安装、制造、精度、效率、存储等因素，还需兼顾结构、布局以及配置等问题。设计过程的复杂性，以及输送线系统设备昂贵、工艺流程长、运行中不可暂停等特点，导致输送线设计结果的验证无法采用成本高、执行难度大的现场试验。针对汽车涂装自动输送线的工艺特点，采用虚拟实验方法对输送线设计方案的运行过程进行仿真，并根据仿真结果完成汽车涂装自动输送线设计的改进、布局优化和结构完善，从而减少试验费用，缩短研发时间，提高设计质量。

(1)工艺流程和设计参数。汽车涂装自动输送线最显著的特点就是涂装工艺中多数工序在输送线上完成，因此对其设计不仅要综合考虑输送效率和结构布局等问题，还需着重解决线上线下工序的协调以及输送线整体运行的平顺性等瓶颈，在满足产能的前提下，尽可能优化结构布局，合理分配资源，提高输送效率。

1)汽车涂装工艺。汽车涂装自动输送线的使用，能极大地减少人工作业量、改善操作环境、提高喷涂质量、避免能耗浪费以及解决废弃物的集中治理与处理和环境污染等问题。汽车涂装工艺是决定汽车涂装自动输送线结构的关键因素，图 6.15 为某重型汽车货箱涂装工艺流程，代表了典型的汽车涂装工艺流程。

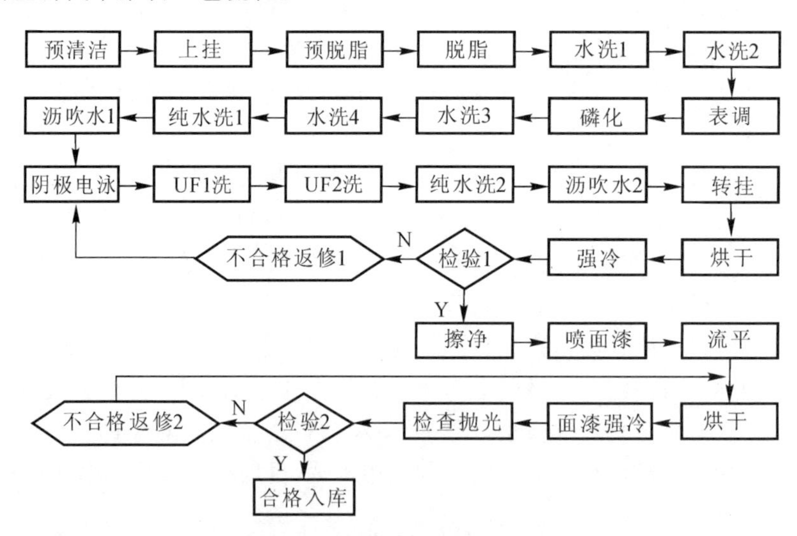

图 6.15 典型汽车涂装工艺流程

为保证工件质量，整个工艺流程设计了两次检验环节，如图 6.15 所示，每次检验的不合格工件都要单独返修，返修合格后，再分别返回到阴极电泳和面漆烘干工序进行循环。为实现上述工艺流程，该输送线必须要考虑汽车悬挂输送链、前处理设备、电控系统、喷涂设备、热源系统、冷却系统、烘干设备等基本组成，除了预清洁、检验、返修等工序须独立完成之外，其余所有工序均在汽车悬挂输送链的吊装和传送过程中完成，因此汽车工件涂装大部分工序的操作与输送线的传送是同时进行的。

2)设计思路。汽车涂装自动输送线需保证快速、便捷和运行平稳，全线工件输送系统可采用地面滑橇和空中悬挂相结合的机械化输送方式。根据生产工艺的实际要求，电控系统采用

PLC 控制，全线采用基于 Profibus 的现场总线中心监控，分区自动实现转接和运行。涂装生产线主要采用集中和单列控制，其中，PLC 集中控制主机，各工序则单列控制，以方便操作和维修。悬输机作为输送系统的主要组成部件，负责工件吊装和传输，其进出道岔根据工作指令由电气控制进行开合，保证工件在各处理工位自动输送的平稳、顺畅。

3)主要设计参数。汽车涂装自动输送线的主要设计参数包括生产节拍、输送线速度和平衡效率等。生产节拍是汽车涂装自动输送线重要的设计参数，生产节拍不合理会造成不同工序的闲置和阻塞，直接影响输送线系统的平衡、结构和效率。生产节拍通常定义为在输送线上相继完成两个工件的所有维护作业的时间间隔，计算公式如下：

$$t=\frac{60T}{Q/\zeta} \tag{6-1}$$

式中：t 为生产节拍时间，单位是分钟/挂；Q 表示年生产纲领；ζ 为工件合格率；T 是以小时为单位的年工作时间(年时基数)。

输送线速度直接影响输送系统节拍控制和运行平顺性，速度的选取应综合考虑输送线结构、生产节拍、平衡效率等多种因素，由于多数汽车涂装自动输送线工序在线上完成，因此输送线速度须满足以下条件：

$$\left.\begin{aligned} &v_i \leqslant \mathrm{Min}\{v_{ij} \mid v_{ij}=\frac{L_{ij}}{t_{ij}}\} \\ &i=1,2,\cdots,n \\ &j=1,2,\cdots,m \end{aligned}\right\} \tag{6-2}$$

式中：v_i 为第 i 条输送线的速度；n 为输送线数量；v_{ij} 为第 i 条输送线上完成第 j 道工序的最大速度；m 为第 i 条输送线上完成工序的数量；L_{ij} 为第 i 条输送线上完成第 j 道工序设备或作业要求的长度；t_{ij} 为第 i 条输送线上第 j 道工序的作业时间。

汽车涂装自动输送线的平衡效率反映了整个输送系统作业负荷均衡和所有工位充分利用的程度，一条设计良好的汽车涂装自动输送线中，所有的工位都应尽可能得到最充分的利用，因此，平衡效率也是汽车涂装自动输送线设计中必须考虑的重要参数之一，平衡效率计算公式可表示如下：

$$\eta=\frac{C}{kt}\times 100\% \tag{6-3}$$

式中：C 为完成汽车涂装所有工序作业的总时间；k 为工序数；t 为生产节拍。

(2)汽车涂装自动输送线的虚拟设计。以某汽车货箱涂装自动输送线的设计为例，通过虚拟实验方法验证和改进设计方案。

1)初始方案的设计与虚拟实验。涂装工艺流程如图 6.15 所示，两次检验的不合格率均为 10%，生产纲领为 50 000 挂/年，每天两班制 16 h，每年工作 250 天，工件合格率为 99%，可以计算出生产节拍为 4.8 分钟/挂，为了保证产量，输送线的生产节拍必须不慢于该值。

为了对汽车货箱涂装自动输送线进行设计和验证，采用 Flexsim 仿真软件。主要是考虑到汽车货箱涂装自动输送线属于典型的离散事件系统，同时 Flexsim 在针对智能输送系统仿真方面具备的独特优势，例如 Flexsim 拥有丰富的资源库，能够为该自动输送线提供任何匹配的实体对象，另外实体对象建模过程简单，只要根据类型和实际中的逻辑关系，进行合理的参数设置和模型连接，便可快速方便地建立所需的仿真模型，从而有效地构建逼真、动态的虚拟实验环境。各道工序完成的时间以及建模的实体类型与序号等信息如表 6.1 所示。

表 6.1　工序完成时间及其实体建模信息

序号	工序	耗时/min	建模实体
1	预清洁	10	Processor 1
2	上挂	0.5	Conveyor1
3	预脱脂	2	Conveyor1
4	脱脂	4	Conveyor1
5	水洗 1	1	Conveyor1
6	水洗 2	1	Conveyor1
7	表调	3	Conveyor1
8	磷化	5	Conveyor1
9	水洗 3	1	Conveyor1
10	水洗 4	1	Conveyor1
11	纯水洗 1	1	Conveyor1
12	沥吹水 1	10	Conveyor1
13	阴极电泳	20	Conveyor1
14	UF1 洗	1.5	Conveyor1
15	UF2 洗	1.5	Conveyor1
16	纯水洗 2	1.5	Conveyor1
17	沥吹水 2	10	Conveyor1
18	转挂	0.5	Conveyor2
19	烘干	20	Conveyor2
20	强冷	10	Conveyor2
21	检验 1	1	Processor 2
22	不合格返修 1	10	Processor 3
23	擦净	2	Conveyor3
24	喷面漆	15	Conveyor3
25	流平	5	Conveyor3
26	烘干	30	Conveyor4
27	面漆强冷	15	Conveyor4
28	检查抛光	5	Conveyor4
29	检验 2	1	Processor 4
30	不合格返修 2	12	Processor 5

由于多数工序在输送线上完成，因此对于线上和线下工序应分别选取不同的实体类型，线上工序作业过程与输送线的传递是同步进行的，全部线上工序的作业时间包含在整个输送线

的运行过程中，因此此类工序选取输送机(Conveyor)为实体建模类型，线下工序则采用独立的处理器(Processor)进行建模。整个系统中自动输送线主线由表 6.1 中的 Conveyor1、Conveyor2、Conveyor3 和 Conveyor4 四条输送机构成，结合式(6-2)，并考虑整体结构布局等因素，初步将四条输送机的速度配置为 0.05 m/s；另有两条输送机副线 Conveyor221 和 Conveyor230，其速度初步定为 0.1 m/s，主要负责将两次检验不合格的工件返修后快速返回到对应的阴极电泳或烘干工序中。该汽车货箱涂装自动输送线初步设计方案的结构布局与虚拟实验场景如图 6.16 所示。

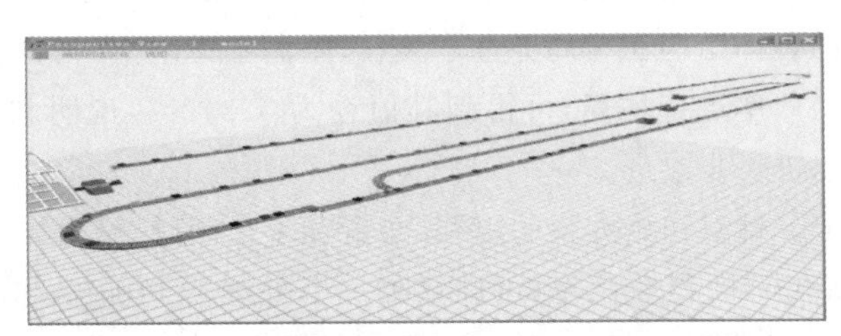

图 6.16　自动输送线初步设计方案的虚拟实验场景

编译运行，在完成 3 160 个单位仿真时间后，生成反映所有实体状态的虚拟实验状态数据，如表 6.2 所示。

表 6.2　虚拟实验状态数据

对　象	idle	processing	blocked	conveying
Source1	0	0	3 160	0
Queue1	0	0	0	0
Processor1	230	830	2 100	0
Conveyor1	0	0	4.024	3 154
Conveyor2a	0	0	0	2 767
Processor2	2 798	350	12	0
Processor3	2 870	289.8	0	0
Conveyor3a	0	0	2.632	2 499
Conveyor4a	0	0	0	2 271
Processor4	2 877	283	0	0
Processor5	2 863	296.8	0	0
Conveyor221	0	0	17.63	1 200
Conveyor230	0	0	1.261	1 279.8

一般情况下，除了出现堵塞现象的工序本身，该工序的上一个或下一个工序也极有可能是问题易发环节，出现堵塞的原因是上一道或下一道工序的加工时间太长，导致前一道或后一道工序不能按预定时间流向下游工序，或妨碍了上一道工序输送产品。除了堵塞和闲置时间，加工效率也是一个很重要的分析数据，通过对比各个工序的加工效率，可以判断出瓶颈环节，如某工序加工效率达到了 100%，也就是说一直处于加工状态，而其余工序均有较多的加工空闲时间，综合这两项数据不难得出该工序即为生产线的瓶颈工位，严重影响了整条线的生产效

率。因此，有针对性地加以适当的改进，必定能大大提高整个生产线的加工效率。

从表 6.2 可以看出，整个自动输送线结构中，主输送线上 Conveyor1 和 Conveyor3，以及副线上 Conveyor221 和 Conveyor230 均出现一定阻塞，完成预清洁工序的 Processor1 阻塞严重，完成第一道检验工序的 Processor2 则出现轻微阻塞。其中，急需解决的瓶颈问题显然是 Processor1 阻塞问题。由于 Processor1 是完成第一道工序的建模实体，不存在上一道工序，因此除了自身原因之外，Processor1 阻塞主要和下游的输送机有关，路径偏长、输送机速度偏快以及主线关键路径数量偏少均是造成 Processor1 阻塞的主要原因。另外，从图 6.16 中可知，自动输送线初始方案的整体结构在布局上过于狭长，限制了车间空间的利用，根据式(6-3)对整个自动输送线的平衡效率进行估算，可得到其值约为 53.12%，说明利用率还有提升空间，整体结构和布局还可以进一步改进。

2)优化方案与验证。针对初始方案的阻塞、布置和平衡问题，做出如下优化：

A. 如果处理器 Processor1 严重阻塞，可以增加一个处理器 Processor1a 一起完成预清洗过程。同时，为防止下游阻塞，将输送机 Conveyor1 改为两条平行的 Conveyor1a 和 Conveyor1b。

B. 降低整个输送线的输送速度，其中主 Conveyor1a、Conveyor1b 和 Conveyor3a 降低到 0.04 m/s，原 Conveyor2a 和 Conveyor4a 降低到 0.045 m/s，副线上的两台输送机降低到 0.05 m/s。

C. 整体缩短输送线的长度，寻求更为合理的车间布局。

按照上述改进措施，形成如图 6.17 所示的实体建模连接图。

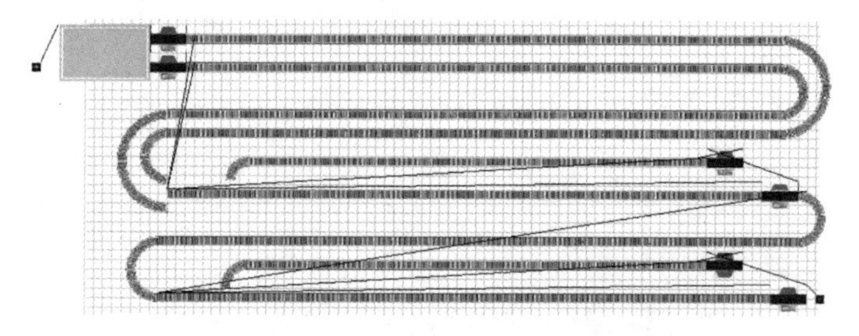

图 6.17　改进自动输送线的实体建模连接图

重新进行编译运行，在完成与初始方案相同的单位仿真时间后，得到改进后的自动输送线设计方案的结构布局与虚拟实验场景如图 6.18 所示。

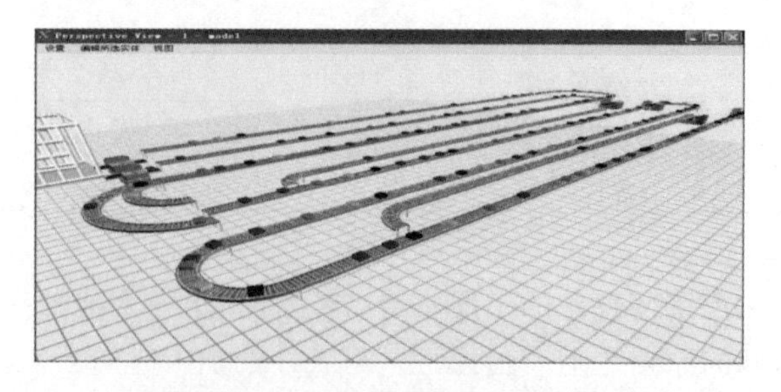

图 6.18　改进设计的自动输送线虚拟实验场景与结构布局

在完成给定的 3 160 个单位仿真时间后，生成 Processor1、Conveyor1a、Conveyor1b 和 Conveyor3a 的工作状态图，分别如图 6.19～图 6.21 所示(Processor1a 与 Processor1 状态数

据接近)。

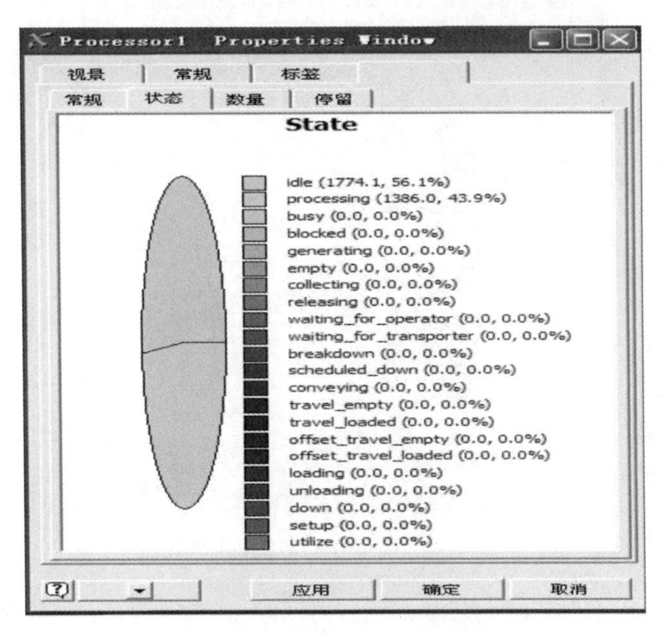

图 6.19　Processor1 的工作状态

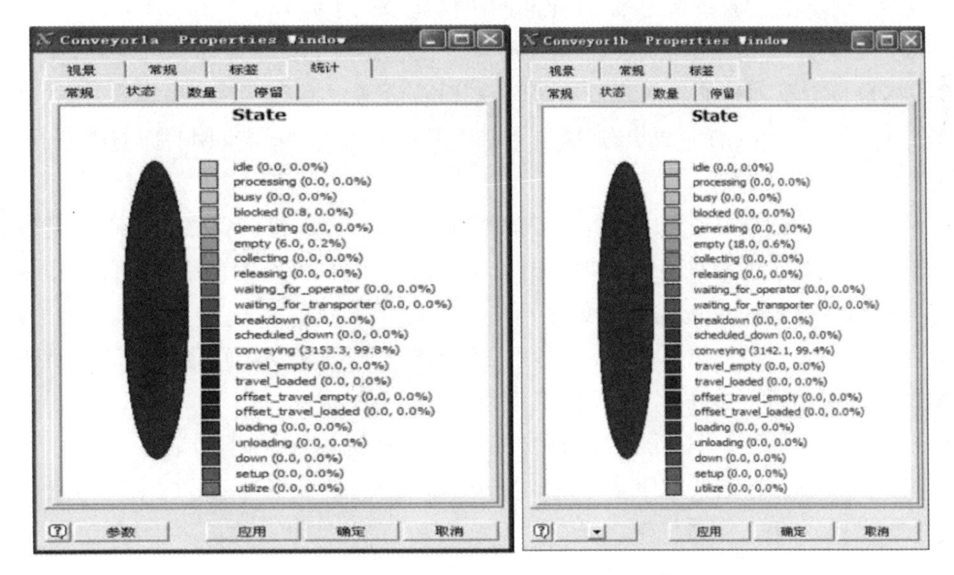

图 6.20　Conveyor1a 和 Conveyor1b 的工作状态

(3)设计的结果分析。几个实体模型在初始设计方案中都有不同程度阻塞,改进后,Conveyor1a 在 3 160 个单位时间的传送中阻塞时间仅为 0.8 个单位时间,属于许可范畴之内,其余实体的阻塞率均为 0,改进方案的结构布置充分考虑了车间的平面和空间布局,针对初始方案输送线的长度和结构紧凑性的改进也相对合理。由于在相同的运行时间内输出工件的数量有所上升,缩短了整个自动输送线的生产节拍,因此改进后的自动输送线的平衡效率提高到了 70.2%。很显然,改进后作业负荷均衡性与资源的利用程度也得到了一定程度的提升。

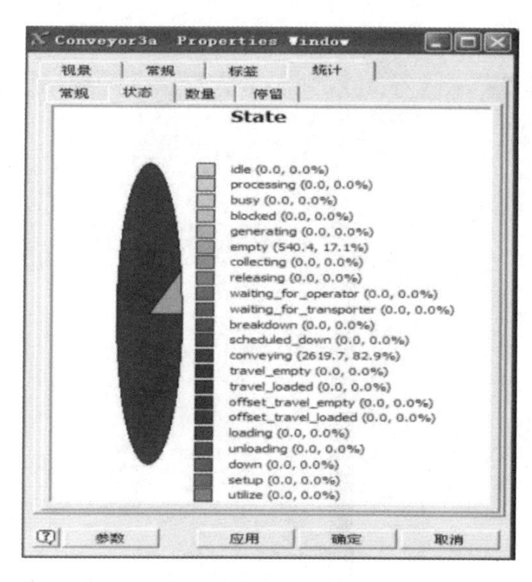

图 6.21 Conveyor3a 的工作状态

但是，Processor1a 和与 Processor1 的闲置时间较多，说明还存在一定优化空间，如果要对生产线进行优化，比方说要使得生产线上工位的空闲时间与阻塞时间最小化，则可针对优化目标，建立对应的优化模型，概括起来，优化和改进措施有以下几种：

1）改进工艺路线和优化生产线布局。合理的工艺路线能使生产线运行流畅，使每个工位占用时间尽量接近于理论的流水线节拍时间，同时综合考虑输送线的结构布局，建立平衡效率优化模型，以保证生产线的平衡状态，减少不必要的时间浪费，降低空闲时间与阻塞时间，提高智能输送系统的运行效率。

2）对于自动输送线的瓶颈节点，可考虑增加诸如机器人、机械臂之类的小型设备或操作人员等方法，在提高该工位的工作效率同时又不会增加闲置时间，保证瓶颈工位的作业在规定节拍内完成，减少瓶颈工位造成的阻塞时间。

3）合理设置流水线节拍，以流水线上工位的闲置时间与阻塞时间之和为目标函数进行优化，使得两者之和尽可能最小化，从而使工位利用率达到最大化。

通过对该实例运行结果的分析和初始方案设计的改进，得出如下结论：

1）汽车涂装自动输送线的阻塞不只取决于当前工序，还和下游环节的结构布置以及输送线的设计参数有关，阻塞问题的解决是一个系统工程，涉及整个系统的多个环节，但要分清主次，抓住关键因素才能更快找到症结。

2）在相近的条件下，当改变参数仍然无法解决阻塞问题时，适当增加自动输送线主线和关键实体模型数量，可以加大工件输出量，从而缩短生产节拍，改善平衡效率。

3）综合考虑自动输送线的成本、平衡和效率，寻求更为合理的结构布局和良好的运行状态，可以转化为优化问题，并结合虚拟实验结果予以分析和求解。

以上虚拟实验方法主要针对智能输送系统的布局设计，智能输送线上不同实体如机器人以及输送线的控制模式等，如何在虚拟实验过程中运行，则可采用 Unity3D 予以实现。

6.2.3 基于Unity3D的智能输送系统虚拟实验设计

由于Unity3D跨平台、交互性强的特点，同时在实时渲染、图形整合等方面功能强大，因此，基于Unity3D进行虚拟实验开发具有一定的优势，但用于智能输送系统虚拟设计仍处在起步阶段，笔者经过探索，利用Unity3D实现了虚拟智能输送系统软件平台的设计，如图6.22所示。

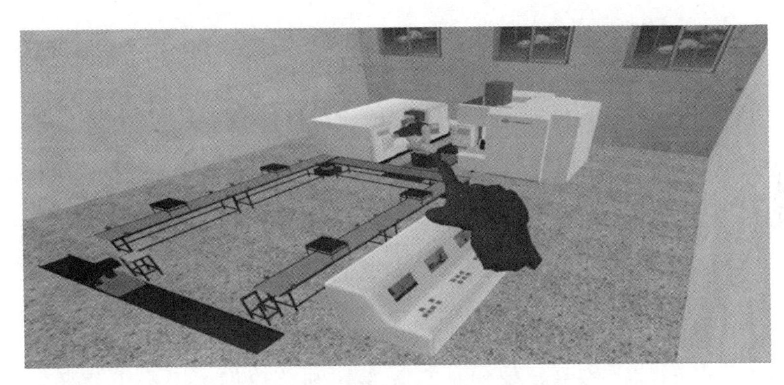

图6.22 虚拟智能输送实验系统

1.虚拟智能输送系统软件平台

(1)平台的功能：虚拟智能输送系统软件设计平台主要功能包括实现系统的交互控制、布局优化以及加工仿真，Unity3D可以完成输送线运行、运动干涉、结构布局等环节的仿真和验证，对于实现上述功能具有较大优势。其中，利用Unity3D内置的Physx物理引擎可开发实时交互仿真功能，即在智能输送虚拟环境中通过鼠标、键盘实现虚拟实验过程的实时交互和控制；Unity3D还可以对建模好的虚拟智能输送设备进行优化布局，最大限度满足设计要求；模拟智能输送系统中关键机床设备(如加工中心等)的运行，实现加工仿真。

(2)平台的构成：虚拟智能输送系统软件平台主要由虚拟输送设备、虚拟加工设备、虚拟控制台和漫游器组成。其中，虚拟输送设备主要负责传输工件和物料，包括带式或链式运输机、滚筒运输机、直角转运机、码垛机和机械手等；虚拟加工设备是完成某一道加工工序的主要机械设备，如数控加工中心和数控车床等；虚拟控制台可集中控制带式或链式运输机、滚筒运输机、直角转运机、码垛机和机械手等输送设备以及数控加工中心和数控车床等加工设备；漫游器由虚拟手和主摄像机组成，是一种交互和跟踪拍摄取景工具。

2.虚拟智能输送系统的仿真

在虚拟智能输送系统软件平台中，智能输送系统的仿真过程主要包括待加工件的输送仿真、机械手的运动仿真和数控加工设备的加工仿真。

(1)待加工件的输送仿真模拟主要实现工件从物料台经码垛机、带传动运输机、直角转运机、滚筒运输机再到另一物料台的输送过程。

(2)机械手完成各种转动、摆动、移动或复合运动，以实现规定的动作，改变被抓持物件的位置和姿势。各部分组成如图6.23所示，动作控制与仿真过程包括：整体沿导轨前后移动，整臂前伸后缩，J_3、J_2 和 J_6 分别沿 X、Y、Z 轴的顺/逆时针旋转以及 J_1 的夹紧松开等。

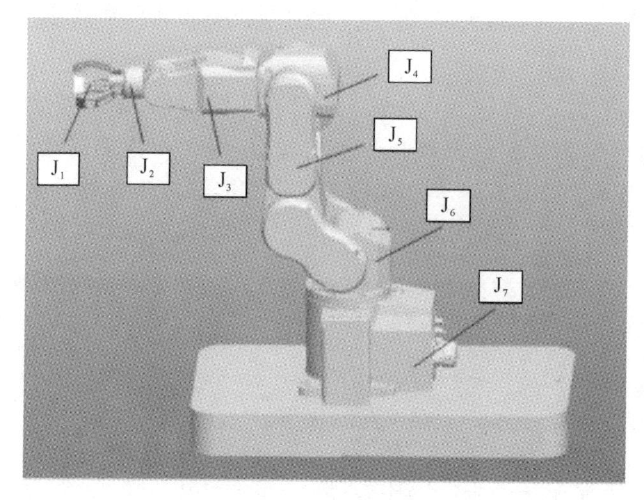

图 6.23 机械手组成

J_1—机械爪；J_2—转盘；J_3—前臂 1；J_4—前臂 2；J_5—连接臂；J_6—主轴；J_7—基座

（3）数控加工设备的加工仿真主要包括数控车床和数控加工中心工装夹具的夹紧与松开、刀架的前后左右移动、机床门开启/关闭时的左右移动、主轴的转动与停止等。

3. 构建智能输送系统虚拟实验设计平台

智能输送系统虚拟实验设计软件平台主要是通过模型导入、三维建模、运动仿真、碰撞检测和控制模式等技术来构建完成的。

（1）模型导入。Unity3D 的三维实体建模功能相对较弱，主要表现为建模精度不高，难以满足精确、逼真等要求；相比而言，机械行业中的 Pro/Engineer 、SolidWorks、3DMAX 等软件三维建模功能强大，建模精度高，但交互性不够，不能通过底层硬件的数据交换对创建的模型进行控制，且不容易在网络和跨平台应用。Unity3D 提供了多种中间数据交换文件（如 FBX 格式等），通过将 Pro/Engineer 、SolidWorks、3DMAX 等软件中的三维模型转换为 Unity3D 默认的文件格式，可以实现实体模型的导入，因此，结合专业软件强大的建模功能，通过外部模型的导入，取长补短，可轻松获取尺寸精确、结构合理、外观逼真的虚拟智能输送设备实体模型，同时，利用自身交互性强的优势，可有效对模型进行控制，从而加强智能输送虚拟实验设计平台的沉浸感，实现高效布局设计。

（2）三维建模。输送设备、数控加工中心和数控车床等加工设备的三维建模可以在 Pro/Engineer 、SolidWorks 等机械建模软件中完成，然后导入到 Unity3D 中，但是作为系统人机交互的中间媒介虚拟手，是使用键盘和鼠标等输入设备进行控制交互的关键环节，直接决定了仿真控制过程的真实性和沉浸感，因此，虚拟手的建模必须精确、逼真。本例中采用 3DMAX 对虚拟手进行建模，建模流程如下：

1）利用 3DMAX 多边形建模功能创建几何模型。

2）利用 3DMAX 渲染功能为虚拟手模型添加纹理贴图。

3）为虚拟手模型绑定骨骼。

4）对绑定好的骨骼进行蒙皮设置。

5）用关键帧的动画制作方法为虚拟手制作点选动作。

虚拟手三维模型中，除拇指外，其他4个手指均由4节骨骼组成，其中末端骨骼只起标记作用，远、中、近指节骨分别控制手指的前、中、后 三部分的动作。手指的动作仿真应用了反向动力学(IK) 原理，各指节骨间的关系为 1⊂2，2⊂3，3⊂4，“⊂”表示“包含于”。虚拟手三维模型如图6.24所示。

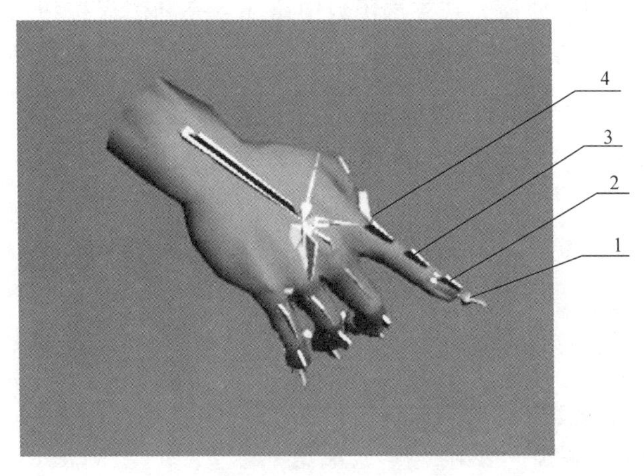

图6.24　虚拟手三维模型

(3)运动仿真。智能输送虚拟实验系统的运动仿真主要涉及输送过程、机床加工以及虚拟手的动作等，其中，直角转运机的旋转是运动仿真的难点。直角转运机的主要功能是通过旋转控制，改变物料的输送方向，使得物料按照规划的轨迹方案形成一个闭环运动路线，控制代码如下：

```
var angle:float = Quaternion. Angle(A,B);
if(angle> 0){ / /判断 A 与 B 夹角值
transform. Rotate(0,0,- speed * Time. deltaTime);}
```

代码中的 A 为 transform. rotation(当前物体的角度)，B 为 target. rotation(目标物体的角度)。方法 Quaternion. Angle (A,B) 为计算 A 与 B 间的旋转角度，计算结果存放到浮点型变量 angle 中，再对变量 angle 中的值进行判断，从而控制直角转运机旋转指定的角度，旋转速度可以通过变量 speed 进行设置。上述代码需要放在 FixedUpdate()函数下，以避免旋转不足或超过指定角度的现象。

(4)碰撞检测。碰撞检测技术是实现智能输送虚拟实验系统的关键技术之一，实时碰撞检测是虚拟现实中的重要问题，其目的是确定实体之间的接触情况，从而避免干涉，提高控制的准确性。本系统中，涉及的碰撞检测部分有运输机的传感器、控制台上的按钮、虚拟手、控制模式等。以按钮的碰撞检测为例，代码如下：

```
function OnCollisionEnter(){
gameObject. Find( " maup" ). GetComponent
(Light). enabled = true; / /点亮按钮对应光源
ma01 = 1; / /按钮进入碰撞信号
}
function OnCollisionExit(){
gameObject. Find( " maup" ). GetComponent
```

```
(Light). enabled = false; / /熄灭按钮对应光源
ma01 = 0; / /按钮退出碰撞信号
}
```

代码中,主要使用函数 function OnCollisionEnter( )和 function OnCollisionExit( )来分别检测物体是否进入和退出碰撞。在方法函数中添加点亮和熄灭按钮对应光源的代码,从而将按钮进入或退出碰撞的信息直观地提示给操作者。各部分碰撞检测盒的添加方式如图 6.25～图 6.28 所示。

图 6.25 控制台按钮的碰撞检测盒及光源

图 6.26 运输机传感器的碰撞检测

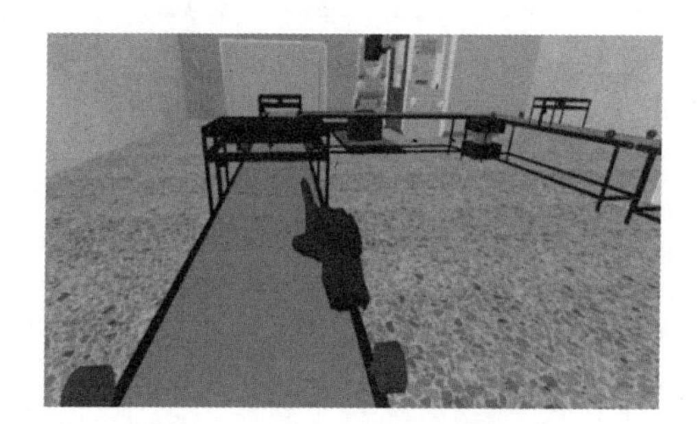

图 6.27 虚拟手的碰撞检测

图 6.28 控制模式的碰撞检测

(5)控制模式。由于 Unity3D 具有较强的交互功能,因此合理地设计控制模式,对于实现操作者与智能输送虚拟实验系统的交互,实时监控整个系统的运行情况,将起到决定性作用。

本例中，将系统的控制模式设计为分屏模式，其中，运输机控制台为左右分屏，左分屏为观察视口，右分屏为操作视口，如图 6.29 所示。数控车床和数控加工中心控制面板为四分屏，左上方、右上方、右下方分屏分别为机床的顶、前、左视图观察视口，左下方分屏为操作视口，如图 6.30 所示。控制模式操作简单，首先显示提示信息，然后操作者通过鼠标和键盘即可实现进入和退出控制模式。以码垛机为例，显示提示信息功能的实现，相关代码如下：

```
if ( sign = = 1&&Input. GetKeyDown ( Key-
Code. V)){ //控制模式进入 /退出条件
switch(mode){
case 0：//进入控制模式
camera. rect = Rect (0.5,0,1,1)；//
分屏设置
…… //根据模式设计需求进行编写
mode = 1；
break；
case 1：//退出控制模式
camera. rect = Rect (0,0,1,1)；//恢复
全屏
…… //恢复为原本设置
mode =0；
break；
}
}
```

键盘的控制可通过编写对应显示器的摄像机漫游器代码予以实现，其中，W、S、A、D 键实现显示器对应摄像机的前、后、左、右漫游功能，Q /E、Z /X、R /F 键分别实现摄像机沿 Y、X、Z 轴旋转的功能。键盘控制代码如下：

```
function Update () {
var x = Input. GetAxis(" Horizontal") * Time.
deltaTime * speed；/ /变量 speed 调节移动速度
var z = Input. GetAxis( " Vertical" ) * Time.
deltaTime * speed；/ /变量 speed 调节移动速度
transform. Translate ( x,0,z)；/ /沿 X 和 Z 轴移动
if(Input. GetKey(KeyCode. Q)){
transform. Rotate(0,- speed * Time. delta-
Time,0)；
} / /沿 Y 轴逆时针旋转
…… //沿其他轴或方向旋转
}
```

通过重新编写检测鼠标 X 与 Y 位置信号的代码实现鼠标的控制，其中检测 X 的值以控制虚拟手左右移动，检测 Y 的值以控制虚拟手的上下旋转，部分控制代码如下：

```
if(Input. GetAxis(" Mouse X" ) > 0){
transform. Translate(0,0,speed)；
} / /虚拟手右移
```

```
…… //虚拟手左移
if(Input. GetAxis(" Mouse Y" ) > 0){
transform. Rotate(0,0,speed);
} //虚拟手沿 Z 轴向上转
…… //虚拟手沿 Z 轴向下转
```

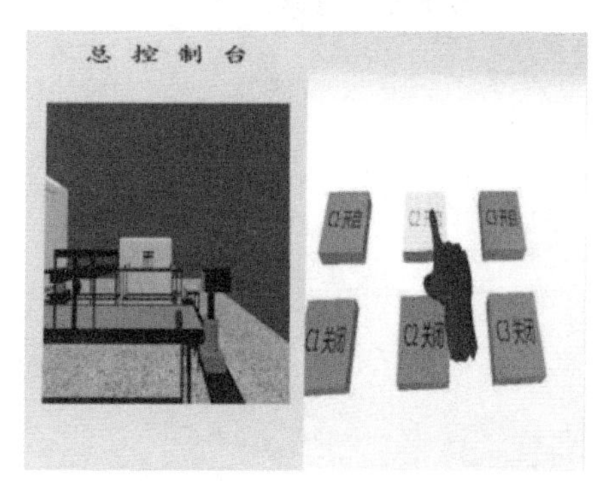

图 6.29　运输机控制台控制模式

图 6.30　数控车床控制模式

6.3　智能输送系统的虚拟实验

以上，我们通过对智能输送系统的虚拟实验设计，基于 Flexsim、Unity3D 软件，构建了智能输送系统虚拟设计的软件平台。笔者所在的湖北理工学院智能输送技术与装备重点实验室已经建成智能输送系统的硬件系统，通过软、硬件接口，把系统集成起来，实现智能输送系统的虚拟实验。

6.3.1　智能输送系统硬件系统

湖北理工学院智能输送技术与装备重点实验室建成的智能输送系统的硬件系统是湖北三丰智能输送公司等知名智能输送上市企业的典型产品，在生产线中已有应用，是实际的智能输送生产线。

1. 智能输送系统组成单元

智能输送生产线的系统组成结构十分复杂，涉及数控加工设备、物料输送装置和计算机控制系统等组成单元，是多学科、多技术融合的信息化制造系统。智能输送系统运行时会产生诸多信息，系统会根据外界条件的变化(如生产条件、制造任务等)快速调整，从而满足生产个性化、品种多样化的生产要求。智能输送系统基本单元主要包括：

(1) 自动输送单元。该单元由皮带输送机、辊筒输送机、90 度转角输送机、传感器装置等部分组成。输送机由多种电机控制调速传送，可将物料传输到指定位置。

(2) AGV 搬运和抓取单元。该单元由搬运机器人、移动轨道、气动手爪、集成嵌入式控制系统组成，完成物料的搬运和抓取。

(3) 数控加工单元。该单元包括数控车床、数控铣床和加工中心等数控加工设备。

(4) 立体仓库单元。该单元主要包括码垛机、自动化立体仓库、支架托盘和物料工件等。

(5) 系统总控单元。该单元由工业现场总线、计算机、组态与信息管理软件、总控制柜等组成。

智能输送组成单元融合了自动化控制、现代通信、机器人、传感器等多学科技术,具有智能化、模块化和集成性等特点。

2. 智能输送系统装备运行流程

智能输送系统装备运行流程如图 6.31 所示,挂壁式码垛机从自动化立体仓库中取出待加工工件(物料),传送到离码垛机较近的出库平台上,再传送给输送机,工件经过皮带运输机时,材质检测装置对工件进行材质检测,对射开关传感器将信号传给主控计算机系统,检测信息系统完成采集和管理。检测后,工件继续运行,气动挡块定位系统将其停在 CCD 视觉检测装置中进行检测、颜色和几何形状识别,然后将信号传送给计算机主控系统,主控系统向工件发出下一步动作指令。工件检测完成后,继续传输。其详细的运行流程如图 6.31 所示。

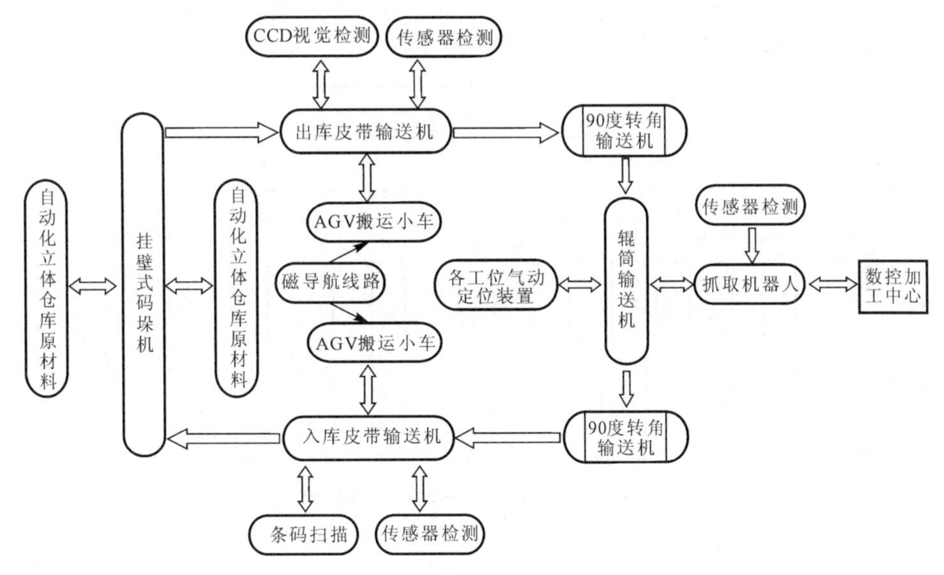

图 6.31　智能输送系统装备流程图

转角输送机将工件转换到横向辊筒输送机,并运送到抓取机器人处,传感器发出信号,气动挡块定位系统使其停止。然后根据上位机主控系统发出的工件形状等信息指令,机器人将工件放入 CNC 加工单元进行加工。加工完成后的工件由搬运机器人输送至滚筒输送托盘,向下输送,继续下一个单元的作业。90 度转角输送机将工件输送到仓库皮带输送机,由对射开关和气动挡块定位系统停止,完成孔深模拟检测。系统收集检测信息并与标准尺寸进行比较,以确定是否为废品。然后通过高速 CCD 摄像头,扫描精度和尺寸,并与采集到的数据进行比较,如果不合格,就是废品,由 AGV 搬运小车运到废品箱;如果合格,皮带输送机暂停,完成条码打印粘贴后,放入输送机上继续传送。条码扫描后,工件运送到入库平移台末端对射开关处停止,并由挂壁式码垛机根据条码、尺寸、颜色等信息,将工件安放在立体仓库成品库相应位置上,完成整个循环过程。

6.3.2 智能输送系统的虚拟实验平台

把智能输送系统的硬件与虚拟实验软件平台集成起来，才能够形成虚拟实验的平台，对输送系统平台的硬件进行采集数据，完成三维建模，并在虚拟场景中对模型进行运动控制，再把相关信息传输给计算机，并通过网络通信技术与虚拟实验计算机控制端接口，实现虚拟实验平台的硬件与软件平台同步运行，完成虚拟实验。

平台的主要功能如下：

1)设备数据采集：采集的信息包括设备运行参数、传输带速度、机器人及气动手爪的旋转角度等，并对采集到的数据进行处理和保存。

2)良好的人机交互性能：能够实现用户与虚拟场景中设备模型的实时和自由交互，场景模型的移动、旋转等控制和操作。

3)虚实同步：良好的三维模型效果和网络通信环境，保证系统运行和虚实同步效率。

为了实现以上功能，虚拟实验平台主要包括数据实时采集与处理、虚拟模型控制、数据驱动控制、虚实同步控制、系统管理等五个功能模块，如图 6.32 所示。

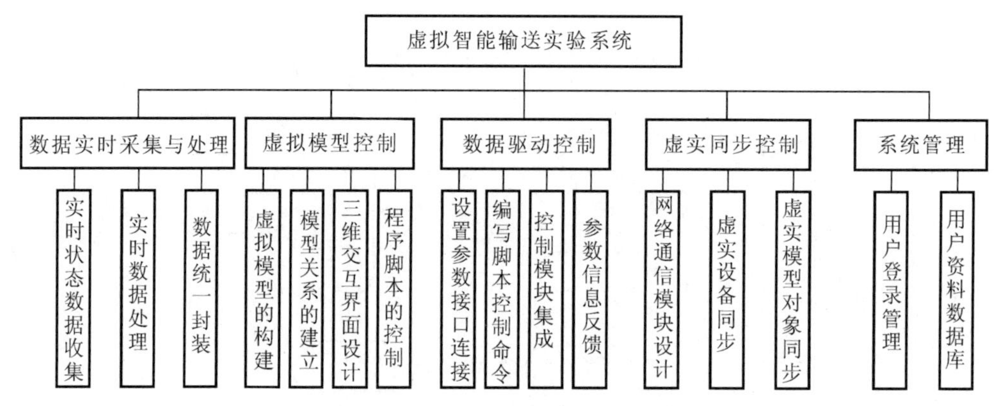

图 6.32 虚拟实验平台的功能模块

(1)数据实时采集与处理。工件输送过程中通过安装在设备上的传感器对其进行材质检测，采集装置收集工件加工完成后的条码等参数信息，上传给计算机端进行储存和处理。

(2)虚拟模型控制。针对实体进行三维建模，基于 Unity3D 设计所构建三维模型的运动控制代码，实现人机交互操作。

(3)数据驱动控制。通过代码编写采集到的传送带速度、机器人转动角度等设备参数信息，添加到三维组件上，直接通过 Unity 平台驱动。

(4)虚实同步控制。通过创建 Socket 套接字，实现虚拟端和实际端的通信连接，完成通信连接后，虚拟端将相关指令发至实际端，实际端接收指令后做出响应，通过指令驱动设备运行。

(5)系统管理。设定用户管理界面，用户通过账号登录，浏览实操过程和相关实验信息。

6.3.3 智能输送虚拟实验平台的运行

虚拟实验平台的运行流程如图 6.33 所示。图 6.33 中，客户(实验者)端和实际端(服务端)建立通信连接,导入实体三维模型,通过编程(脚本程序)实现智能输送生产线的运行仿真。同时,操作者可自行设定运行对象的参数,改变不同模型的运动方式,从而实现虚拟实验系统的独立运行。

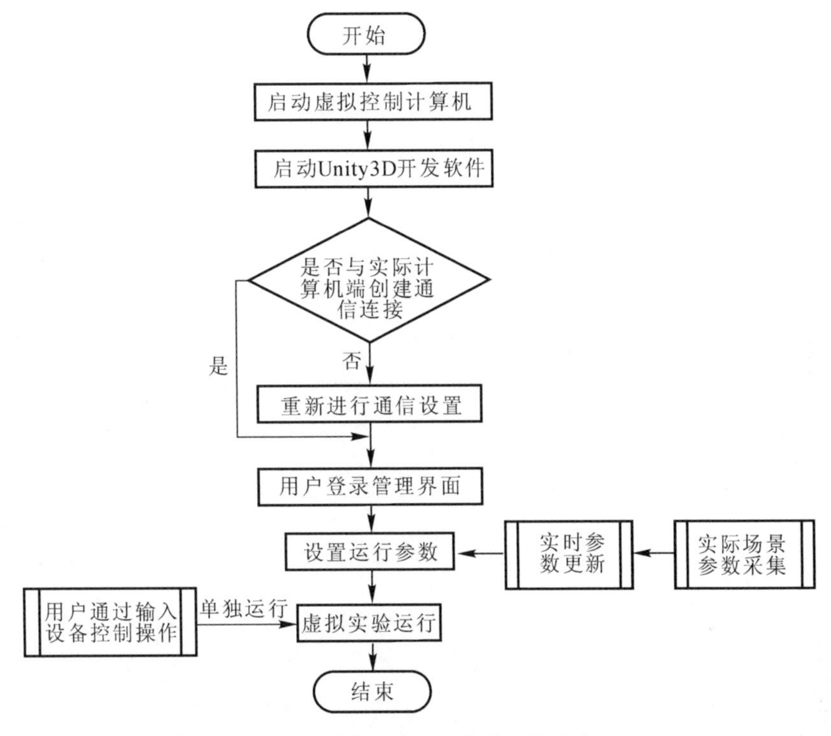

图 6.33　虚拟实验平台的运行流程

客户(实验者)端的操作,需要完成三维模型导入、编写控制程序、设计用户操作界面以及建立服务器的通信连接等,主要通过鼠标和其他的输入设备来完成。

通过分析并提取实体特征,建立三维模型,再在 Unity3D 中添加满足模型物体性能的特质和材质,部分设备的三维模型如图 6.34 所示。

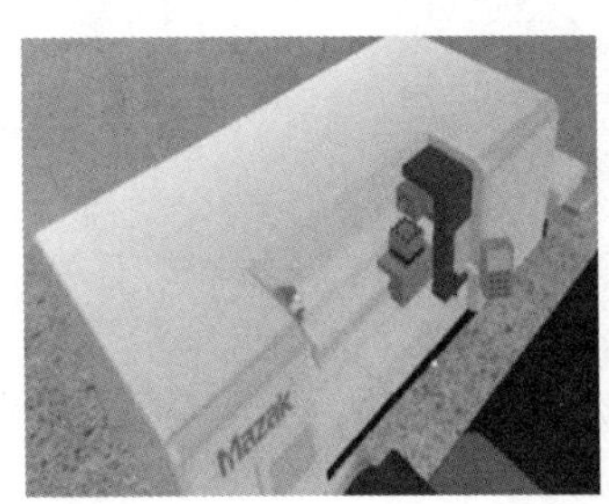

图 6.34　部分设备的三维模型

三维模型是智能输送虚拟实验系统的基础单元,其运动参数数据源于实体设备,在为三维模型添加物理属性和参数后,需要建立运动模型的 Script 脚本函数,完成模型的运转。客户(实验者)端的操作流程如图 6.35 所示。

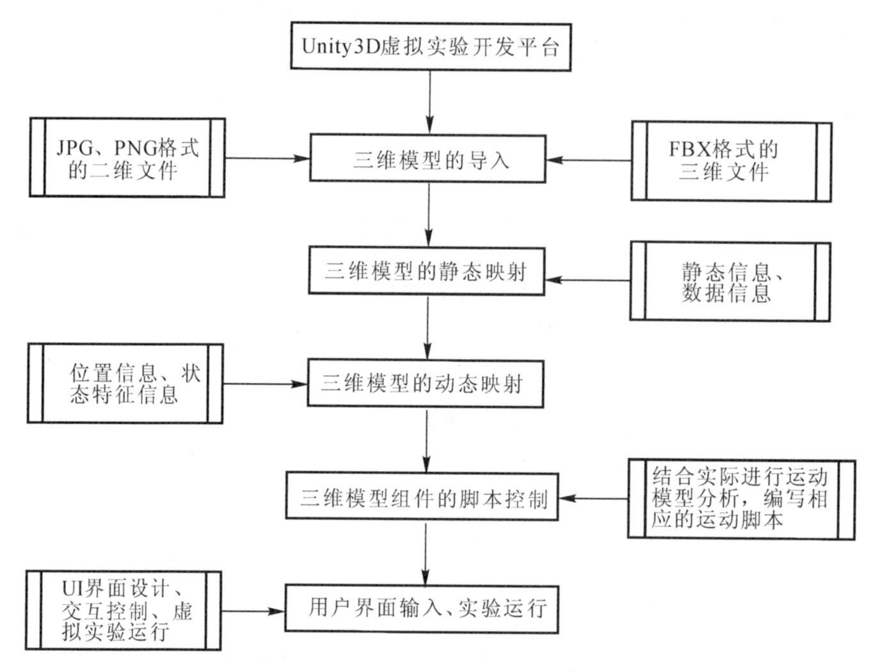

图 6.35　客户(实验者)端的操作控制流程

导入三维模型后，实时渲染(灯光、纹理和贴图文件)，输入脚本代码。以机械手臂的抓取为例，首先用鼠标将 Camera 拖拽到机械组件中，创建 New Camera，调整摄像头的方向，确保机械手在摄像头的三角视角范围内，然后在机械手上方添加 Point light，完成亮度和显示功能，实际效果如图 6.36 所示。Camera 的位置用三维坐标表示，右下角为机械手 Scene 图，便于虚拟实验过程的操作和可视化。

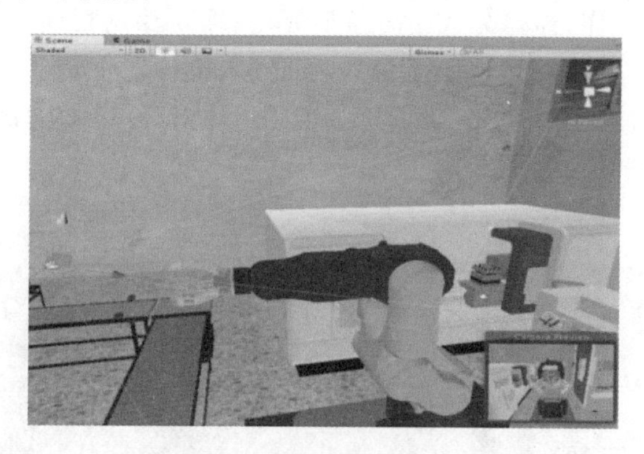

图 6.36　虚拟机械手的运动场景

对实际机械手运行情况进行数据采集和运动分析，通过 Java Script 组件对实际数据编码，从而实现机械手的运动。用户不仅可以独立使用鼠标或数据手套等进行交互，完成虚拟实验过程，还可以与服务器端建立连接，实现虚实同步。虚拟计算机端可存储来自实际端采集的数据，也可实时更新虚拟实验过程中的信息。

虚拟实验平台通信采用 C/S 模式架构，如图 6.37 所示。

客户(实验者)端向服务器端发送控制命令，服务器端收到命令后，首先进行解析，然后执行相关操作，并把结构信息反馈到客户端，也就是虚拟计算机端。客户端既可以单独实现虚拟对象的控制，也可以通过网络通信的方式，由其发送命令给服务器端，实现虚实同步运行，通信算法如图 6.38 所示。

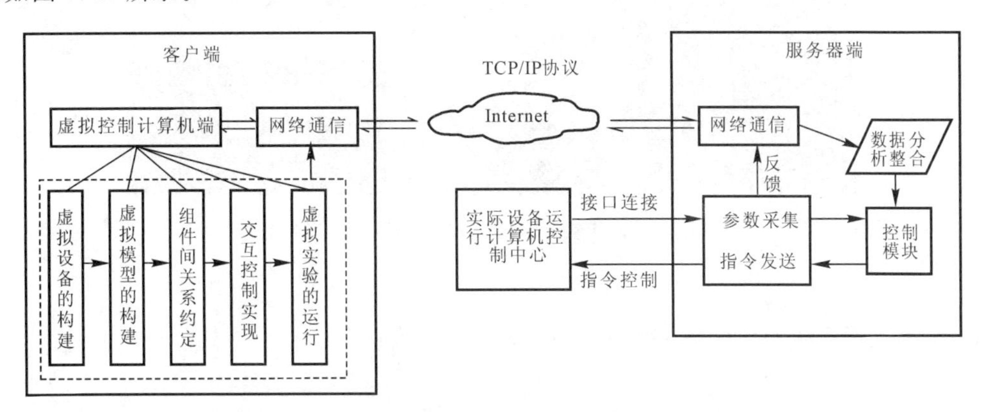

图 6.37　C/S 模式结构模式

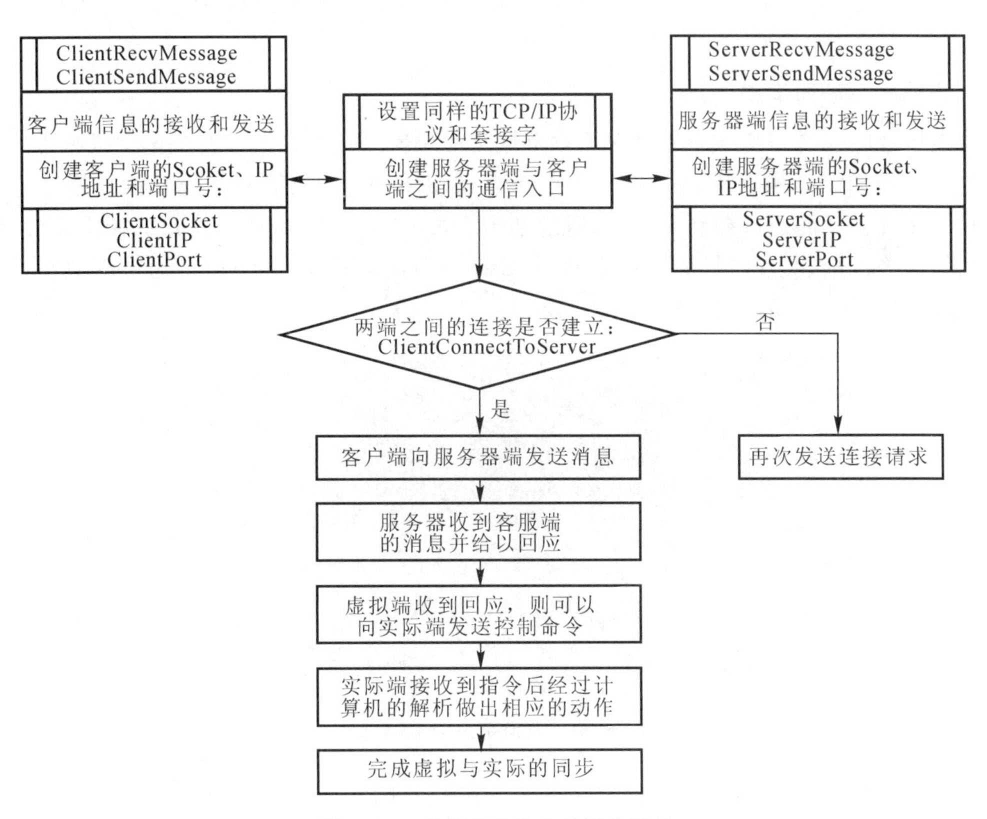

图 6.38　虚拟实验平台的通信算法

客户（实验者）端不仅可以对虚拟模型进行操作和控制，也可接收虚拟端的指令实现实体运行，图 6.39 为基于智能输送系统虚拟实验平台的运行过程。

图 6.39 智能输送系统虚拟实验平台运行过程

6.3.4 智能输送虚拟实验系统的测试

所开发的智能输送虚拟实验系统功能实现是否满足要求，需要编制代码进行测试。根据智能输送虚拟实验系统功能要求，主要围绕虚实同步和人机交互性能进行相应测试，验证效果。

1. 机械手运动同步测试

本例以智能输送虚拟实验系统中抓取机械手为对象来进行运动控制测试。机械手原型为爱普生 C3 六轴机械手，该机械手由 6 个关节组成，机械手上升、下降和旋转操作通过点击按钮实现。在机械手的运行控制界面中，通过基于 Unity3D 的代码设计，添加机械手臂的伸展、关节的转动等按键，实现对机械手臂伸展、关节转动的运动控制，用户即可通过虚拟手点击按键来完成机械手的运动控制，如图 6.40 所示。

图 6.40 虚拟手按键 UI 设计

通过相应的程序设计，虚拟机械手按照实际机械手的动作、轨迹和相关参数运动，从而达到虚实同步的效果。需要设置控制窗口类 ButtonKongzhi，其代码为：

```
public class ButtonKongzhi Monobehaviour
{
  public GameObject_jxsforword;
public GameObject_jxsback;
public GameObject_jxsni;
```

```
    public GameObject_jxsshun;
      public GameObject_jxsbiforword;
      public GameObject_jxsbiback;
      public GameObject_jxsj3shun;
      public GameObject_jxsj3ni;
      public GameObject_jxsj2xia;
      public GameObject_jxsj2shang;
      public GameObject_jxszzloosen;
      public GameObject_jxszzcatch;
}
```

运行结果表明，虚拟机械手操作控制可通过虚拟按键完成，虚拟端控制命令由实际计算机端接收后，可以驱动实际机械手，使其运转，从而完成虚实同步的实验和测试。

2. 人机交互测试

通过立体投影显示设备，进行人机交互测试。虚拟实验操作只需数据手套即可完成，其中相关的软、硬件设置是关键环节，其具体的操作步骤如下。

(1)Middle VR 与 A. R. T 对接设置。A. R. T 光学追踪系统必须与 Middle VR 进行通信，才能将采集到的数据实时传至智能输送虚拟实验系统中，从而实现 Flystick 和头部节点的动作捕捉。Middle A. R. T 光学追踪系统设备接口在 VR 软件中均有配置，在 Devices 里添加 VRPN Tracker，并进行相应的设置，如图 6.41 所示。完成后，再添加和设置 Flystick 的六个按钮、一个摇杆对应的 VRPN Buttons 和 VRPN Axis。其中，各部分的轴向距离要根据实际情况设定和调整。

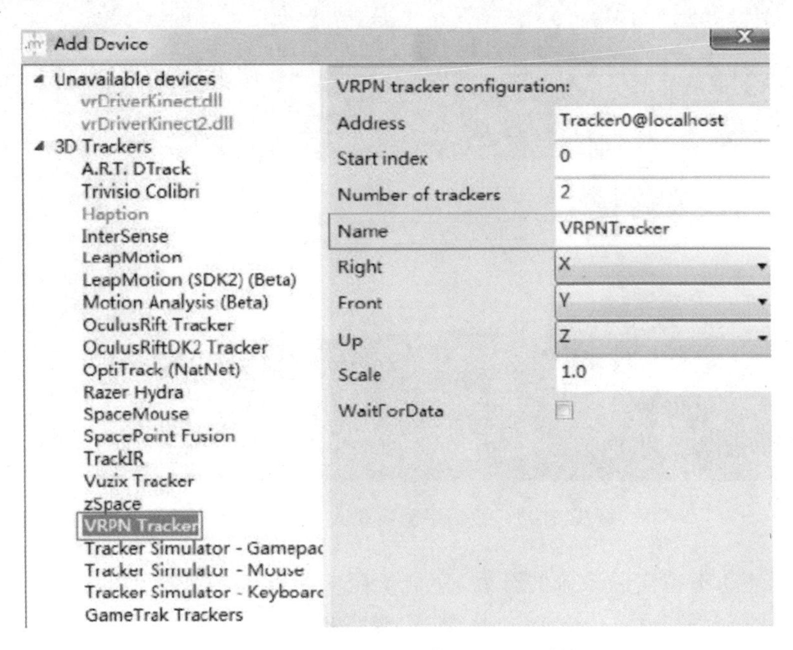

图 6.41　Middle VR 与 A. R. T 对接

(2)Middle VR 软件设置。完成以上设置后，在 Middle VR 软件中的 3D nodes 里添加 Center Node 和 Camera Stereo0，并按照相应层级和顺序排列，即

VRSystem Center Node→Center Node→Head Node→Camera Stereo0。

其中，Head Node 和 A. R. T 中的头部追踪器绑定，在 Tracker 参数中选择 VRPNTracker. Tracker0，如图 6.42 所示。

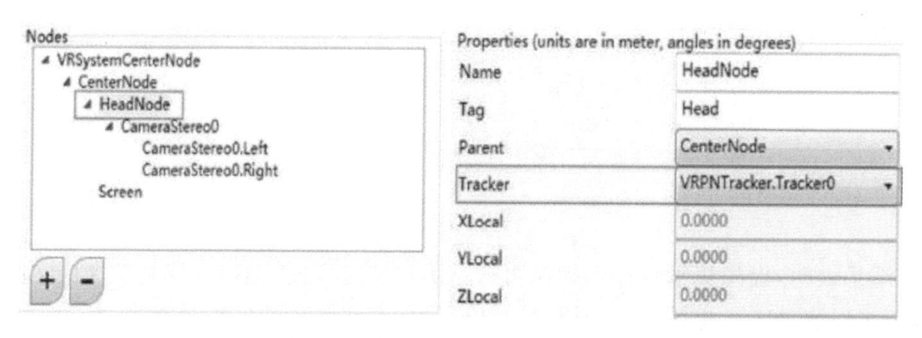

图 6.42　Middle VR 软件设置

最后，还需要在 Middle VR 软件中的 Viewports 里对相关参数进行相应的设置。其中，Graphics Renderer 一般情况下选择 Direct X9 或者 Open GL，Width 和 Height 按照相应的分辨率设置，本例采用 Side-by-side 被动投影方式进行输出。

硬件设置完后，虚拟实验场景显示在环幕上，然后使用 ART 设备并佩戴 3D 眼镜来完成虚拟环境的操作，移动 ART 设备上的控制球，画面可放大和缩小，其操作演示图如 6.43 所示。

图 6.43　数据手套实现人机交互操作

总之，智能输送虚拟实验系统的开发，完全参照实际场景中采集到的各类数据，设计成相应的运动控制代码，通过 Leap motion 装置，实现虚拟实验对象的交互操作。同时，通过技术集成和网络通信模块，建立通信连接，并创建 Socket，调用 Windows 中的 API 来完成两个系统端的实际通信。最后，对系统中抓取机器人进行通信测试，验证虚实同步以及系统通信的可行性和有效性。

参 考 文 献

[1] 尹念东,何彬,易振明. 大型折弯成形成套装备虚拟实验平台的设计[J]. 机械设计与制造,2014(12):248-250.

[2] 彭良友,张李超,赵祖烨. 虚拟折弯机及板料动态柔体仿真的研究与实现[J]. 锻压技术,2011,36(1):82-87.

[3] 张晓萍,刘玉坤. 系统仿真软件 Flexsim3.0 实用教程[M]. 北京:清华大学出版社,2006.

[4] Unity Technologies. Unity4.x 从入门到精通[M]. 北京:中国铁道出版社,2013.

[5] 何彬. 汽车涂装自动输送线的设计与虚拟实验[J]. 组合机床与自动化加工技术,2018(1):125-128.

[6] 蔡靖. 基于 Flexsim 的物流系统仿真优化[D]. 北京:中国机械科学研究总院,2012.

[7] 彭军. 基于 Flexsim 的混流生产线平衡优化[J]. 组合机床与自动化加工技术,2014(9):140-143.

[8] 孟巧凤,张林鍹,董杰涛,等. 基于 Flexsim 仿真的装配线平衡方法研究[J]. 计算机仿真,2016,33(6):176-179.

[9] 孙本固,尹念东. 基于 Unity3D 的虚拟柔性制造系统设计与实现[J]. 湖北理工学院学报,2015,31(4):12-16.

[10] 陈志. 虚拟智能输送实验系统的设计与实现[D]. 武汉:湖北工业大学,2018.

[11] 巫影. 虚拟现实技术综述[J]. 计算机遇数字工程,2002,30(3):41-43.

[12] 方沁. 基于 Unity 和 3dmax 的虚拟实验室三维建模设计与实现[D]. 北京:北京邮电大学,2015.

[13] STEVENS W R. TCP/IP illustrated, volume 1:the protocols[M]. 北京:机械工业出版社,2001.

[14] RODRIGUEZ A, GATRELL J. TCP/IP tutorial and technical overview 7th edition [M]. 北京:清华大学出版社,2002.

[15] KNUDSEN J, NIEMEYER P. Learning java (3rd edition)[M]. Sebastopol:O'Reilly Media, 2005.

第7章 教育教学虚拟实验

我国已经进入了高等教育普及化的阶段，在新技术的推动下，为了适应信息时代的新要求，推行先进的OBE教育理念，以学生为中心，以培养学生的能力为导向，拓展实验教学内容广度和深度、延伸实验教学时间和空间、提升实验教学质量和水平、创新多样的教学方式方法，国家教育行政部门积极推进虚拟实验教学中心在高等学校的建设，开展教学虚拟实验。教学虚拟实验在体验实验的过程、分析和理解实验结果、解决复杂的系统实验问题等方面，能够充分发挥其无危险、可重复、试验费用低的特点。

教育教学的虚拟实验，要完成学生的实验教学任务，涉及学生与教师、教学与实验、软件与硬件，所以，除了虚拟实验平台外，还需要教育教学管理平台，包括系统管理、教务管理、指导教师和学生等模块，通过这四个模块可以实现虚拟实验教学全过程信息化管理，具有信息发布、数据收集分析、互动交流、成绩评定、成果展示等功能，同时形成教学体系。

本章首先介绍教学虚拟实验的组织体系，然后，以虚拟柔性制造系统、虚拟装配为例介绍教学的虚拟实验，最后，简要介绍全息虚拟实验教学。

7.1 基于虚拟学院体系的教学虚拟实验

随着人工智能、虚拟现实、大数据、5G网络等先进技术的快速发展，智慧教育教学体系的概念应运而生，而教学虚拟实验体系成为智慧教育教学体系的一部分。智慧教育教学体系一般由虚拟学院组成智慧教学区、虚拟实验室、虚拟教研室及各类虚拟实验教学中心，把“教、学、管、考、督、评、建”集合成虚拟学院体系下的教育教学虚拟实验体系。

虚拟学院不仅是简单地将信息技术用于高等教育的在线学习平台或在线教学工具，而是突破传统高等教育模式的时间和地域界限，重构专业教育体系、课程体系、学习体系与质量评价体系的教学组织。

虚拟学院的构建要实现学院的基本要素和功能定位，完成办学目标定位、组织结构、教学管理、教学实施等功能。虚拟学院具备实体学院所能提供的全部教学管理和教学实施功能，从专业设置、培养方案到教学计划下达等，可为学生提供在线选课、课程学习、过程监督、考核考查、质量评价等人才培养的全过程和全链条教育教学服务。

虚拟学院的功能架构体现在虚拟教育教学空间和在线教育教学功能两个方面，如图7.1所示。

(1)虚拟教育教学空间。虚拟学院的教育教学空间由虚拟教学办公室、虚拟教室、虚拟实验室、虚拟图书馆、虚拟运动场馆等组成。虚拟教学办公室负责日常教学运行管理，安排教学计划，对接学校现有的教务管理系统、毕业设计管理等实践教学平台。虚拟教室设有虚拟座位，是基于在线学习工具的多功能智慧教室，根据线上 IP 地址与座位的对应情况，学生可进行在线选座，对接学校现有智慧教室。虚拟实验室对接校内虚拟仿真实验中心，虚拟实验课程可在线选取。虚拟图书馆对接学校图书馆，具备图书查询和借阅功能。虚拟运动场馆对接体育课程线上运动项目，模拟和指导各种体育课程和运动项目。

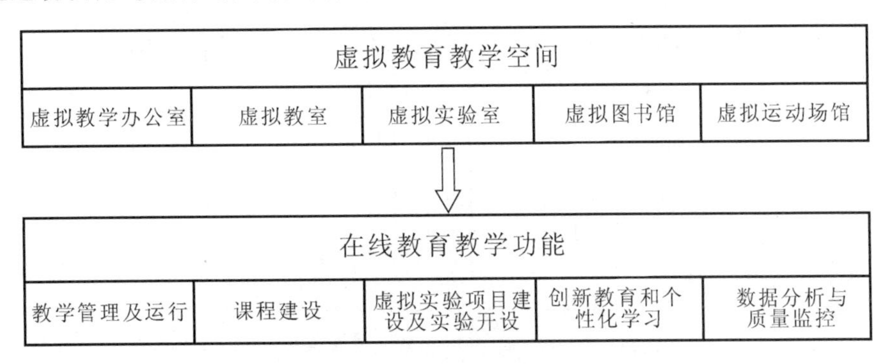

图 7.1 虚拟学院的功能映射

(2)在线教育教学功能。虚拟学院的在线教育教学功能主要有以下几方面：

1)教学管理及运行。根据人才培养方案制定教学模块，实现课程运行管理、课堂管理、班级管理、教师团队管理等功能，保障教学运行，提升教学质量。教师根据在线和混合式教学的要求，开展课程建设、教学研究和考核评价，可根据学生考勤互动、课堂表现、作业考试成绩等综合计算在线学分；学生可在线完成课前预习、视频观看、问题咨询、在线讨论、答疑、作业、考试等环节。

2)课程建设。学院根据国家级和省级“金课”建设要求进行课程建设；教师可依托平台进行在线课程内容、课程管理、教学方法、数据统计分析、交流沟通机制等建设。加强线上学习空间和课程资源建设，推动教学深度变革，打造线上线下混合式的虚拟仿真“金课”。

3)虚拟实验项目建设及实验开设。整合和部署各种实验教学软件，所有实验教学软件按要求统一接入，为学生提供虚拟仿真实验学习平台，高效管理实验教学资源，满足校内各教学院部实验教学资源建设、发布、管理和使用的需求，实现开放共享。

4)创新教育和个性化学习。依托校内外各学科专业优质教学资源，构建创新型、复合型人才学习平台。综合考虑社会需求、学校的办学定位、学生的职业规划等因素，定制个性化课程体系，通过设置辅修在线学习模块等，为学生跨专业学习、获取第二学位、参与科研和学科竞赛、开展创新创业实践、国际交流等提供支持，扩展学生学习选择的空间，实现自主、个性化学习，提升专业技能和综合素质，增加就业、创业竞争力。

5)数据分析与质量监控。构建学校主导教学院部主体、全局保障全方位监控、扩展性与适应性兼具的线上教学质量保障体系；通过大数据分析，实现以教学过程和教学评估为主线，学校和教学院部交互的质量保障闭环系统；同时引入第三方评价，通过定量定性分析、常态监测与周期性认证等手段，多维度和多视角在线监测评价人才培养质量。

教育教学虚拟实验的虚拟学院体系如图 7.2 所示。其中，虚拟实验室涵盖不同学科的虚拟实验，如机电虚拟仿真实验室已经开设了汽车驾驶、工业仿真、机械设计、材料成型等相关领域和专业的虚拟实验。

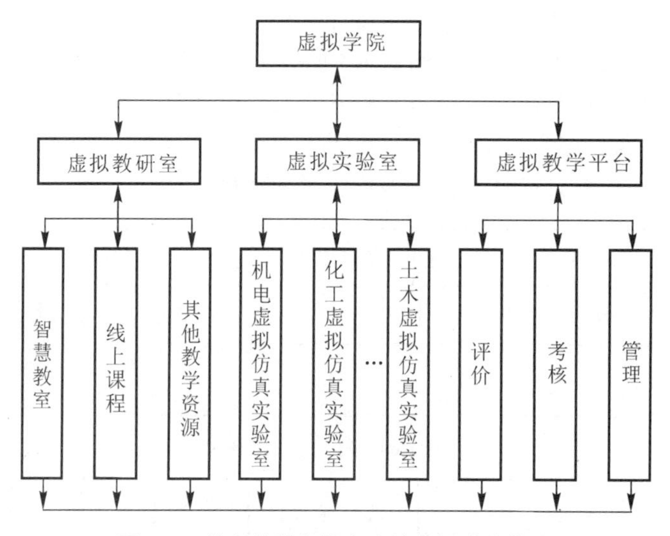

图 7.2 教育教学虚拟实验的虚拟学院体系

按照虚拟实验的虚拟学院体系，我们设计并正在逐步实现虚拟学院的建设。

(1)虚拟视景重构学习空间。虚拟学院是实体学院的数字映射，其工作空间以数字监控系统和云端服务器为载体，采用 3D、AR、VR 等技术，全方位显示模拟校园实景，实现跨时空和组织边界的实体学院的数字映射，如图 7.3 所示。虚拟学院布局具备场景漫游、导览等功能，进入场所内，能完整展现和完成教学运行管理、课程选取、图书借阅、创新创业等各种服务流程。

图 7.3 虚拟学院的虚拟全景

(2)智慧教学重塑师生关系。虚拟学院的建设促进了教学过程重塑、教学理念转变与智能化改造，可以有效提高教学效率，满足多元和个性化教学需求，为学生提供多样化虚拟场景的学习。智能化技术的引入，使教学在价值取向、师生关系、知识获取等方面发生重大变革，体现了以学生为中心的教学理念，提升了学生能力，可持续改进教学模式与方法。人工智能、大数据等先进技术改进了师生协作方式，教师可以发挥信息技术优势，为学生设计科学和个性化的学习方案，同时提升教学水平。智能化和信息技术可以替代重复性、耗时和机械化的工作，减轻教师负担，使教师有更多时间和学生深入沟通；大数据让教师实时、全面地了解学生动态，从而因人施教，促进学生能力全面提升。

(3)数字技术创新培养体系。虚拟学院的建设将新一代人工智能技术融入教学运行管理、虚拟仿真实验教学和质量评价与监测中心等功能平台，促进了教学目标和教育理念的改变，推进了培养模式、教学内容、教学方法、评价体系的改革创新和人才培养体系的重构。

1)在线教学与运行管理平台。在线教学与运行管理平台实施人机协同管理，通过人工智能技术，一方面将纷繁杂乱的各类知识进行整合，使其变得规则有序，让学生更加高效地掌握知识；另一方面从海量信息中精选教学内容，使学生的认知更有针对性。如图7.4所示，平台核心是教学运行系统，主要由教学管理决策、个性化教学运行和成果应用推广等部分构成。平台包含教学运行管理、教学资源统计和教学大数据态势感知等模块。通过单点登录、数据联动、视频本地加速和数据备份，与校内部署的教务系统、统一认证门户、数字化校园数据管理平台等本地化平台互通，组成一套完整的数字化教学解决方案。

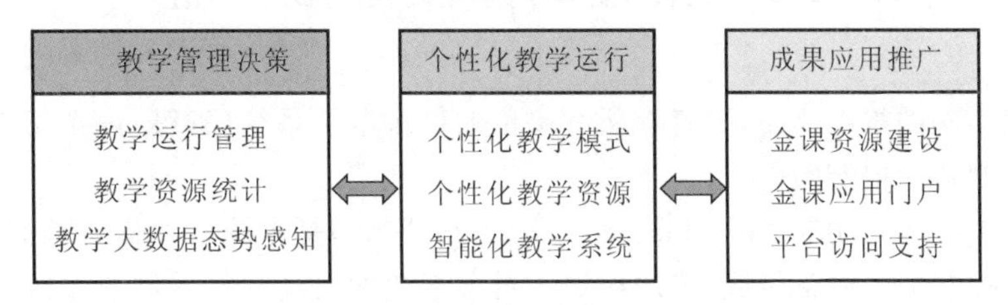

图7.4　在线教学与运行管理平台功能

2)虚拟仿真实验教学平台。虚拟仿真实验教学平台如图7.5所示，是整合湖北理工学院现有的虚拟仿真实验中心，共享学校各种虚拟实验资源，在虚拟学院构架下搭建起来的虚拟实验平台，为学生提供虚拟实验教学情境，让学生在三维立体虚拟空间中认知对象，在虚拟环境中与虚拟对象交互。平台具有资源管理共享、系统和第三方实验教学资源集成、数据统计等功能。

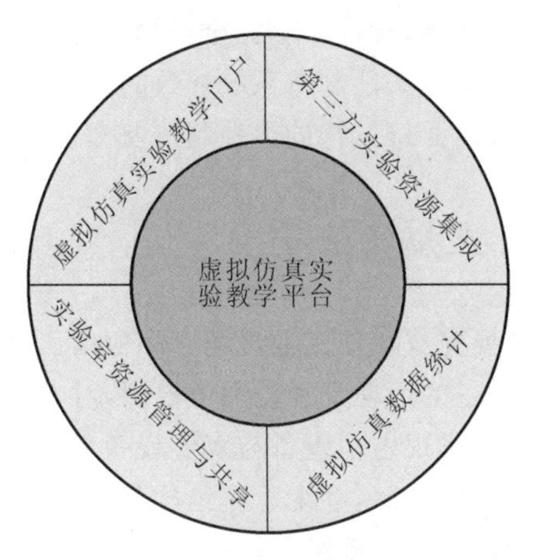

图7.5　虚拟仿真实验教学平台

平台主要实现以下功能：实验教学全过程管理，包括实验开课管理、实验项目安排或自选实验和实验预习管理，可提供虚拟仿真项目学习及过程智能指导、实验报告和成绩管理等；数字化资源管理，包括虚拟仿真实验资源、理论知识库和习题库管理，方便学生在线学习和资源共享；虚拟仿真实验项目开放共享，包括校内外开放共享的虚拟实验资源，校内外用户访问记录，并进行在线预约实验、实验学习、学习中心管理等；虚拟仿真实验中心数据统计，包括通过数据表、统计图等反映虚拟仿真实验中心的教学规模、教学效果等，为决策层提供数据依据。

3)质量评价与监测中心。结合平台数据,质量评价与监测中心可实现教学大数据态势感知,包括收集、统计分析学校、二级学院、教师、学生、课程、互动、资源、教室等信息,统计学校各项资源的建设、数字化建设以及教学运行情况,从而辅助教学质量评价和教学决策;还能以图表、数字等方式对比分析,以及直观、全方位展示学校教育教学线上线下数据,如全校教师数、学生数、学生出勤情况、实验预约人数、师生间的互动情况、网络课程数、各类资源占用数量、系统的访问情况、教育资源情况等;可实现全校资源监控、实时课堂监控、签到率监控、活跃度监控、基础数据监控等。

7.2 柔性制造及虚拟实验

按照虚拟学院的组织体系,笔者在所在单位的机械电子系统(省级)虚拟仿真实验教学中心建立了柔性制造虚拟实验平台。

柔性制造系统(Flexible Manufacturing System,FMS)是由统一的信息控制系统、物料储运系统和数字控制加工设备组成,能适应加工对象变化的自动化机械制造系统。为了培养学生掌握现代信息、先进制造、自动控制、计算机技术在机械电子系统中的集成应用,我们构建了能够体现先进制造技术的柔性制造虚拟实验(实训)系统,以开展虚拟实验教学。柔性制造系统是一种技术复杂、多技术融合的信息化制造系统,将柔性制造技术与虚拟实验技术结合,建立柔性制造及虚拟实验系统,在虚拟环境(Virtual Environment)中,体验实验的过程,分析、理解系统的结果,解决复杂的系统技术问题,更能够发挥虚拟实验无危险、可重复、试验费用低的特点。

根据教学的需求,面向生产实际,设计一套完全模拟工业现场的柔性制造(实训)系统,在网络环境下构建一个虚拟的、与实际柔性制造系统一致的、具有实时性和交互性的柔性制造系统,建立既可相互独立运行又可以并行运行的柔性制造及虚拟实验(实训)平台。

7.2.1 柔性制造及虚拟实验平台

柔性制造及虚拟实验系统要完成模拟工业现场实际应用,实现虚拟加工设备、虚拟生产线等图形建模与控制,建立虚拟设备的运动学和动力学模型,对柔性制造过程实时的数据进行采集、处理与仿真,利用传感器技术实现虚拟设备与真实设备的接口对实际加工过程的控制,构建虚拟制造过程与实际制造过程的映射,系统总体结构如图 7.6 所示。柔性制造及虚拟实验平台实质上是虚实结合的伴随虚拟仿真系统。

柔性制造系统完全模拟工业生产实际,系统包括工业码垛机设备、立体化仓库设备、自动化输送线装置、CCD 视觉检测系统、六自由度行走搬运机器人、六自由度并联加工机器人、气电混合搬运装配机器人、数控加工设备及相应附属设备以及各类传感器;系统集成工业总线技术、嵌入式控制技术、PLC 控制技术、变频调速技术;系统中的单元设备基本涵盖了工业领域正在广泛应用的各种先进控制技术和正处于工业前沿领域的特种加工技术。柔性制造实训系统应体现先进性、集成性、开放性、模块化、工业化的特点。

虚拟柔性制造实验系统是柔性制造实物系统的映射。虚拟实验系统集成了虚拟场景建模、数据采集、实时通信等技术，建立起与柔性制造实物系统实际运行过程一致的三维实时虚拟仿真场景，通过虚拟实验系统可以进行虚拟实验，可以对产品的设计、评价、工艺、生产控制工程等进行研究与实验。虚拟实验系统具有重复性、实时性、交互性、知识性、沉浸性和扩展性等特点。

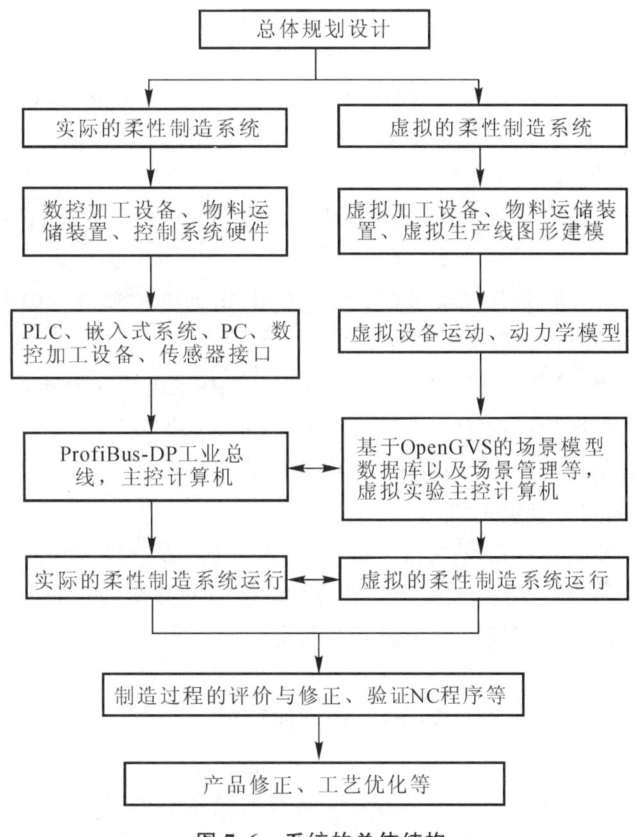

图 7.6　系统的总体结构

柔性制造及虚拟实验系统通过主控计算机实现网络连接，系统现场总线将所有柔性制造的操作单元连接并由计算机管理，实现柔性制造系统的控制和虚拟实验系统仿真数据的采集。虚拟仿真时，通过总线接口发送启动视景模拟请求和相关状态参数，并从主控机接收仿真训练过程同步数据，控制显示元件与视景图像进程一致。虚拟实验系统控制计算机通过 TCP/IP 协议和主控计算机连接，实现虚拟制造过程与实际制造过程的映射。

7.2.2　柔性制造及虚拟实验的构建

在建立柔性制造训练系统的基础上，在网络环境下构建一个虚拟的三维柔性制造环境，包括虚拟加工设备、虚拟控制单元、虚拟生产线、虚拟车间等。能够通过虚拟的柔性制造及输送、检测、控制的过程，对产品设计、制造得以修正、优化，可以改进生产计划和生产工艺，验证 NC 程序，完善生产组织，对新的产品及制造过程进行评价，为学生提供一个开放、创新、交互的实验(开发)平台，让学生全面掌握先进制造技术的组成及关键技术，完成相关课程的实训、实验，培养学生掌握先进制造技术的应用和技术集成的能力。系统的功能如下：

(1)典型的完全模拟工业现场的柔性制造系统，系统可以柔性组合，实现柔性制造，满足实验与实训、研究与开发的需要，具有以下功能：

1)数控加工：数控车床与数控铣床、并联机器人等。

2)运储物料：自动化立体仓库与码垛机、自动化输送线系统、上下料搬运机器人、气电混合机器人分拣及装配。

3)计算机控制：CCD 视觉形状、颜色检测，检测与条码打印扫描，总控制系统等。

4)网络与软件：由工业现场总线、组态软件、信息管理软件等组成。

(2)虚拟柔性制造的虚拟实验平台功能：

1)实现与柔性制造系统一致的虚拟加工设备、虚拟传感器、虚拟输送单元、虚拟生产线等图形的建模与控制。

2)对数控加工设备和物料运储装置的加工、控制、运动等过程进行虚拟三维实时仿真。

(3)完成柔性制造的虚拟实验及实训：

1)了解柔性制造/自动化物流系统(工业自动化)的基本组成和基本原理。

2)学生能够全面掌握先进制造技术的应用开发和技术集成。

3)完成电机驱动及控制技术、PLC 控制系统的设计与应用、计算机网络通信技术和现场总线技术、高级语言编程等技能的训练。

4)基于虚拟的三维柔性制造环境和设备，评价产品的外观和功能，修正产品的设计。

5)改进生产计划和生产工艺，验证 NC 程序，完善加工方案，对新的产品制造过程模拟并进行综合评价，从而实现产品设计、制造过程的优化。

7.2.3 柔性制造虚拟实验平台的实现

笔者设计的面向工业现场实际应用的柔性制造系统主要由以下单元组成：

(1)加工单元：改造现有数控车床与数控铣床、并联机器人等，实现柔性制造的控制接口。

(2)自动化立体仓库与码垛机单元：由双排钢结构大型立体化仓库、托盘与毛坯工件、检测传感器、挂壁式码垛机、支架、出入库平移台与西门子 PLC 控制系统组成。

(3)自动化输送线系统单元：由多种电机控制调速皮带输送机、辊筒输送机、90 度转角输送机、三菱 PLC 控制系统组成。

(4)CCD 视觉形状颜色、尺寸检测单元：由 CCD 镜头机身、PCI 视频采集卡等组成。

(5)计算机控制系统：基于计算机网络通信和现场总线技术，实现 CCD 视觉形状、尺寸、颜色等检测，检测与条码打印扫描，位置、速度和加速度控制，完成系统总控等。

柔性制造虚拟实验平台具有以下的特点：

(1)集成性：采用符合国家和国际标准和行业规范的工业现场总线，通过工业现场总线形式的网络通信手段将系统中所有的单机设备进行高度、高效的集成。

(2)开放性：包括硬件开放性和软件开放性，软件系统采用开放式源代码和通用软件开发平台(MS VC＋＋和 Borland C＋＋)，可根据教学需求进行软件系统的二次开发。

(3)工业化：系统所有单元设备乃至整个系统都采用标准工业级的装备和系统。物流系统采用标准工业化的巷道式堆垛机，体现系统的物流仓储管理功能，配备了 RF/ID 射频条码识别系统；针对工业现场加工情况，系统配备网络监控摄像头、全自动变焦镜头和云台等。

柔性制造虚拟实验系统的开发与实现的关键技术包括虚拟加工设备、虚拟制造环境、虚拟柔性生产线等图形建模与图形控制，生产加工过程的数据采集与处理，虚拟设备的运动学和动力学模型的研究。虚拟制造环境图形建模及控制如图7.7所示。

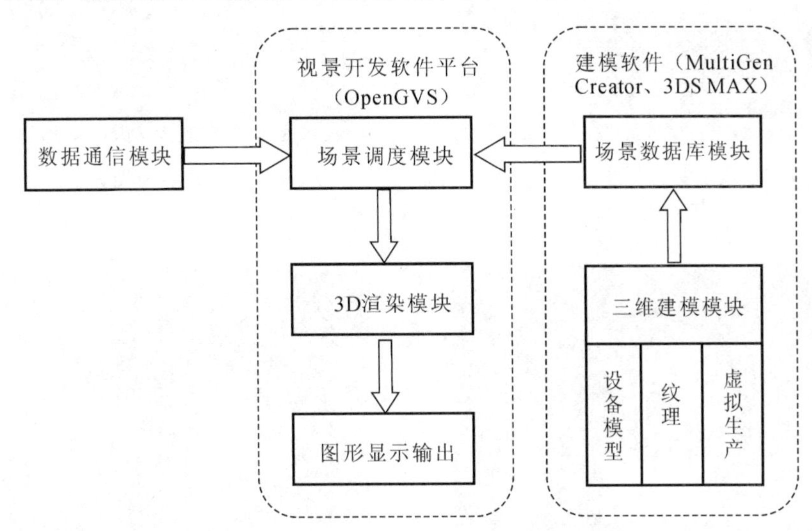

图7.7　虚拟制造环境图形建模及控制

（1）三维建模采用MultiGen Creator、3DS MAX建立虚拟设备及虚拟制造环境的几何模型。

（2）采用OpenGVS对场景模型数据库进行管理，同时利用其网络通信机制建立分布式虚拟制造环境，进而实现网络加工数据的传输以及多机协同工作的虚拟制造系统。在Microsoft Visual C＋＋编程环境下应用，通过OpenGVS SDK，用户可以方便地对场景模型进行驱动、控制和管理，同时结合MFC和Sockets API通信类函数实现网络通信。

（3）柔性制造过程的数据采集、处理。基于柔性制造系统的ProfiBus-DP工业现场总线，实时采集系统中的物流装备（全自动堆垛机、皮带线、滚筒线、倍速连线和分拣线等）和加工装备（数控机床等）的数据，虚拟实验的数据（虚拟系统控制计算机）通过以太网络和ProfiBus-DP按照TCP/IP协议进行数据交换。基于这些数据，可以虚拟仿真实际加工过程，同时，也可以基于虚拟实验的数据（虚拟系统控制计算机），通过以太网络同ProfiBus-DP的主控计算机联系，对实际生产制造进行控制，实现虚拟制造过程与实际制造过程的映射。

（4）虚拟设备的运动学和动力学模型的建立。从实时采集系统中的物流装备（全自动堆垛机、皮带线、滚筒线、倍速连线和分拣线等）和加工装备（数控机床等）的数据，进行仿真研究，建立虚拟设备的运动学和动力学模型，可以运用MATLAB等工具软件进行。

在财政部支持地方高校发展专项资金项目“先进制造柔性生产线系统”项目的支持下，柔性制造及虚拟实验平台已经建成。

图7.8和图7.9分别是建成的柔性制造及虚拟实验系统和气电混合机器人检测系统，图7.10为数控车床与数控铣床加工单元，图7.11是柔性制造虚拟实验的过程，图7.12为实际的柔性制造系统，图7.13和图7.14均为虚拟的柔性制造系统。

图 7.8　柔性制造及虚拟实验系统

图 7.9　气电混合机器人检测系统

图 7.10　数控机床加工单元

图 7.11　柔性制造虚拟实验过程

图 7.12　实际的柔性制造系统

图 7.13　虚拟的柔性制造系统(一)

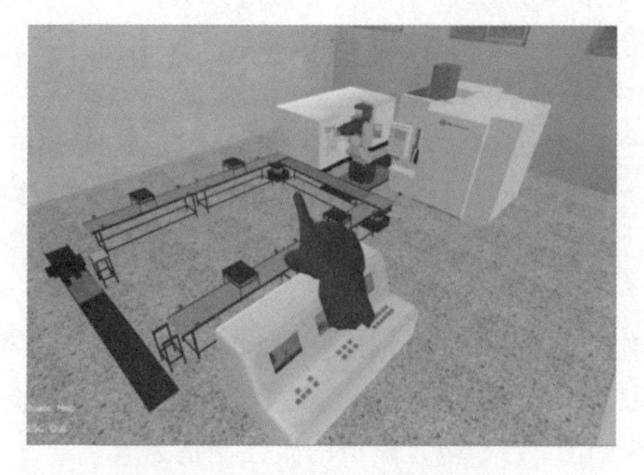

图 7.14　虚拟的柔性制造系统(二)

7.3　虚拟装配实验

虚拟装配是柔性制造虚拟仿真实验系统的重要模块，在虚拟装配环境中，用户通过与计算机中虚拟零部件的交互，完成装配操作。虚拟装配能提供装配路径规划、碰撞检测、约束序列处理、装配面布局等功能，便于用户分析验证装配工艺，及时发现装配中存在的问题，从而对产品的设计制造进行改进。虚拟装配在教育教学方面的应用对探索全新教学模式具有重要的指导意义。同时，虚拟装配技术（Virtual Assembly，VA）在产品设计和虚拟仿真领域中得到了广泛的应用研究，采用虚拟装配技术进行产品研发，可以大大缩短产品开发周期，降低生产成本，提高产品在市场中的竞争力。

7.3.1　虚拟装配实验系统

在柔性制造虚拟实验系统平台上，通过软件与硬件接口就可以实现虚拟装配实验。虚拟装配实验系统基于7.2节介绍的柔性制造系统实验技术平台，综合运用多通道立体投影、体感交互、实时碰撞检测等技术构建。虚拟环境和装配产品的图形建模采用3DMAX和SolidWorks等软件，模型导入采用Unity3D软件，完全参照实际教学实验的过程步骤和场景，完成对虚拟实验场景的实时控制，实现了集教学、科研、演示、汇报功能于一体的大幅面沉浸式虚拟装配平台系统。通过该平台，操作者无须任何设备，直接使用双手与虚拟装配零件进行交互，整个装配过程的控制通过设计好的特定手势即可完成，手势交互增强了系统的沉浸感和真实感。

（1）沉浸感更强。宽幅多通道投影的立体显示方式支持几十人同时参与在系统的虚拟环境中，逼真度更高，沉浸感更强。

（2）交互更自然。采用Leap Motion（体感控制器）的光学解决方案，操作者用手势直接与虚拟物体交互，无须使用键盘、鼠标或穿戴任何体感设备，交互方式更自由、自然，方便操作，提高了系统的使用效率。

1.虚拟装配实验系统的硬件

（1）显示系统：包括完成立体显示的环形投影屏幕、多通道数字图像融合机、工程投影机、立体眼镜等。在笔者的虚拟装配实验平台上，可以实现四种虚拟装配环境：桌面式系统、头盔式系统、CAVE式系统和大屏幕投影式系统，如图7.15所示。

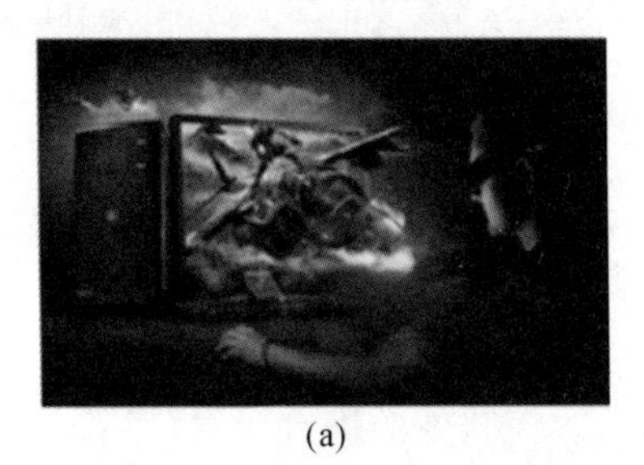

(a)

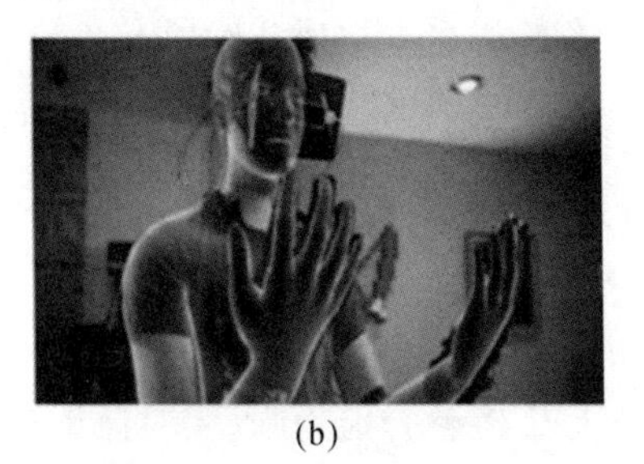

(b)

图7.15　实现的虚拟装配环境

(a)桌面式系统；(b)头盔式系统

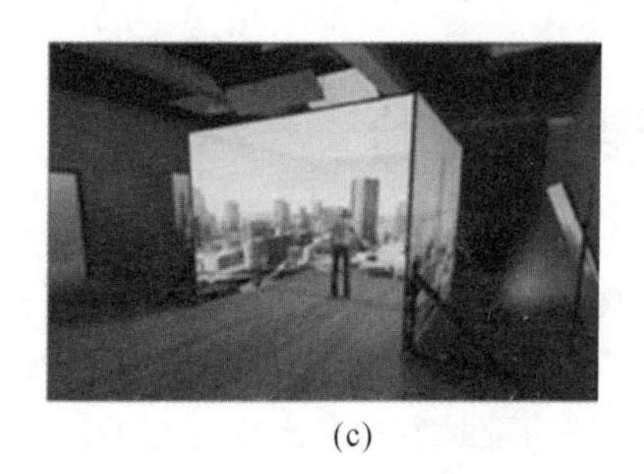

(c)

(d)

续图 7.15 实现的虚拟装配环境

(c)CAVE 式系统;(d)大屏幕投影式系统

(2)信息交互:完成实时信息的采集、用户与虚拟物体间的信息交互,使用到的虚拟装配信息交互硬件包括光学追踪设备、中控系统、体感控制器,如 ART 光学追踪设备、迅控 AV9000 中控系统、Leap Motion 体感控制器,见图 7.16。

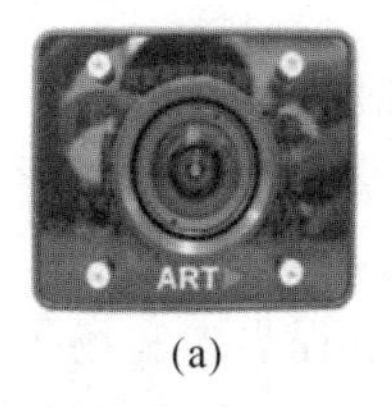

(a)

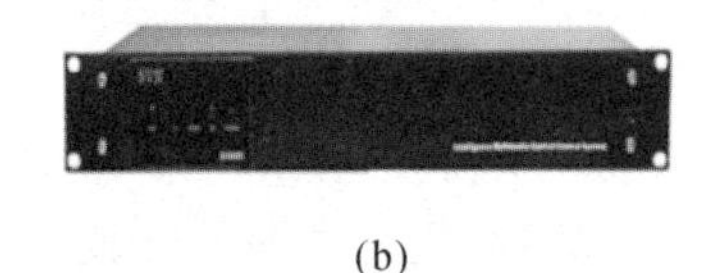

(b)

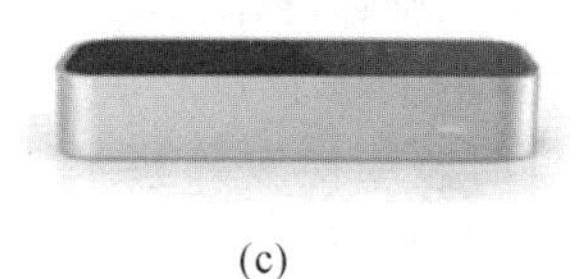

(c)

图 7.16 虚拟装配系统交互层硬件

(a)ART 光学追踪设备;(b)迅控 AV9000 中控系统;(c)Leap Motion 体感控制器

(3)数据处理:通过对各类数据的采集处理,系统输入和输出相应的信息,将系统各部分硬件有机结合,实现虚拟装配系统的各项功能。虚拟装配实验系统的数据处理采用了惠普 HP Z820 图形工作站、迅控 AV0808 视频矩阵切换器、海康 DS-A1016 磁盘阵列等硬件,见图 7.17。

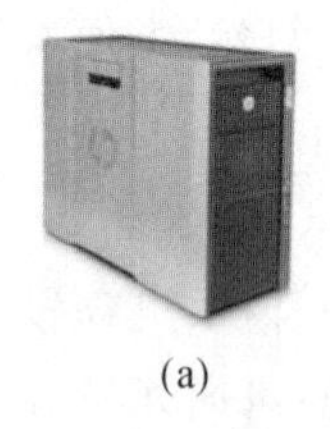

(a)

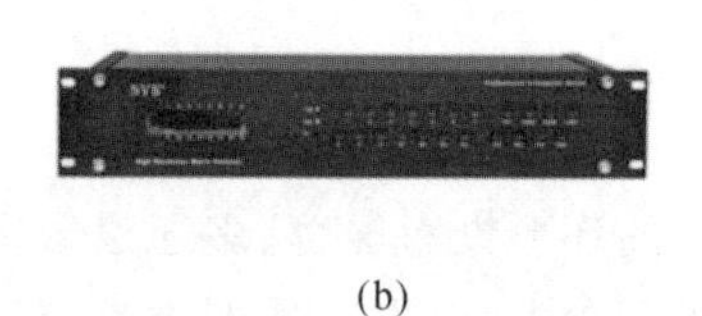

(b)

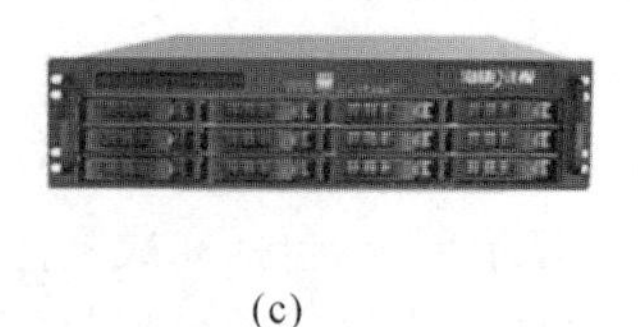

(c)

图 7.17 虚拟装配系统数据层硬件

(a)惠普 HP Z820 图形工作站;(b)迅控 AV0808 视频矩阵切换器;(c)海康 DS-A1016 磁盘阵列

2. 虚拟装配实验系统的软件与接口

为了提高效率,虚拟装配系统软件的开发没有必要从底层开发开始,笔者采用 Unity3D 软件进行开发,并直接作为接口。

Unity3D 是由 Unity Technologies 公司开发的一款虚拟现实开发工具,支持多种平台,仿真效果好,图形资源整合能力强,实时渲染功能齐全。该软件的综合开发环境、着色和编辑功能强大,属性编辑视图和动态游戏预览视图易于操作且界面内容丰富,如图 7.18 所示。

Unity3D 软件支持 JavaScript、C#、Boo 三种脚本编辑语言,随着 Unity3D 软件的升级,使用 Boo 语言的开发者较少，所以目前仅支持 JavaScript 和 C# 两种脚本语言，其中，C# 是由微软发布的一种运行于.NET Framework 之上面向对象的高级程序设计语言，我们采用 C# 语言对虚拟装配系统进行软件开发与接口。

图 7.18　Unity3D 软件的可视化操作界面

3. 系统软、硬件接口需要注意的问题

(1)系统实时性问题。在虚拟装配环境下，碰撞检测功能和刚体模块的添加是保证各零件模型之间不发生穿透现象的关键。但是，虚拟装配系统中零部件种类和数量众多，如果每个零部件都添加刚体模块和实现碰撞检测功能，将占用大量的内存，消耗大量的系统资源，导致系统运行时输出画面停顿、延迟甚至卡死等现象。因此，在复杂场景下，须抓住主要环节和主要矛盾，算法优化是关键，算法效率提高了，才能节省资源和内存，提升系统装配过程的实时性、可操作性和精确度。

(2)系统交互控制问题。传统的虚拟装配系统多采用鼠标、键盘等输入设备对装配过程进行控制，例如具有虚拟装配功能的 Pro/Engineer 、Catia、UG 等多数三维建模软件，鼠标和键盘交互不够自然和直接，降低了系统的沉浸感。近年来，也有采用数据手套(如 5DT 或 Cyber-gloves 等)作为虚拟装配系统的交互输入设备，这类交互方式在使用前必须穿戴，降低了系统的便捷性。因此，本系统交互控制部分需要解决的问题之一是研究开发一种直接、自然和方便控制的交互方式。

7.3.2　虚拟装配实验整体结构和系统功能

1. 整体结构

笔者设计的虚拟装配系统主要依托机械电子系统虚拟仿真实验教学中心，用于机械类零部件装配的教学实验与实训，系统软件的整体框架如图 7.19 所示。

教师或学生通过用户信息验证进入虚拟装配系统学习实验课程和操作实验过程。登录系统后，用户可以根据需要选择相应的实验教学模块，主要有认知类实验、教学实训类实验、专业考核类实验等。其中：认知类实验，典型案例像发动机拆装实验、减速器拆装实验等，主要是帮助学生直观地认识常见机械的结构、功能和原理；教学实训类实验如汽车整车拆装实验等，则是面向教学大纲要求展示机械零部件和产品的装拆过程，并要求学生进行相应的拆装操作；专业考核类实验则是对重点拆装实验进行考核，在虚拟环境下和规定时间内完成相应机械产品的拆装，并按照评分标准进行打分，自动生成电子版的考核报告。

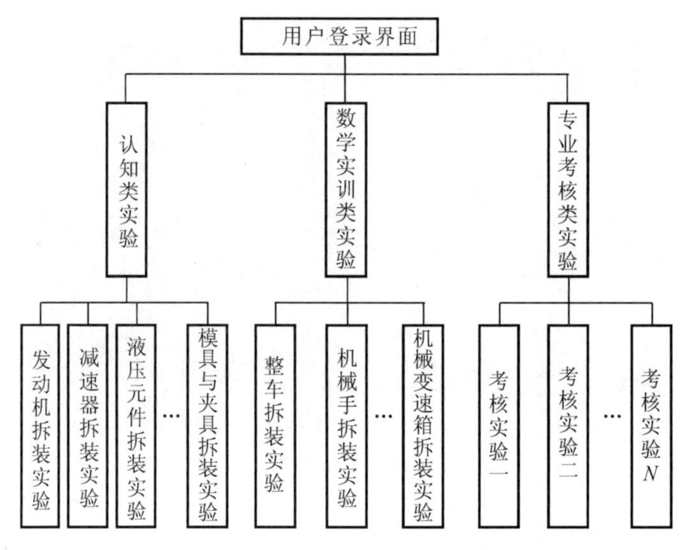

图 7.19　虚拟装配系统软件的框架

2. 系统功能

在虚拟装配系统中，不同类型的虚拟实验需要进行相应的功能设计，图 7.20 详细描述了系统的功能。

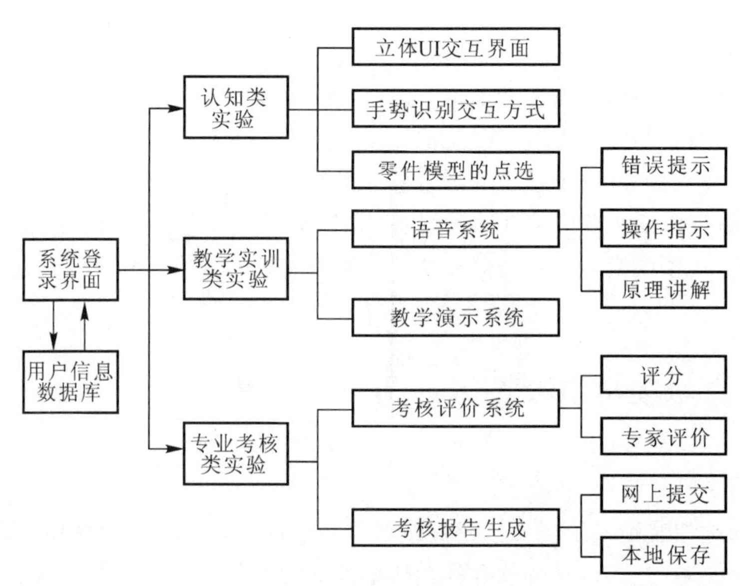

图 7.20　虚拟装配系统的功能

系统登录界面的设计，要完成登录身份验证的功能，以确定系统的开放权限，并实现对用户信息和实验数据的保存，因此，系统与用户信息数据库之间的通信是必须要解决的问题。

立体 UI 界面的构建、Leap Motion 手势识别方法嵌入、零件模型点选及高亮显示等功能实现后，认知类实验过程中就无须鼠标，用户可以直接用双手操作虚拟手与装配体进行交互，还可以使用手势识别方法进行虚拟装配体的拆装和过程控制。

教学实训类实验除了认知类实验中的交互方式外，还需设计一套语音系统，具备实验原理介绍、操作提示、装配时间提醒和报错功能，能够按照教学演示系统为用户提供直观、易懂、操作方便的机械拆装训练项目。

专业考核类实验设计核心是考核评价系统，需要制定实验评价标准，构建评分体系，建立专家评价系统。其主要功能是考核评价系统和生成考核报告的实现。另外，考核报告生成如何实现也是需要考虑的，实验考核结束后，包含考核成绩、专家意见、操作过程记录、报错信息等内容的实验考核报告由系统自动生成，直接将其保存或者通过网络进行提交，以实现无纸化绿色实验过程。

7.3.3　系统软件与接口的实现

1. 场景模型的制作

(1)创建装配体模型。SolidWorks 软件是一款专业的三维 CAD 建模软件，建模功能强大，可以快速完成产品模型的构建，广泛应用于机械设计、工业设计等领域，图 7.21 是使用 SolidWorks 创建的二级减速箱装配体模型。

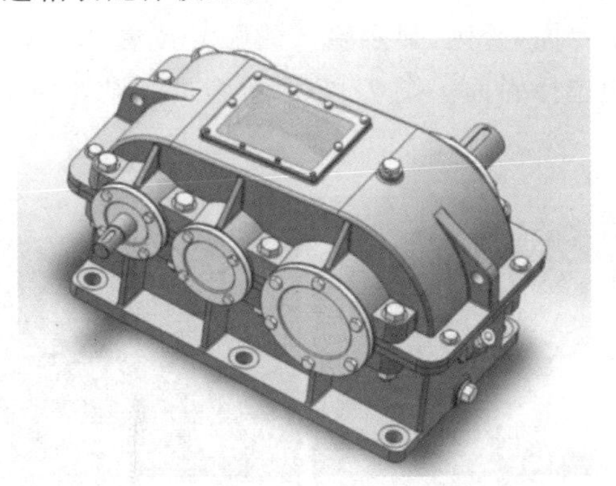

图 7.21　基于 SolidWorks 创建的二级减速箱装配体模型

(2)导入装配体模型。由于格式不兼容，Unity3D 软件无法直接使用 SolidWorks 软件创建的模型，需要先导入 3DMAX 软件中，将模型保存为 FBX 格式，并最终导入 Unity3D 软件开发的项目里。详细操作步骤为：STL 格式文件导出模型→导入 3DMAX 软件→按 FBX 格式文件导出→导入 Unity3D 软件。模型导入 Unity3D 软件后，可以在相应的文件夹下找到，并且软件会自动生成一个新的 Materials 文件夹，用来保存 3DMAX 软件中编辑好的材质数据，如图 7.22 所示。

2. 用户界面的制作

用户界面的制作需综合考虑人机交互、编辑方便、操作逻辑、界面美观等因素。本例虚拟装配系统采用体感交互控制方式，除创建传统 UI 交互界面以外，还需要设计满足体感交互控制方式下的立体 UI 交互界面。

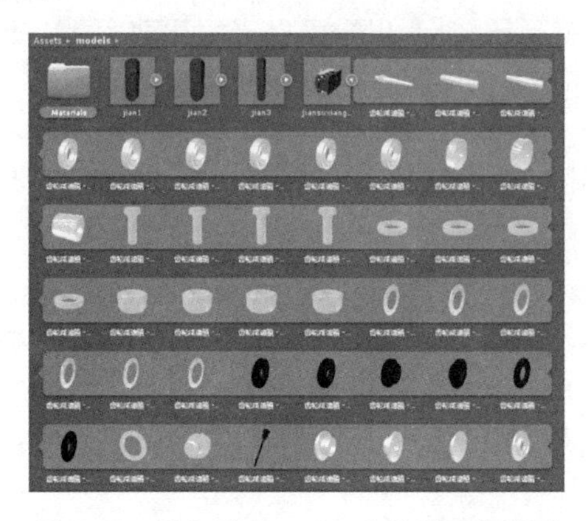

图 7.22　导入到 Unity3D 中的装配体模型

(1)传统 UI 交互界面的制作。传统 UI 交互界面可通过 Unity3D 软件的 UGUI 系统进行开发,在 Unity3D 软件 4.6 版本之前,UI 主要使用 OnGUI( )函数或者是 NGUI 插件进行制作。从 4.6 版本开始,UGUI 系统更新了 UI 制作模块,而本例系统的开发选用 Unity 5.1 版本。

传统 UI 交互界面包括用户登录界面和虚拟实验主界面两部分。在用户登录界面中,事先要在系统数据库中保存注册登录账号和密码,点击登录按钮,与数据库信息进行比对,信息无误,则跳转到虚拟实验主界面,否则,显示输入的账号或密码有误;在虚拟实验主界面,可选取不同类型实验,进入实验选择界面。图 7.23 所示为本例设计的用户登录界面和虚拟实验主界面。

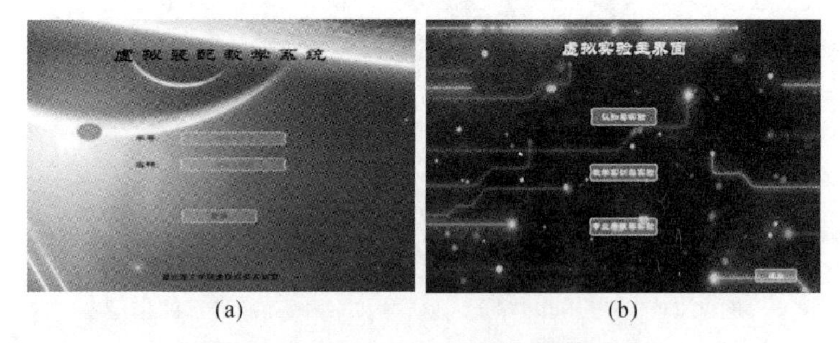

(a)　　　　　　　　　　(b)

图 7.23　用户登录界面和虚拟实验主界面

(a)用户登录界面;(b)虚拟实验主界面

用户账号和密码验证主要通过代码实现,以下是部分代码:

```
public InputField nameInput;
public InputField keywordInput;
public Text showmessage;
public void OnLoginButtonClick(){
        string nameInput = this.nameInput.text;
        string keywordInput = this.keywordInput.text;
        if (nameInput == "120131054" && keywordInput == "123456") {
            Application.LoadLevel("menu");
```

```
        }else {
            showmessage. gameObject. SetActive(true);
            showmessage. text="您输入的学号或密码有误，请重新输入!";
            StartCoroutine(DisappearMessage());
        }
    }
    IEnumerator DisappearMessage(){
        yield return new WaitForSeconds (1);
            showmessage. gameObject. SetActive (false);
    }
```

(2)立体 UI 交互界面的制作。为了满足在虚拟实验场景中用户直接使用虚拟手与 UI 元素的交互要求，需设计立体 UI 交互界面，主要包括场景的选择、进入场景、退出场景等。立体 UI 交互界面的设计无须使用 UGUI，通过 Unity3D 中的 Sprite，可以在三维空间中创建类似于其他三维模型的虚拟 UI 按钮，其效果如图 7.24 所示。

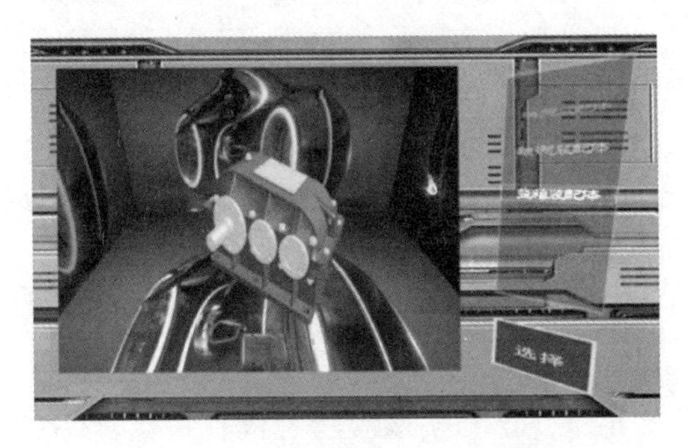

图 7.24　开发的立体 UI 交互界面

3. 虚拟装配系统软件的发布

设计制作好用户登录界面、虚拟实验主界面以及立体 UI 界面，虚拟装配系统软件开发已基本完成。经功能测试后，将制作好的系统软件通过 Unity3D 软件进行发布，运行在 PC 端的系统，通常选择在 Windows 平台进行发布，如图 7.25 所示。

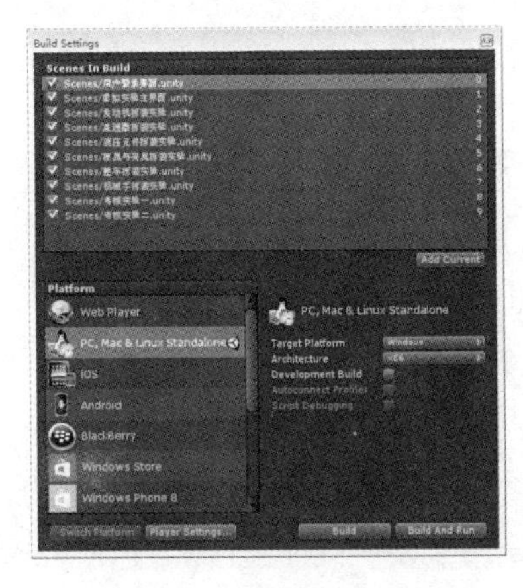

图 7.25　系统软件的发布

7.4 全息虚拟实验教学

全息虚拟实验教学是在现有虚拟仿真教学平台基础上的延伸和拓展，全息虚拟现实(Holo Virtual Reality,HVR)指的是在全息影像室(Holoroom)里，使用全息投影技术，创建一个立体逼真的三维空间虚拟世界，为使用者提供视、听、触、嗅等感官的模拟感受，让使用者产生身临其境般的沉浸式体验，可以实时、不受角度限制地观察虚拟世界里的任何事物，HVR是虚拟现实行业的最新概念，也是VR的更高一级，由澳大利亚Euclideon优立公司率先推出。

“全息虚拟实验教学”是以全息虚拟技术为核心，建立虚拟现实教学平台，为实验教学提供更真实、可互动的实践场景，可将虚拟现实全息室内呈现的教学内容扩展到学生众多的大型课堂，利于教师指导全息实验教学和课堂互动，实时进行大范围的模拟教学展示，为学生提供更真实、可互动的场景，进行更深层次的实验教学。

“全息虚拟实验教学”可解决学生实训场地受限、仪器了解不透彻等问题。虚拟现实技术能够为学生营造良好的学习氛围，提供生动、逼真和有感染力的学习环境，将虚拟体验与沉浸式学习有机结合，从而加速和巩固学生学习知识的过程，增强学习效果。亲身去经历、感受沉浸式的学习氛围，强过空洞抽象的说教，主动的交互与被动的灌输，有本质的差别。

7.4.1 全息虚拟实验教室的构建

全息虚拟实验教室是实现全息虚拟实验教学的核心平台，该平台应用各种立体设备并结合“全息教室云平台”进行虚拟交互和模拟，利用VRP(Virtual Reality Platform,VR-Platform或VRP)虚拟现实引擎表现出某些系统的结构和形态，为学生提供一种可供他们体验和观测的环境。同时，教师和学生可以使用“VR资源编辑器”编辑适合各种专业的VR资源，然后一同进行体验，从而改变传统教学生硬、枯燥、被动的现状。

全息虚拟实验教室在设计时采用以VRP虚拟现实引擎为基础的系统结构，系统软件部分采用面向对象的设计方法以及基于模块化设计的理念和技术所开发的“全息教室云平台”，结合虚拟现实硬件设备，对系统用户业务进行逻辑实现和封装。全息虚拟实验教室典型布置和整体结构如图7.26和图7.27所示。

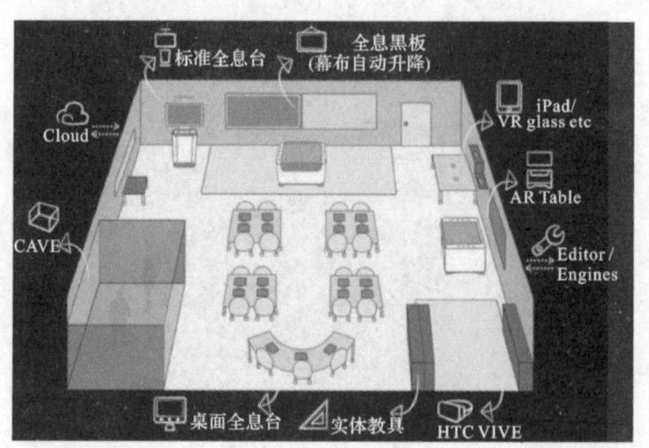

图7.26 全息虚拟实验教室典型布置图

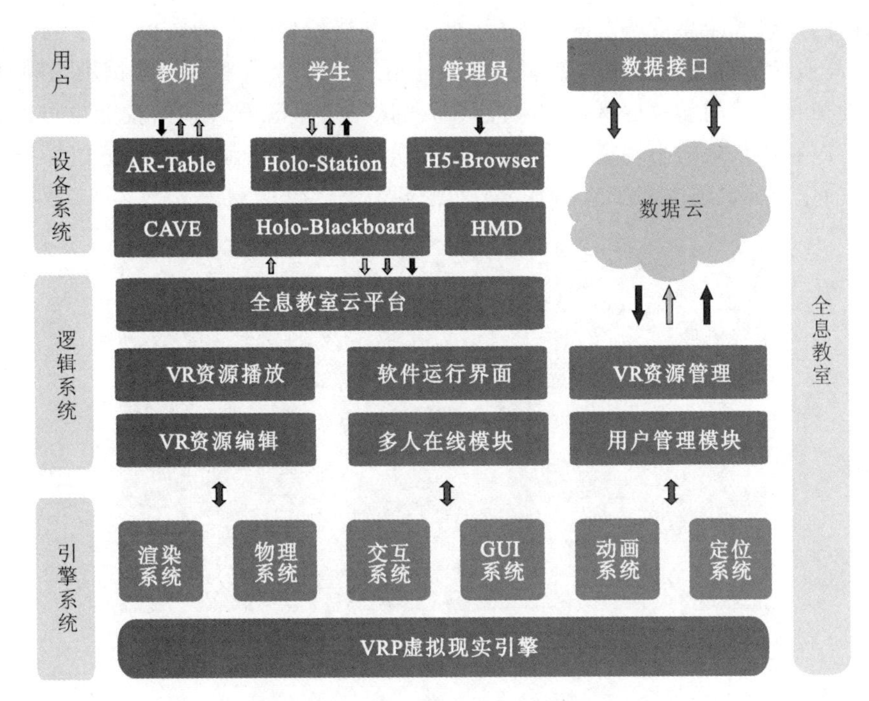

图7.27 全息虚拟实验教室整体结构图

全息虚拟实验教室采用以VRP虚拟现实引擎为基础的系统结构，系统软件部分采用面向对象的设计方法以及基于组件设计的理念和技术，对系统用户业务进行逻辑实现和封装。

教师和学生可在基于VRP虚拟引擎上生成的“VR资源编辑器”上编辑沉浸体验式VR资源，通过系统提供的本地及远程多种数据连接方式，将VR资源传送到数据云平台内，平台内容是可共享的，且VR资源可以通过HTML技术构建网络学习环境以便进行远程学习和体验。

7.4.2 全息虚拟实验教室主要硬件设备

全息虚拟实验教室主要硬件设备是由全息黑板、全息讲台、桌面全息台、全息工作站、移动终端、虚拟现实头盔以及其他组件等构成的多功能全息教室形态，教师可以多元化地使用相应的教学资源进行授课，学生也可以在不同的设备体验和练习教学内容。全息虚拟实验教室如图7.28所示。

系统使用者可以根据需求定制自己所需的产品形态，根据系统的受众对象、教学内容、场地要求以及成本限制等因素，来配置选择适合自己的全息教室形态。由于一些客观条件约束，如授课内容、场地空间、预算空间等条件限制，在不同的条件下需要有针对性地选择一些设备进行教室配置，自定义教室形态就能完美地解决这个问题。

1. 全息黑板

在虚拟实验教室中，全息黑板挂在真实教室中黑板的位置，作为中心设备，可供多人参与，学生可以将桌面全息台操作端图像实时发送到全息黑板上，且全息黑板是一个双向沟通性设备，可连接到每一个同学的设备上，可以实时地共享，轻松地发送课堂内容和作业。不管是在课内还是课外，通过和全息设备之间的连接，每个人都能看到一样的内容，都会接收到对等清晰的声音和高质量的视频课堂。例如，教师在黑板上布置一个实验教学测试题，教师可以同步操作讲解，即便在课外的学生也可以在桌面端对测试题进行观看，同时，教师也可以布置课后内容，学生可以利用自己的终端完成后，将结果发送到智慧云平台上，教师通过系统调用就可以知道同学的作业完成情况和完成内容，全息黑板如图 7.29 所示。

图 7.28　全息虚拟实验教室示意图

图 7.29　全息黑板示意图

2. 全息讲台

全息讲台(见图 7.30)可以将平面图像转换为三维立体交互设备。全息就是将个人电脑图形转换为虚拟全息的三维立体显示，以取代传统的平面显示。当用户在佩戴超轻型人体工程学眼镜后，用户眼睛视角及头部转动被系统实时地捕捉，根据用户即时视角进行运动视差调整(Motion Parallax)。这不同于传统的立体视觉 (Binocular Parallax) 仅仅提供的是纵深感(如前后距离)，而是运动视差绑定，带给用户的是更贴近真实自然的视觉效果，即用户视角左右偏离时，用户不仅看到前后景深感，同时还可以观测物体的左右侧。当手拿类似操控笔之类的物体时，系统可以捕捉到用户手部此刻的空间位置信息，用户可以直接用该操控笔进行操作，在空中与眼前的全息图像进行交互。笔上的三个按键提供了简单的交互方式，如对操作对象进行定位选取、移动旋转、摆

图 7.30　全息讲台示意图

放拼接等。用户可以自然地将呈现在“空气”中的物品拖动，靠近自己，从上面和侧面等多个角度观看透视效果及具体细节，感受空间感和真实感，整个过程与手握真实物品无异。

全息讲台不仅可以提供立体视觉，也是一个基于 Windows 的可操作设备。在连接 Surface Hub 后，学生可以同步看到老师对三维立体内容的操控演示，能更加直观地理解例如机械设备、立体几何、医疗操作等在平面难以理解的知识，便于学生在虚拟的环境中理解抽象化的概念，使概念直观化、形象化。

3. 桌面全息台

桌面全息台（见图 7.31）是学生端的设备，不仅可以提供立体视觉，也是一个基于 Windows 的可操作设备。在课堂上，通过与全息黑板的结合，学生可以同步看到教师的操控演示。和全息讲台一样，桌面全息台能使概念直观化和形象化，从而帮助学生更加直观地理解复杂和难于掌握的知识。

图 7.31　桌面全息台示意图

4. CAVE 空间

CAVE 可提供一个房间大小，由三面投影幕围成的立方体投影显示空间，可供多人参与。学生走入 CAVE，即完全沉浸在这个立体投影画面包围的虚拟仿真环境中。戴上人体工程三维眼镜，三面显示屏便融合为一体，视角宽度达 180°，和实际视角宽度一致，给学生带来一种真实的“穿越感”。

学生通过 CAVE 系统，即可体验身临其境的高分辨率三维立体视听影像，“穿越”到能带来超凡感受的真实场景中，手拿操控器与眼前的场景进行交互。操控手柄提供了简洁的交互方式，如行走操控、打开、关闭功能等，移动旋钮的 6 个自由度可以控制虚拟场景中行走方向。例如，学生可在虚拟设计实现的家居环境中自由行走，对房屋结构模拟修改，门窗隔断调整，并进行设计、配色、调整，实现在虚拟场景中物体构件的活动，以达到在现实环境中人机互动同样的效果。投影面几乎覆盖了学生的所有视野，学生可以左右转身观看，近距离感受观察建筑环境和建筑模型，操控、设计近在咫尺的概念性家居产品，体验未来产品为人类带来的舒适和优美。CAVE 空间组成如图 7.32 所示。

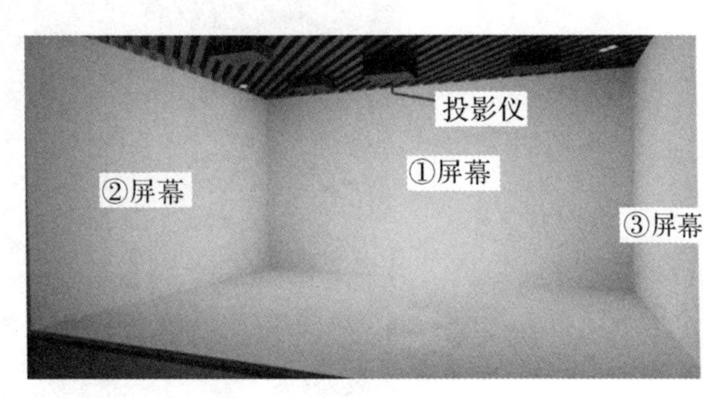

图 7.32　CAVE 空间组成

7.4.3 机电类全息虚拟实验教学模块

根据湖北理工学院机电类实验教学以及学生科技创新活动实际需求，定制开发针对产品的设计、装配、制造、控制与测控方面有关知识的机电类全息虚拟实验教学模块。通过构思分析和设计开发，利用机械元件、电气元件、液压元件、气动元件等基本构件，结合传感器、控制器、执行器和软硬件的功能，可以实现任何技术过程的还原和展示，完成工业生产、质量检测、机械装备运行等操作的模拟，从而为实验教学、科学研究、创新思维和工程案例可行性论证提供支撑。

机电类全息虚拟实验教学可按照如下六类子系统模块建设：逻辑仿真模块、虚拟元件库模块、虚拟装配模块、虚拟控制模块、虚拟运行模块、数据分析模块。

1. 逻辑仿真模块

整个仿真平台的底层逻辑支撑系统，利用导入的模型，设置相关的零件属性、约束及驱动力等参数，通过仿真系统二次开发接口，计算出运动仿真分析结果集，解析后驱动相关三维零件模型进行运动仿真验证，并提供相关的仿真分析结果显示。

2. 虚拟元件库模块

将所有元件按照机械元件、电气元件、气动元件等进行分类创建，以图标形式存储，用于构建虚拟场景，从而自由组装成不同的产品模型，开放元件导入及属性定义，满足用户的多样性需求，提高学生的创新意识和创新能力。

(1)元件列表。将标准元件通过预加载的形式进行导入，创建与之相对应的缩略图标，在界面的一侧进行展示，如图 7.33 所示。

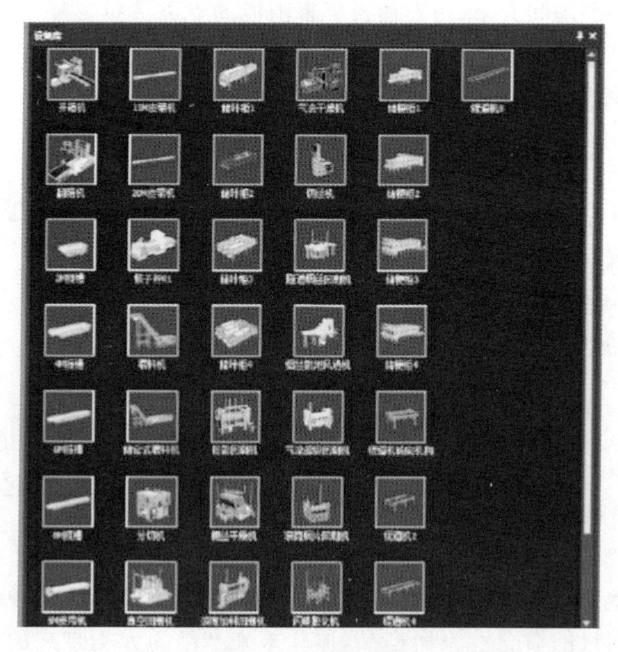

图 7.33　元件列表

(2)分类检索。设置多级分类方式,可按照机械元件、电气元件、气动元件、动力设备、传动机构、辅连设备等进行逐一分类,便于元件的快速选取。

(3)快速查找。支持依照类别、设备编号、入库时间等属性快速查找元件。

(4)元件认知。针对单体元件添加基础属性图表、元件特性文字介绍等常规媒体结构,可详细了解该元件的尺寸参数、物理特性等,如图 7.34 所示。

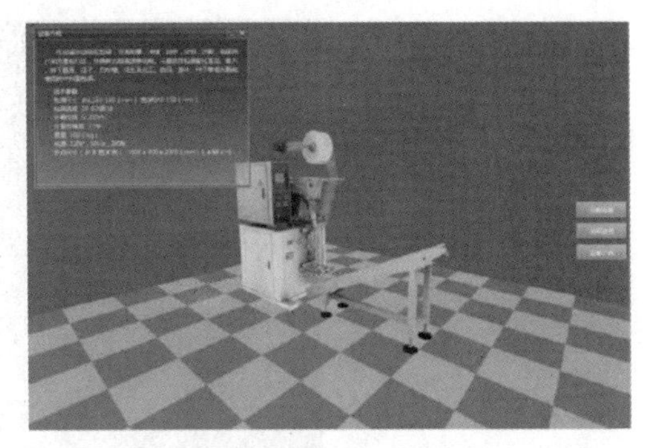

图 7.34　元件认知

(5)动态查看。在选择查找元件时,可以实时预览该元件。通过鼠标单击该元件,会生成缩略三维视窗,可用通过鼠标进行旋转、缩放等基础三维操作。多用于一些体态相近的元件,弥补了因图标类似导致选取错误而反复加载的问题。

3.虚拟装配模块

(1)装配快捷功能。

1)动态加载。系统使用的所有设备均以图标形式呈现在界面上,用户点击所需设备的图标后,三维模型将出现在点击的位置上。对于位置不满意的设备,用户可以点击该设备,并在弹出的面板上选择删除。

2)元件重用。对于可以布置多个元件的构建系统,会自动在目标位置上生成副本,确保设备数量充足。

3)自动吸附。用户可以直接将所选设备拖拽到所需位置上,松开鼠标后,系统会自动对设备进行对齐操作,确保模型拼接的有效性。

(2)元件编辑。

1)参数化设置。对于类型化元件,通过选取通用件进行参数化调节,如齿轮长度、直径、齿数比等(见图 7.35),来实现元件的多样性,减少元件库的数据量,便于用户进行选择。参数化设置多用于结构件、齿轮、紧固件等。

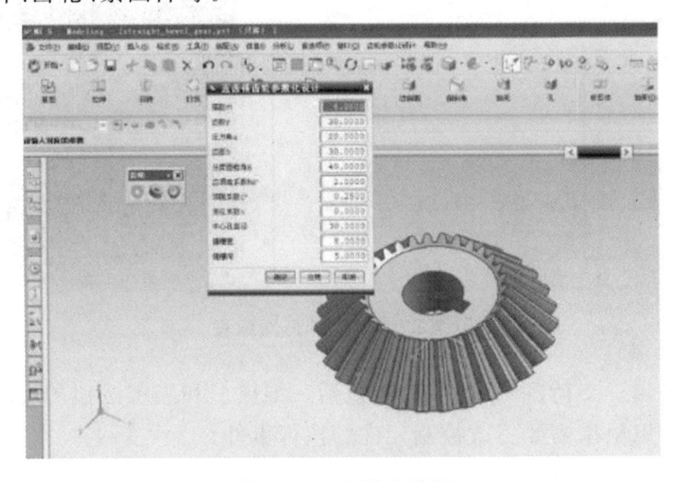

图 7.35　参数化设置

2)材质编辑。内置标准材质库,支持模型高亮、闪烁、边缘发光等常用材质,开放 RGB 调节模式,便于在产品设计装配时,重点监测典型机构运动状态等,材质编辑如图 7.36 所示。

图 7.36 材质编辑

(3)装配逻辑。设定元件装配的连接方式匹配逻辑。在进行装配的每一步时,都要注意所用元件的长短、粗细、方向、安装的先后次序及位置,使其满足真实世界中装配的合理性要求。

(4)端口对接。具有物理特性的元件在完成对齐操作后,需要对接端口,确保对动力、电力、压缩气体属性进行连接。

4. 虚拟控制模块

(1)PLC 梯形图编程。提供 PLC 梯形图(见图 7.37)电气编程模块,提供软继电器、能流、母线及逻辑解算编辑功能,并能联合运动仿真模块,进行标量参数化设定后,经过运动仿真计算完成电一力学转换,驱动三维场景中的运动机构。

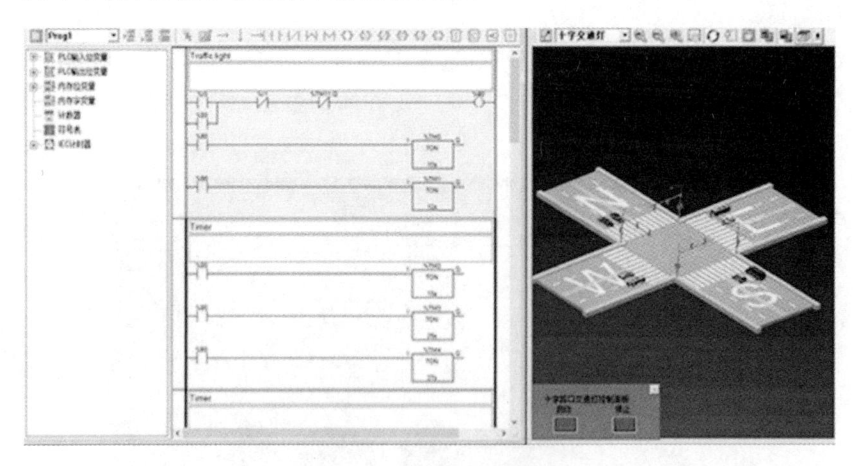

图 7.37 PLC 梯形图编程

(2)运行控制编辑。支持各种事件触发,包括三维模型和二维按钮的实时点击、弹起、鼠标移入/移出。用户可以根据需要更改控制元件的执行事件。

5. 虚拟运行模块

(1)虚拟运行。在场景编辑中，随时进行模拟运行，根据定义好的控制按键进行手动和自动操作，360°全方位观察运动状态，检验产品模型的合理性，如图7.38所示。

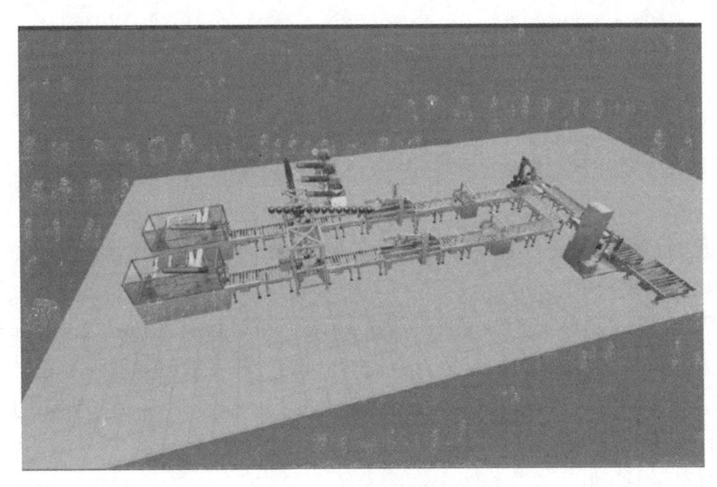

图7.38　虚拟运行

(2)特效编辑。可模拟火焰、爆炸、水流等粒子特效，天空盒、雾效、太阳光晕、实时环境反射、实时镜面反射、雨雪模拟、实时水波等环境特效，BLOOM、HDR、全屏泛光、运动模糊、景深等各种全屏特效，以及淡入淡出、马赛克、运动模糊等相机转场特效，等。

6. 数据分析模块

(1)元件统计。统计当前场景所用元件的数量、名称、分类，支持图表形式进行展示，并可以通过表格导出，便于学生在完成虚拟设计和虚拟实验后，进行实际原型拼装验证时，向学院实验室进行数量类别的报备，一次性统一进行下发，避免以往在进行实验课程时所出现无目的性元件选取、中途添加等问题，合理规划了教具使用，同时，通过图表的分析比对，可以发现各个元件的使用率情况，便于学院调整采购元件的比例，避免资源浪费。元件统计如图7.39所示。

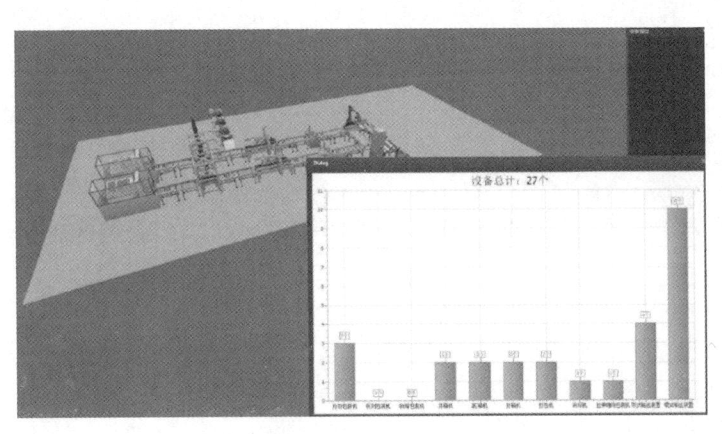

图7.39　元件统计

(2)数据测控。对场景中任意元件进行面积、距离、角度测量,对具有物理特性的元件在关键位置添加传感机构,模拟运行,并实时测量如角速度、加速度、往复行程等参数,了解有关部件的传动关系。

参考文献

[1] 尹念东,胡国珍,余钢. 对地方高校虚拟学院建设的思考[J]. 湖北理工学院学报,2020,37(3):71-76.

[2] 尹念东,李艳丽,何彬. 柔性制造及虚拟实验系统的设计与实现[J]. 湖北工业大学学报,2014,29(4):88-90.

[3] YIN N D,XIA P,TAO Q. Construction of virtual experiment platform for research about vehicle driving control at energy-saving[C]//IEEE. Proceedings of the 2010 14th international conference on computer supported cooperative work in design. Washington DC,2010:427-431.

[4] OpenGVS Programming Guide (Version 4. 4)[Z]. USA: Quantum3D Inc,2004.

[5] 尹念东. 汽车节能控制模型的虚拟实验技术研究[J]. 黄石理工学院学报,2010,26(1):1-4.

[6] 孙本固. 虚拟装配中控制与交互的关键技术研究[D]. 武汉:湖北工业大学,2016.

[7] 孙本固,尹念东. 基于 Unity3D 的虚拟车削仿真系统设计与实现[C]//2015 年第五届全国地方机械工程学会学术年会. 中国制造 2025 发展论坛论文集. 武汉:湖北省机械工程学会,2015:108-111.

[8] 孙本固,尹念东. 基于 Unity3D 的虚拟柔性制造系统设计与实现[J]. 湖北理工学院学报,2015,31(4):12-16.

[9] Unity Technologies. Unity4. x 从入门到精通[M]. 北京:中国铁道出版社,2013.

[10] 陈尚飞. 基于分离轴理论的有向包围盒重叠测试算法[J]. 广西科学院学报,2005,21(3):196-198.

[11] 邹益胜,丁国富,许明恒,等. 实时碰撞检测算法综述[J]. 计算机应用研究,2008, 25(1):8-12.

[12] 夏平均,陈朋,郎跃东,等. 虚拟装配技术的研究综述[J]. 系统仿真学报,2009, 21(8):2267-2272.

[13] 黄剑光. 南方优立全息虚拟教学解决方案[Z]. 广州南方测绘科技技术股份有限公司,2018.

[14] 黄剑光. 南方测绘全息虚拟仿真教室部署方案[Z]. 广州南方测绘科技技术股份有限公司,2018.

[15] YIN N D, CHEN D F. Research and development of distributed interactive vehicle simulation system for driving training[C]//IEEE. Proceedings of the 2007 11th international conference on computer supported cooperative work in design. Washington DC:IEEE,2007:1082-1086.

[16] 胡立荣. 优立全息作为澳大利亚高科技代表参加 120 届广交会[EB/OL]. (2016-11-02)[2022-07-15]. http://dezhou. sdchina. com/show/3955693. html.

第8章　人工智能与虚拟实验

人工智能是引领未来的战略性技术。人工智能已经成为经济和社会发展的驱动力，正在改变着经济活动和日常生活的各个环节。发展新一代人工智能技术，可以创造出大量以创新驱动和智力竞争为特点的产业新天地，如智能制造、智能交通、智慧城市、智能经济等，从而促进经济转型升级。

人工智能与虚拟实验的结合是未来科技发展的必然趋势，人工智能与虚拟实验同为新一代关键共性技术，二者的深度融合，对提供新的发展模式、促进创新驱动、加速产业转型、催生新的经济增长点具有重要意义。

8.1　人工智能与虚拟实验的关系

虚拟实验的核心技术为虚拟现实、增强现实、混合现实等，人工智能与虚拟实验的关系主要体现在虚拟实验与人工智能在技术上的结合。作为虚拟实验关键技术之一的虚拟现实，与人工智能存在着千丝万缕的关系，二者已经呈现出你中有我、我中有你的趋势。纽约大学的Gary Marcus表示，人类与人工智能的关系在刚开始也只是像人类爱他们的宠物一样简单，他们并不会爱上宠物，但他们会欣赏它们，在它们离世后，也会哀悼。随着人工智能的提高，人工智能将会变得更像人类，尤其是借助于虚拟现实技术，能够加速人工智能技术的发展。Marcus认为，我们爱上自己的设备可能会成为一种现实，或者说虚拟世界里面的场景将真实再现于我们的真实环境中。简单来说，虚拟现实是一个创造被感知的环境，人工智能是一个创造接受感知的事物。人工智能的事物可以在虚拟现实环境中进行模拟和训练，且随着时间的推移，人工智能和虚拟现实技术会逐步融合，尤其是在交互技术子领域的融合更加明显，即在虚拟现实的环境下，配合逐渐完备的交互工具和手段，人和机器人的行为方式将逐渐趋同。

概括起来，人工智能与虚拟实验的关系体现在三个方面：一是虚拟对象智能化，即虚拟人的智能行为将更多地出现在各种虚拟环境和虚拟实验应用中；二是交互方式智能化，智能交互将融合视觉、听觉、触觉、嗅觉等感官渠道，带来惊人的交互体验，让虚拟实验变为真正的现实；三是虚拟现实内容研发与生产智能化，人工智能将提升虚拟实验制作工具、开发平台的智能化和自动化水平，提高建模效率。两种技术的融合将为新一代信息技术产业开辟新的增长点。

1. 虚拟对象智能化

虚拟对象智能化同样包含三个方面的内容：一是从虚拟实体到虚拟孪生，二是从虚拟化身到虚拟人，三是从虚拟环境到虚拟人体。虚拟对象的智能化离不开建模，目前多数模型都是固化的，一旦建成模型，都是相对静态、一成不变的，而虚拟对象的智能化更多要求动态建模方式，模型会朝着可进化和可演化方向发展。比如我们建一棵树，目前建成什么样就是什么样，虚拟对象的智能化建模就要把各方面的生命特征加进去，这棵树可以从小到大在那个虚拟环境当中生长，逐步从几何建模和物理建模的环境向生理建模、智能建模方向发展。

虚拟对象智能化最典型的应用就是教育领域的虚拟实验，尤其是和人工智能技术（如机器人）的结合，可以构造虚拟教室和虚拟实验室，使得有一些目前在物理现实下不可能做的实验能够随时随地在虚拟教室或实验室的环境下开展，还可以沉浸在接近真实的教学环境中，提高学生的学习兴趣。

中国工程院院士赵沁平认为，虚拟人体是虚拟现实的终极目标。所谓虚拟人体，就是对真实人体进行动静态多元数据采集，并通过几何物理、生理和智能建模来构建的数字化人体。虚拟人体离不开人工智能的支持，计算能力的提升能够使虚拟实验的交互更自然，使计算机系统更敏捷。构建人体各种尺度单元的虚拟生理模型（从细胞到大的器官）和人脑及其智能特征模型是虚拟人体的高级研究目标，而微秒级过程的仿真和千亿级脑神经元系统模拟是对计算能力的巨大挑战。构造一个虚拟人体并不容易的，因为人体的组成结构单元，无论从时间尺度还是空间尺度，跨度都是非常大的，可以从微秒到百年，从纳米到米，而人的身体都是局限在秒和米的时空之间。至于人脑，则更加复杂，目前还有很多认识不到的地方。认识的事物越深刻，才能够对事物的建模越精准，对于人脑这样一个复杂的系统，虚拟过程中的智能化仍然有很长的路要走。

虚拟人体的作用非常多，例如应用在医学上，可以成为转化医学研究的新平台和新的实验手段。它可以把基础医学的成果（目前大多是用活体的动物或者是志愿者）应用于人体进行实验。如果有虚拟人体，就可以不完全依赖于这些，一些手术、药物的研发都可以在虚拟人体上进行，然后再用其他方式进一步深入。可以在虚拟人体上进行手术规划、设计，特别是个性化的虚拟人体；还可以做手术预演和评价，开展新手术研究和试验，进行手术训练、手术培训等，虚拟人体也可称为药物研发的一个新概念实验平台。

2. 交互方式智能化

现有 VR 交互主要强调的是交互的通道和方式，通过头戴显示和数据手套，强调交互的自然性，智能交互则是强调交互的感知、识别和理解。传统 VR 交互方式是人-机-人，而 VR 交互＋智能交互将会通过视觉、听觉、触觉、嗅觉等增强方式带来全新的、由人和人直接进行的交互，视觉上更多强调图像识别、理解，听觉强调内容的理解和识别，触力学和嗅觉方面，将更加个性化。通过交互方式智能化，虚拟将成为真正的现实。

3. 虚拟现实内容研发与生产智能化

目前，VR 各种内容制作的生产力比较低，原因之一就是 VR 的建模、绘制、修补等生产环节的工具和开发平台的自动化、智能化程度比较低。提高 3D 建模的智能化（包括几何、图像建模等）是研究的一个方向。另外，VR 各类标准欠缺、硬件不兼容，都是采用各自的软件开发工具，研发标准应用程序接口以及通用的智能化软件开发包是提高共享和研发效率的必然途径。因此，人工智能将提升虚拟现实开发软件和工具、开发平台的智能化水平，改善建模效率，提高虚拟现实内容生产力，两种技术的融合将开辟新一代信息技术产业新的增长源泉。

8.2　人工智能与虚拟实验结合技术的应用

5G技术的发展促进了人工智能与虚拟实验的深度融合，具体表现为虚拟实验的核心技术增强现实、虚拟现实、混合现实等与人工智能的结合日趋紧密，结合技术的应用越来越广泛和深入。

8.2.1　人工智能与增强现实的结合

增强现实是将虚拟信息与真实世界巧妙融合的技术，是对现实世界中难以体验的实体信息进行模拟仿真处理，叠加虚拟信息内容应用于真实世界中，并被人类感官所感知，从而实现超越现实的感官体验。

1. 结合技术在制造业的应用

增强现实已经应用于教育、医疗保健、军事、娱乐、游戏和培训等领域，增强现实和人工智能结合的方式正在进入制造业，带来生产力、生产智能化、工作效率和安全性等多方面的提升。

国内制造业目前所面临最主要的问题就是人力成本持续上升，同时熟练工人离开工厂，年轻工人掌握熟练技能需要花费较长的时间，又会对这一问题推波助澜。增强现实可以帮助新员工快速学习和掌握专业技能和知识，可以减轻企业在培训方面的成本支出。增强现实和人工智能的结合可以捕获并提供制造业专业知识，还可以绘制生产工作流程，让工人的工作变得更轻松。人工智能在增强现实中发挥着重要的作用，在操作过程中工人可以按照指导分步进行，系统通过平板电脑或智能眼镜向工人提供个性化的指令，结合视频技术、远程专家陪同等使得培训获得最佳的效果，如图8.1所示。这类培训最大的好处是管理者能够监测工作站的实际情况，清楚地了解到什么人在学习以及整个学习过程中出现的问题，及时捕获数据，对于提升生产力和安全性有极大的帮助。

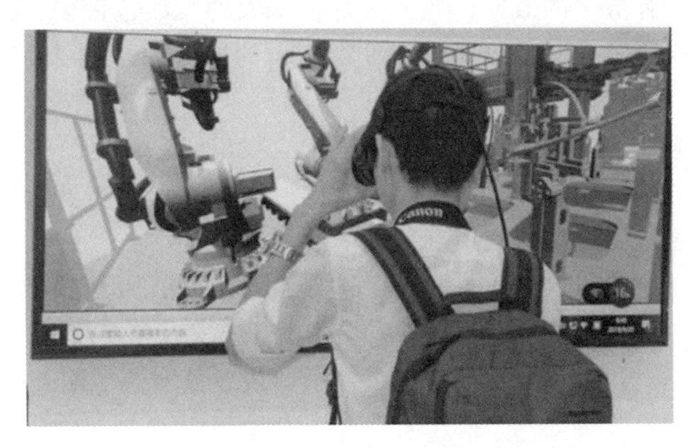

图8.1　人工智能与增强现实的结合技术应用于培训

企业可以将工作站和增强现实、人工智能一起打包到工厂的系统里，全面了解工厂的整体操作。这样做除了可以传递指令之外，还可以分析工人的工作数据，发现工作流程的不足之处，然后在优化后获得更高的效益。

概括起来，增强现实和人工智能的结合技术可以通过以下方式改变制造业的生产经营模式。

(1)生产现场的连接和监控。通过增强头盔等AR硬件，将一些智能硬件整合到头盔上，例如智能眼镜、蓝牙耳机等，实现与生产现场的无缝对接。工业级AR硬件的方式是使工人沉浸在数字信息流中，包括技术文档和视频，以帮助管理者对生产过程监控和对控制系统进行故障排除。这类硬件通常包括处理器、显示器、传感器和输入设备等，利用无线蓝牙技术和耳机进行语音识别，提升工人和设备的交互效率。

(2)提升工作技能。AR与AI的结合允许工人查看所有产品的原型，了解产品的运行原理，给工人提供更多的技能升级指引，从而增强了工人的能力，提升了工作效率和安全性，如图8.2所示。例如，工人在维护机器设备时，能够看到同类型的案例和处理方法。可以利用平板电脑和移动式的AR硬件，无缝连接整个知识系统。

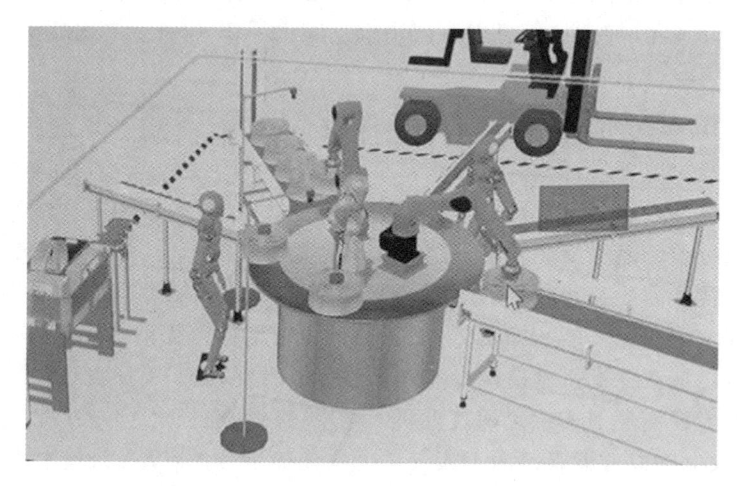

图8.2　AR与AI的结合技术提升工作技能

将AR与AI的结合技术部署到工业生产设施和可穿戴智能硬件中，可以大幅提升工人在各种安装、调试和维护任务中的效率。各类信息在工人的视线范围内，无须手动操作，可以通过语音交互技术了解决相关的知识点，从而让工人的双手解放出来，不间断进行其他现场操作。

对于现场维护和检查工作，该技术可以帮助工人找出问题的根源和缩短任务的时间，目前已经有很多企业利用这种结合技术进行设备的维护工作。例如，空客公司将该技术部署到安装和维护任务中，通过数字化技术来识别机器的故障问题。

(3)在生产的设计阶段通过AR与AI的结合技术提供优化和规划。开发人员使用AR与AI的结合技术，对产品进行建模，进行各种安装模拟和试验，在产品制造之前发现问题，提前优化，完善方案，做好规划，避免产品在生产过程中出错以及安装缺陷等，从而减少或杜绝巨大的成本浪费。

2. 结合技术在医疗领域的应用

语音虚拟助手是增强现实和人工智能结合技术的一项重要成果，对于那些无法轻松使用触摸屏或是使用键盘或鼠标的人群来说是一大福音。当用户戴上这个设备时就像戴上头盔一样，通过定制的软件为他们提供上下文的内容线索。当设备检测到一个人时，比如说在右侧

4 ft(1 ft=0.304 8 m)远的地方，耳机就会发出一声滴答声，声音听起来就像来自那个方位。如果这个人是设备已知的，设备就会发出第二声“砰”的声音，并且还会念出这个人的名字。如果这个人是设备未知的或是看不清楚的，用户调整他们的头部转向其他人的时候，设备则会发出一声长音。当对方的面部正对摄像机的正面时，即会结束，这意味着用户和对方是正视的状态。融合这些功能，开发教育类游戏产品，可以很轻松、便利地为视力障碍的孩子完成游戏化的学习过程，如图 8.3 所示。

图 8.3　AR 与 AI 的结合助力残障人士教育

中加健康工程研究院(合肥)有限公司计划开发脑科学高端影像智造及脑康复研究平台，该平台脑成像系统和术中核磁系统将增强现实技术用于术中模型校准，通过实时计算摄像机影像的位置及角度并叠加相应图像和视频，可在真实的三维空间定位叠加虚拟物体并具备交互性，从而为手术机器人或临床医生提供术中 AR 现象，实现可视化智能引导，如图 8.4 所示。目前，该公司正在与湖北理工学院智能输送技术与装备湖北省重点实验室开展术中核磁共振检验设备的输送系统等项目合作。

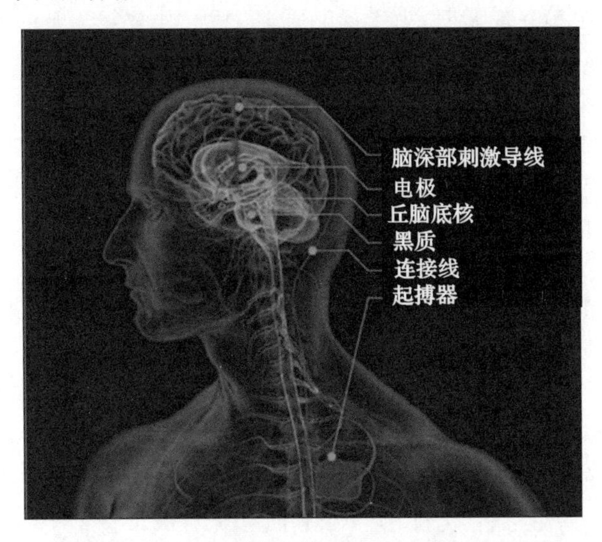

图 8.4　AR 与 AI 的结合打造术中可视化引导系统

8.2.2 人工智能与混合现实的结合

可以预见，不久的将来，基于虚实融合和人机智能交互的混合现实(MR)技术将成为虚拟实验最为核心的技术。混合现实是继增强现实和虚拟现实之后更先进的一种技术，它将几种不同类型的技术，与更先进的光学设备和计算机结合到一起，整合成单一的设备，为用户提供增强全息实时数字内容，并且增加到虚拟空间中，带来一种让人难以置信的现实和虚拟场景。在概念上，MR 和 AR 比较相似，都是半真实半虚拟的图像。但是，传统的 AR 技术是通过棱镜光学对真实图像进行折射，视角低于 VR，清晰度也会受到影响。为了解决视角和清晰度问题，新的 MR 技术将被放入多种载体中，除了眼镜、投影仪外，研究团队目前正在考虑使用头盔、镜子、透明设备作为载体的可能性。

由于混合现实技术涵盖了虚拟世界和现实世界，因此需要虚拟现实技术和增强现实技术的双重支持。虚拟现实技术的第一个核心问题是虚拟世界的建模，一般包括对现实世界模型或人工设计模型的模拟，对现实世界模型的模拟，即场景重建技术；虚拟现实的第二个问题是呈现技术，将观察者的感知与虚拟世界的空间结合起来，以满足视觉沉浸感；虚拟现实的第三个问题是提供与人类感知通道一致的人机智能交互技术，即感知反馈技术。在虚拟现实技术的基础上，增强现实技术还需要将现实世界与虚拟世界进行注册，感知现实世界的态势和动态，收集现实世界的数据，进行数据分析和语义分析，并做出响应。

从大趋势来说，混合现实技术将成为领头羊，但是，混合现实还有诸多技术困难需要克服：

(1)软件方面，底层的算法必须要加强，精确的图像识别技术必须结合观察者的相对位置以及三维坐标等信息进行定位来判断物体所处的位置，要做到对应的位置准确性和实时性是一个技术难点。

(2)硬件是迄今为止最大的障碍。像谷歌眼镜这样的可穿戴设备最有可能流行起来，因为我们不能总是打开相机来扫描物体以进行增强现实应用。但是，这种可穿戴设备也存在图形失真和分散的问题。眼镜在成像时，由于反射原理，视场周围会出现色散现象，需要通过软件消除，这样会大大增加装备成本，不利于普及。

混合现实技术未来的主要研究方向分为三方面：一方面，企业需要开发能够实现虚实无缝融合的高效算法和软件；第二方面，企业需要开发廉价的硬件设备，降低硬件成本；第三个方面，企业也需要进一步加强用户视觉和听觉感知方面的研究，积极探索触、嗅、味等感官的感觉研究，最终实现真实自然的多模态人机交互。上述三方面本质上离不开与人工智能的高度融合。

未来，AI 和 MR 的结合技术可以在制造业的产品设计环节、生产制造环节、市场营销环节、工业设备维修环节、操作培训环节中发挥重大作用。

(1)产品设计环节。基于 AI 和 MR 的结合技术，产品设计变得更快速、更智能，可以帮助研发部门用最短的时间正确理解产品。基于 MR，未来将不再需要传统的物理样机，而是通过数字世界和物理世界的连接开展产品评审工作。

(2)生产制造环节。在船舶、飞机、火车、汽车、机床等大型设备生产现场，在全息图的引导下，工人可以进行标准化的操作，可以看到接下来的工作步骤、他们面前的设备或物品的信息，以及行动的过程。不仅避免了错误，而且提高了效率，缩短了工人的培训周期。

(3)市场营销环节。对于市场营销环节,如何做到突破空间限制因素,做到线上线下渠道的打通,一直以来都是市场营销的难题。随着 AI 和 MR 结合技术的推进,这些难题便可迎刃而解。

(4)工业设备维修环节。工业设备种类越来越多、数量越来越大、现场环境越来越复杂,维修、维护已经成为日益严峻的难题。借助 AI 和 MR 的结合技术,维修人员不仅能快速查阅设备的产品型号、维修记录等,还可进行远程协作及工作指导,实时提供高效率的工作指示与指导。

(5)操作培训环节。在制造领域,大量的工人需要操作培训,而传统的训练方法效果有限。企业不仅要花费高昂的培训成本,还存在学习者难于短时间上手、培训教师人工作业量大、工作周期长等痛点。

人工智能与混合现实的结合技术已经得到了学术界和产业界的广泛关注,它将改变我们学习、决策和与物理世界进行互动的方式。客户服务、员工培训、产品设计制造、供应管理,甚至企业的竞争方式都将因它发生巨变。

8.2.3　虚拟现实与机器人技术的结合

利用 VR 训练机器人是虚拟现实与机器人技术结合的最好体现,如图 8.5 所示。机器人最难的技术之一就是抓取物体,如果一个机器人抓取同样的东西,通常看到的是一个发呆的机器人或抓在机器人手里的一团皱巴巴的东西。这是因为机器人通常擅长有很多力量性要求的重复性工作,在面对陌生事物时还不能够及时适应。此时即可利用虚拟现实来训练机器人,将机器人和人的优势融合到一个新的系统中,使得即便是普通人也可以简便地教授机器人新任务。这个新系统就好比是一个虚拟现实游戏,可以轻松操控那些巨大的机器人,可以把它所需要的动作进行编程。还可以采用如下几种方法:

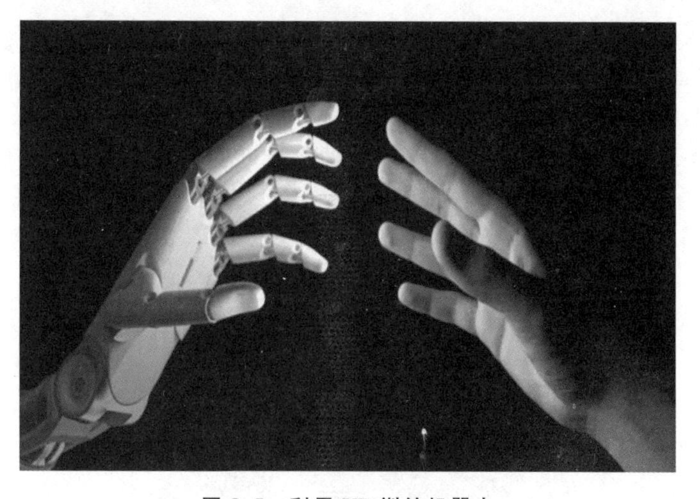

图 8.5　利用 VR 训练机器人

(1)强化学习。强化学习是一项更为复杂的新技术。加州大学伯克利分校实验室有一个名叫布雷特(Brett)的机器人,它可以进行自我强化学习,不断地尝试把方块放在方孔里。如果它的移动能让方块更靠近方孔,那么它就会得到奖励。一次次地尝试之后,机器人就会离其目标越来越近，直到最终成功完成此次任务。这生动地展现了机器人如何在10 min内自行掌握一个儿童游戏的全过程。

三星在2020年消费电子展(CES 2020)上展示了由自家高级研究实验室(STAR Labs)开发的名为NEON的全新人工智能应用。三星希望通过NEON. Life项目，打造出一款AI虚拟机器人，并嵌入到各种应用中。在AI的加持下，虚拟角色将具有自主和强化学习能力。随着时间的推移，它将能够更好地知晓和评估用户的兴趣与需求，并对此展开预测。

(2)模仿学习。机器人由于受现实束缚，在有限的时间内只能进行一定量的训练尝试，此时宜采用更为便利的虚拟实验方法，在模拟训练中强化学习，可以显著提高学习速度。模仿学习是让机器人行为变得更为精细的技术。现在的任何机器人都远不如人灵巧，即使机器人擅长复制模仿操作者的动作，却也不能复制出精细的抓握，但是让工业用机器人向工人学习，工人借助虚拟实验系统指导机器人学习，之后，工业机器人就可以自行强化掌握的种种技能。

(3)机器学习算法。无论强化学习还是模仿学习，都离不开机器学习算法，机器学习算法可以把人类的行为匹配到机器人的运动控制之中。国外一家名为Embodied Intelligence的公司构建了一个综合模仿学习和强化学习的混合系统。通过机器学习算法在操作员和机器人之间创建了一个更加自然的动力学连接，人类可以使用VR耳机和控制器，遥控机器人执行某项任务，模仿学习、强化学习即可随时进行，机器人还可以反复试验来不断改进自己的动作，直至动作完成得比人类教的更好为止。

(4)虚拟接触中训练感知。对于人类来说，了解一个物件属性最简单的方法是把它捡起来，用手把玩一下，通过感官判断它是冷是热、是轻是重、是尖是钝。谷歌深度学习实验室的人工智能工程师正在用相同的方法训练机器通过比较虚拟积木的物理属性探索它们，借助于仿真，能使机器通过使用虚拟物品来获得物品的隐藏属性。如果一个孩子得到了两个都涂成黑色的积木，其中一个是木制的，一个是铅制的，他一定可以通过把玩它们明白积木的基本属性——质量。积木的颜色和形状属于显而易见的属性，但是积木的质量属于隐藏属性，只有把它们捡起来，比较一下才能明白。类似地，通过一系列虚拟环境中的实验，训练人工智能机器人把玩虚拟物件，探索它们的属性，收集数据，刺激对物件的记忆，让机器人在交互式仿真环境中进行物理实验，学会操作物体并观察它们的隐藏属性，虚拟接触中训练感知(见图8.6)，并深度学习，可以实现机器人在物体极度模糊条件下，推断质量和计算物体数量。

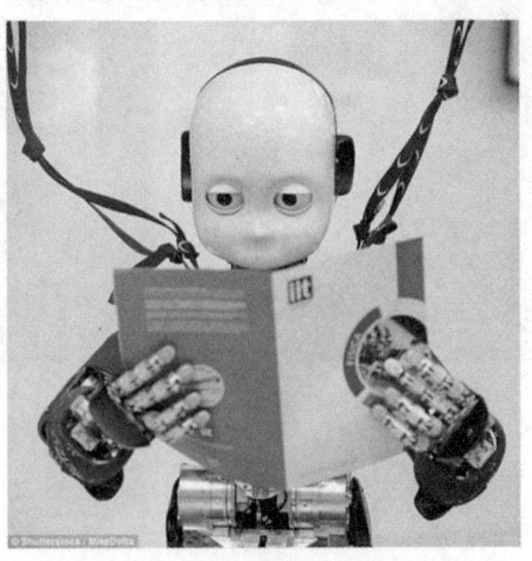

图8.6　虚拟接触中训练感知

通过虚拟现实与机器人技术的结合，程序员不需要对流水线上的机器人进行编码，而是在虚拟现实中训练机器人。也许机器人在一开始表现不佳，但随着时间的推移，机器人会做得越来越好。而且随着研究人员构建出更好的学习算法，机器人还可能承担起人类教授的特定任务，还可以自主学习，自己教自己完成不同的事情。

8.2.4　人工智能虚拟生命

虚拟生命是虚拟人的拓展。虚拟生命是生命的延伸形态，通过人工智能技术模拟生命的主要特征，以多形态和多模态进行交互，具备视觉、听觉和语音等强大的感知能力，以及推理、联想和记忆等认知能力，并可进一步实现自我认知和自我进化。

聊天机器人，是虚拟生命的雏形，是一种通过自然语言模拟人类进行对话的程序。近年来，在大数据基础上，自然语言处理、深度学习和知识图谱技术的结合，造就了聊天机器人的崛起。它将每一个单独的能力连接起来，形成功能更为强大的智能引擎，可以灵活运用多种表达方式和用户进行交互。但目前的所有聊天机器人，还只是停留在初步的“感知”层面，离“认知”还有非常大的差距，和人类的交互也并非做到了真正的理解，而只能看作是大数据和规则的体现，缺乏自然的多轮交互和上下文的一致性，无法实现真正的情感表达，并且与用户的交互形式也较为单一。

作为聊天机器人的下一代范式，虚拟生命已经有了产品化的体现。例如，上海荷福人工智能集团利用人工智能技术链、数据引擎客户画像、物联网等技术，打造出了存在于网络世界的荷福AI虚拟人战神，可为各种人类工作提供服务。AI虚拟人可以利用人工智能技术和数据引擎客户画像技术，形成精准的客户画像，在各种场景下为人类提供各类精准的个性化服务。

不同于传统智能服务，AI虚拟人在服务客户与服务工具之间建立了人工智能所赋予的人性化的、精准化的、定制化的各类专项服务。AI虚拟人不仅仅具有人的智能思维，而且还具有人的智能行为，为人类提供精准、形式多样、种类繁多的服务与帮助。

虚拟生命所涉及的技术非常广泛，它应具备强大的认知智能，包括理解、运用语言的能力，掌握知识、运用知识的能力，以及在语言和知识基础上的推理能力，如图8.7所示。而认知智能又主要集中在语言智能(即自然语言处理)。如果语言智能领域取得突破，同属认知智能的知识和推理就会得到长足的发展，从而推动整个人工智能体系有更多的场景可以落地。

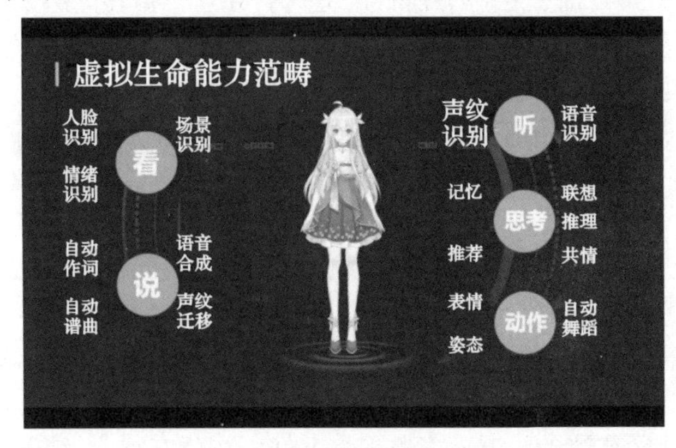

图8.7　虚拟生命能力范畴

具体来说，从感知能力来看，虚拟生命能够听得到、看得见、可交互。而这一切都依赖于语音识别、计算机视觉、语音合成等人工智能有关技术的发展，从而使得虚拟生命和人类能够进行特定领域下的、基于规则的简单交互。从认知能力来看，虚拟生命能够和人以及周围环境进行“真实自然”的交流，包括规划、推理、联想、情感和学习能力，具有非常强的可用性和可交互性。从自我进化能力来看，虚拟生命可以从以往的经验中积累知识，并应用于未来的模型中，实现自我的能力进化。虚拟生命技术范畴如图 8.8 所示。

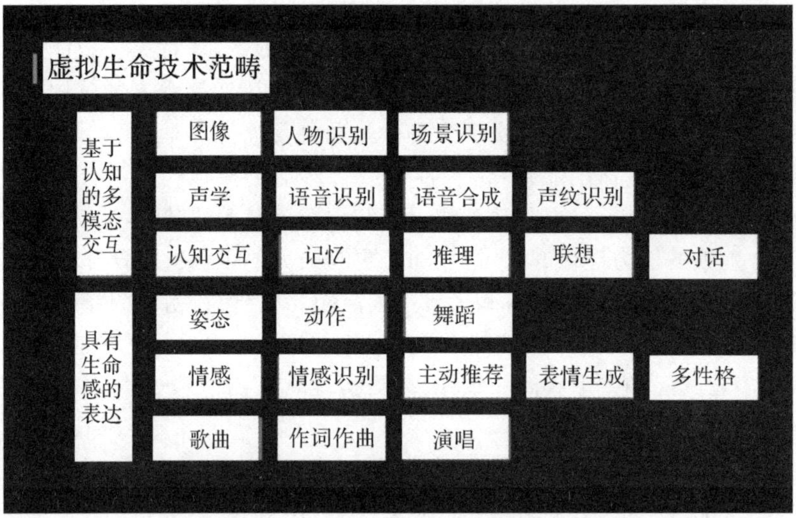

图 8.8　虚拟生命技术范畴

受限于技术的发展，虚拟生命不可能一蹴而就，而是要分步骤不断地突破技术难题。以下给出虚拟生命不同阶段对应的不同形态。

(1)虚拟生命 1.0，可以看作是聊天机器人的升级版本。本阶段最重要的特点是单点技术的整合，并能作为整体和人类进行交互。从功能上来看，仍然是被动交互为主，但可以结合对用户的认知，进行用户画像和主动推荐。我们目前正处于虚拟生命的 1.0 阶段。在这个阶段，多轮对话、开放域对话、上下文理解、个性化问答、一致性和安全回复等仍然是亟待解决的技术难题。

(2)虚拟生命 2.0，是目前正在努力前行的方向。在这个阶段，多模态技术整合已完全成熟，虚拟生命形态更为多样性，具备基于海量数据的联合推理及联想，对自我和用户都有了全面的认知，并可快速进行人格定制。实现这个阶段可能需要 3～5 年。

(3)虚拟生命 3.0，初步达到强人工智能，具备超越人类的综合感知能力，并拥有全面的推理、联想和认知，具备自我意识，并能达到人类水平的自然交互。随着技术的进步，期待在未来 10～30 年实现虚拟生命 3.0。

从技术发展阶段来看，我们目前还处于虚拟生命 1.0 阶段，在技术发展的同时，虚拟生命也需要找到可落地的场景。在智能家居领域，AI 虚拟生命在多设备中存在，并进行互联，可以控制各种家电。在教育领域，虚拟生命的形象和认知可以提升教育体验，知识图谱可以帮助个性化学习和推荐。在娱乐领域，虚拟生命的形象赋能娱乐领域，提供更丰富的表现力。在金融领域，虚拟生命可以让冷冰冰的机器人客服更加友好。在公安行业，结合知识图谱和自然语言交互，可以发现海量数据中的蛛丝马迹。在医疗领域，虚拟生命的形态、用户感知和情感交互非常适合养老医疗及安全监控等。在车载领域，虚拟生命可以互联多台设备，了解用户行程，提供规划等。

在未来的一段时间，对于虚拟生命的探索，会涵盖多个方面，包括探索人机交互智能知识驱动基础理论与基本范式，研发机器人模拟人格、自我个性模拟、类人情感模拟机制，研发面向行业的人工智能解决方案平台，研发多任务、低标注成本的全时感知和认知智能平台，并将会在娱乐、医疗、教育等领域重点实施。

8.3　未来的发展趋势

8.3.1　多领域的融合技术

随着社会生产力和科学技术的不断发展，人工智能与虚拟实验的结合会日趋紧密和成熟，在教育、医学、军事、工业、游戏等领域将会得到充分体现。

1. 教育

人工智能的发展将会促进人机交互技术的提升，人机交互技术反过来促进虚拟实验技术的变革，例如情感分析技术，计算机目前可用于语音分析和面部识别，随着交互技术的改进，计算机将根据学生的语调来识别其心情和状态，这在传统的人机交互媒介中(如 PC、手机等)是难以实现的，因为用户的操作已经被事先定义了。届时，人工智能与虚拟实验相结合，不仅可以将 3D 事物表达清晰，让学习者直接、自然地与虚拟环境中的各种物体进行交互，还可以通过各种形式参与到事件的发展过程中，以获得对整个环境自由度的最大控制和操作。多维信息虚拟学习培训环境将为学习者掌握新知识、新技能提供最直观、最有效的途径。在很多教育与培训领域，诸如虚拟实验室、立体观念、生态教学、特殊教育、仿真实验、专业领域训练等应用中具有明显的优势和特征。可以预见，未来的实验和教学，真人教师的比重将会逐步被虚拟导师取代。

2. 医学

未来人工智能与虚拟实验的结合将会在以下方面促进医学发展：一方面是虚拟人体即数字化人体技术，虚拟人体体现了 AI 与 VR 技术的高难度集成和融合，通过与真实人体无异的虚拟人体，人体模型医生更容易了解人体的构造和功能，还可以基于虚拟人体预测患病时间、诊断疑难杂症等；另一方面是虚拟手术系统，其具有高度智能性和交互性，可全息定量化地虚拟还原现实，在虚拟空间中，可以直接透视人体的详细解剖结构，通过手势和语音操作，实时分析器官和病变的立体几何结构，准确测量目标位置的结构参数，如区位、体积、径线、大小、距离等，可以准确地指导手术。

3. 军事

在军事上，利用虚拟现实技术可以模拟新式武器如飞机的操纵和训练，虚拟现实的最新技术成果往往被率先应用于航天和军事训练，以取代危险的实际操作。通过使用虚拟现实模拟真实环境，可以在虚拟或模拟环境中模拟大规模军事演习。虚拟现实模拟真实战场的场景，操作者可以体验真实的攻击和被攻击的感觉。以虚拟现实技术为载体的虚拟实验技术与人工智能的结合，打破了时间与空间的限制，促进了人与战场交互方式的变革，它通过简单、直观的人机交互方式，使用户亲身经历、感受和操作模拟环境，既规避了真实的风险，又节约了战争成本。随着传感、定位和计算机技术的发展，虚拟实验与人工智能将会进一步深度结合，借助虚拟现实环境，可以远程控制设备系统中预设的维修模块和系统，或借助微型维修机器人，实现故障诊断、零件加工、现场紧急抢修等操作。甚至可以在装备机动过程中实现嵌入式作战，提升战场综合保障能力。

4. 工业

现代大工业控制的信息化管理要求企业管理具有优化性和综合性，同时，为适应国际化和网络化，还需要与 Internet 等企业的管理软件相结合。因此，开发和应用能够适应网络交互的分布式虚拟现实系统势在必行。虚拟实验与人工智能技术相结合，首先将采集数据、控制参数、分析数据和结果、业务资源等信息网络化、直观化、可视化，通过三维展示和网络传输，实现资源化分享；同时借助网络这种快速传输工具和虚拟显示这种自然人机结合手段，使“网络控制”和“控制进网”的工业控制理念在工业过程控制领域发挥更大的作用。监控中心操作人员或远程用户可以利用网络和虚拟现实环境工作平台对生产过程进行监控，从而方便、直观、真实地进行数据分析和管理决策。用户可以像在现实世界中一样在虚拟环境中与各种物体进行交互，还可以听到三维模拟声音。用户不仅可以与计算机键盘和鼠标进行交互，还可以与特殊头盔、数据手套和其他传感设备进行交互。计算机可以根据用户的头、手、眼睛、语言和身体的运动，来调整图像和声音系统，也可以通过自己的自然技能，如语言、身体运动或检查物体的动作，进行虚拟环境的操作，从而达到身临其境的感觉，真正实现人机和谐、人机融合。

5. 游戏

在沉浸式体验中，人们与虚拟世界的接触会触发不同的事件和内容，随机内容的表现形式也可以定义为自然叙事。自然叙事是一种高度自由的叙事，有别于传统的线性叙事和分支叙事。在自然叙事中，不同的触发点可能触发不同的结果，可以带来很多可能性，也是最接近现实世界内容的叙事方式。无限可能的触发结果是传统逻辑无法实现的，人工智能与虚拟现实的结合是解决随机虚拟现实内容问题的关键。通过不断用人体动态数据、语言、反应等信息训练 AI，未来游戏中将更多基于高自由度的自然随机叙事，虚拟角色的表情与动作将更加流畅，并有可能诞生自己的智慧，做出让玩家来不及反应的动作，从而极大地增强游戏的沉浸感。

8.3.2 6G 时代虚拟实验的发展

随着 5G 的大规模商用，全球产业开始了对下一代移动通信技术（6G）的研究和探索。到 2030 年，人类社会将进入智能化时代，社会服务均衡高端，社会治理科学精准，社会发展绿色节能。从移动到万物互联智联，6G 将实现从服务人、物，到支持高效耦合过渡，通过人机智能互联、协同共生，满足经济社会高质量发展的需求。

在数学、物理、材料、生物等基础学科创新驱动下，6G 将与先进计算、大数据、人工智能、区块链等信息技术相融合，实现通信与感知、计算、控制的深度耦合，成为服务社会、赋能生产、绿色发展的基本要素。6G 将充分利用低、中、高频谱资源，实现全球无缝覆盖，满足随时随地安全可靠的“人-机-物”无限连接需求。

6G 将提供完全沉浸式交互场景，支持精确的空间互动，满足人类在多重感官，甚至情感和意识层面的联通交互。通信感知和普惠智能不仅提升传统通信能力，也将助力实现真实环境中物理实体的数字化和智能化，极大提升信息通信服务质量。6G 将实现物理世界人与人、人与物、物与物的高效智能互联，打造泛在精细、实时可信、有机整合的数字世界，实时精确地反映和预测物理世界的真实状态；6G 将实现物理世界的人、物两两之间高效互联，构建通用、实时可信、精细化、有机融合的数字世界，实时、准确地反映和预测物理世界的真实状态，助力人类走进人-机-物智慧互联、虚拟与现实深度融合的全新时代，最终实现"万物智联、数字孪生"的美好愿景。未来，6G 网络将助力实现真实物理世界与虚拟数字世界的深度融合，构建"万物智联、数字孪生"的全新世界。沉浸式云 XR、全息通信、感官互联、智慧交互、通信感知、普惠智能、数字孪生、全域覆盖等全新业务在人民生活、社会生产、公共服务等领域的广泛深入应用，将更好支撑经济高质量发展需求，进一步实现社会治理精准化、公共服务高效化、人民生活多样化，推动在更高层次上践行人民为中心的发展理念，满足人们精神和物质的全方位需求，持续提升人民群众的获得感、幸福感和安全感。

扩展现实(XR)是虚拟现实(VR)、增强现实(AR)、混合现实(MR)等的统称。云化 XR 技术中的内容上云、渲染上云、空间计算上云等将显著降低 XR 终端设备的计算负荷和能耗，摆脱了线缆的束缚，XR 终端设备将变得更轻便、更沉浸、更智能、更利于商业化。沉浸式云 XR 将为未来的虚拟空间带来更加广阔的天地，如图 8.9 所示。

图 8.9　沉浸式云 XR：虚拟空间的广阔天地

未来，网络及 XR 终端能力的提升将推动 XR 技术进入全面沉浸化时代。云化 XR 系统将与新一代网络、云计算、大数据、人工智能等技术相结合，赋能于商贸创意、工业生产、文化娱乐、教育培训、医疗健康等领域，助力各行业的数字化转型。

未来云化 XR 系统将实现用户和环境的语音交互、手势交互、头部交互、眼球交互等复杂业务，需要在相对确定的系统环境下，满足超低时延与超高带宽才能为用户带来极致体验。现有的云 VR 系统对 MTP 时延的要求不高于 20 ms，而现有端到端时延则达到了 70 ms。面向 2030 年及未来，基于云化 XR 的总时延将至少低于 10 ms。根据虚拟现实产业推进会测算，虚拟现实用户体验要达到完全沉浸水平，角分辨率需达 60 ppd，帧率不低于 120 Hz，视场角不低于 130°，每像素 12 bit，且能够在一定程度上消解调焦冲突引发的眩晕感，按压缩比 100 计算，吞吐量需求约为 3.8 Gb/s。

可以预见，6G 时代的到来将促进虚拟实验与人工智能的深度融合，虚拟实验技术也会变得更加成熟。

参考文献

[1] 今日头条. 中国工程院院士赵沁平：VR 进入爆发前夜，“VR＋”将产生大量行业颠覆性应用[EB/OL]. (2016－05－19)[2022－07－15]. https://www.toutiao.com/article/6286333089576649217/? wid=1678612264160.

[2] 智慧工业. 人工智能和增强现实对于我们的工作方式有什么影响[EB/OL]. (2019－11－12)[2022－07－15]. https://www.elecfans.com/rengongzhineng/1109750.html.

[3] 搜狐. 增强现实、人工智能、游戏化教育，这些机构都在借助科技手段造福视力障碍的儿童[EB/OL]. (2020－02－06)[2022－07－15]. https://www.sohu.com/a/370996233_282711? scm=1002.590044.0.2889－402.

[4] 腾讯云. 如何构建一个 AI：人工智能与混合现实的未来[EB/OL]. (2018－04－13)[2022－07－15]. https://cloud.tencent.com/developer/article/1095214.

[5] 搜狐. 新技术：如何用 VR 训练机器人[EB/OL]. (2017－11－15)[2022－07－15]. https://www.sohu.com/a/204520156_297710.

[6] 新浪科技. 三星或在 CES 2020 上展示 NEON 人工智能虚拟机器人[EB/OL]. (2020－02－06)[2022－07－15]. https://tech.sina.com.cn/roll/2020－01－02/doc－iihnzahk1428724.shtml.

[7] DeepTech 深科技. 谷歌深度学习实验室：让人工智能在虚拟接触中训练感知[EB/OL]. (2016－11－14)[2022－07－15]. https://baijiahao.baidu.com/s? id=1550940267645844.

[8] 搜狐. 人工智能虚拟生命及其技术[EB/OL]. (2019－02－27)[2022－07－15]. https://www.sohu.com/a/298052287_100163066.

[9] 爱云资讯. 人工智能应用技术“荷福 AI 虚拟人”，到底有何神奇之处[EB/OL]. (2018－07－25)[2022－07－15]. https://www.icloudnews.net/a/5779.html.

[10] 博学谷. VR 虚拟现实技术未来发展前景如何？[EB/OL]. (2020－02－21)[2022－07－15]. https://www.boxuegu.com/news/2528.html.

[11] 俞奕佳，闫嘉琪. 虚拟现实技术打造未来战争新天地[EB/OL]. (2018－01－26)[2022－07－15]. http://military.people.com.cn/n1/2018/0126/c1011－29788810.html.

[12] 工控网. 未来的虚拟现实技术必然将走进工业控制领域[EB/OL]. (2020－03－27)[2022－07－15]. http://www.elecfans.com/kongzhijishu/1191894.html.

[13] 搜狐. VR 与 AI 在游戏产业的结合[EB/OL]. (2018－10－11)[2022－07－15]. https://www.sohu.com/a/258837139_100128048.

[14] 中国信通院. 6G 总体愿景与潜在关键技术白皮书[EB/OL]. (2021－06)[2022－07－15]. http://www.caict.ac.cn/kxyj/qwfb/ztbg/202106/t20210604_378499.htm.